高等职业教育新业态新职业新岗位系列教材

Linux 系统管理
（RHEL 7.6/CentOS 7.6）

主　编　刘洪海　刘晓玲　肖仁锋
副主编　陈　晨　崔　敏　魏争争

电子工业出版社
Publishing House of Electronics Industry
北京·BEIJING

内 容 简 介

在"互联网+"时代,企业网站的流量呈爆发式增长,技术人员需要面对上千甚至上万台服务器设备,所以企业急需提高 IT 运维管理效率、降低管理成本。在 Linux 系统管理工作中,做好运维管理服务的标准化、规范化、流程化和自动化成为技术人员的必备技能。

本书以主流 Linux 平台架构 RHEL 7.6/CentOS 7.6 为基础,对 Linux 系统管理的各个环节进行详细的讲解。本书包括 Linux 系统的安装与部署,Linux 系统的必备命令,vim 编辑器、重定向与管道符,软件包的安装与管理,用户身份管理与文件权限管理,存储结构与磁盘管理,网络服务与系统安全的管理,Web 服务器的配置与管理,文件服务器的配置与管理,以及 LAMP 架构部署动态网站 10 个教学项目。本书结合企业真实应用案例,以"任务驱动"方式开展项目化教学,并配以多媒体教学资源,从而实现理论和实践的一体化。

本书可以作为高职院校计算机网络技术、云计算技术应用、大数据技术、区块链技术应用等专业的教材,也可以作为 Linux 系统入门培训教材、认证培训教材,还可以作为互联网系统运维管理技术人员的自学用书。

未经许可,不得以任何方式复制或抄袭本书之部分或全部内容。
版权所有,侵权必究。

图书在版编目(CIP)数据

Linux 系统管理:RHEL 7.6/CentOS 7.6 / 刘洪海,刘晓玲,肖仁锋主编. —北京:电子工业出版社,2023.8
ISBN 978-7-121-46212-2

Ⅰ. ①L… Ⅱ. ①刘… ②刘… ③肖… Ⅲ. ①Linux 操作系统 Ⅳ. ①TP316.85

中国国家版本馆 CIP 数据核字(2023)第 159204 号

责任编辑:王昭松
印　　刷:大厂回族自治县聚鑫印刷有限责任公司
装　　订:大厂回族自治县聚鑫印刷有限责任公司
出版发行:电子工业出版社
　　　　　北京市海淀区万寿路 173 信箱　　邮编:100036
开　　本:787×1092　1/16　印张:15.5　字数:407 千字
版　　次:2023 年 8 月第 1 版
印　　次:2023 年 8 月第 1 次印刷
定　　价:49.80 元

凡所购买电子工业出版社图书有缺损问题,请向购买书店调换。若书店售缺,请与本社发行部联系,联系及邮购电话:(010)88254888,88258888。
质量投诉请发邮件至 zlts@phei.com.cn,盗版侵权举报请发邮件到 dbqq@phei.com.cn。
本书咨询联系方式:(010)88254015,wangzs@phei.com.cn。

PREFACE
前言

一、编写背景

目前,全球正处于"互联网+"时代,越来越多的传统企业都在通过互联网提供产品和服务,如互联网+教育、互联网+金融、互联网+电商、互联网+保险等,几乎所有的产品和服务都能在互联网上找到。互联网高速发展的背后,离不开 Linux 系统的支撑,因此掌握 Linux 系统管理技术已经成为现代 IT 技术人员最重要的专业技能之一。

本书是高职院校计算机网络技术、云计算技术应用、大数据技术、区块链技术应用等专业学生学习 Linux 系统系列教材的第一本(第二本是《Linux 服务器管理》,第三本是《Linux 系统运维管理》)。为了培养互联网行业应用型、复合型、创新型高素质工程技术人才,以学生发展为中心,深化产教融合,济南职业学院的老师联合南京第五十五所技术开发有限公司、国基北盛(南京)科技发展有限公司、山东浪潮优派科技教育有限公司等企业的专家共同编写了本书。本书对接系统运维岗位需求、1+X 证书认证标准,力求培养互联网技术技能人才。

本书在编写过程中,深入贯彻党的二十大精神,紧密围绕"培养什么人、怎样培养人、为谁培养人"这一教育根本问题,推进教材内容的整体设计和系统梳理,以落实立德树人为根本任务,充分发挥教材的铸魂育人功能,为培养德、智、体、美、劳全面发展的社会主义建设者和接班人奠定坚实基础。

二、本书特点

本书在编写过程中遵循产教融合、校企双元合作开发的原则,为教师和学生提供一站式课程解决方案,易教易学。

(1)本书配有多媒体教学资源,读者可登录华信教育资源网(www.hxedu.com.cn)免费注册后下载。

多媒体教学资源可以为学生预习、复习、实训,以及教师备课、授课、指导实训等提供便利,不仅可以节省教师备课的时间,还可以降低教师备课的难度。

(2)以"任务驱动"开展项目化教学。

本书结合主流 Linux 平台架构 RHEL 7.6/CentOS 7.6,大部分内容取自企业真实应用案例,并结合企业的运维工作与学校的教学工作进行了梳理,以任务为教学单元,推动项目化教学实施。

（3）校企合作，双元开发。

本书的编写团队包括高职院校的一线教师、企业的一线工程师，内容编排以理论知识够用为原则，教学方法采用"教、学、做"一体化模式。

（4）对接 1+X 证书标准。

本书的内容对接云计算、大数据领域 1+X 证书的技能标准，既适用于对学生岗位技能的培养，又适用于在岗职工的技能培训。

三、教学参考学时

本书的参考学时为 64 学时，其中实训环节为 32 学时。各项目参考学时如下。

项目	内容	学时分配/学时	
		理论	实训
项目 1	Linux 系统的安装与部署	2	2
项目 2	Linux 系统的必备命令	2	2
项目 3	vim 编辑器、重定向与管道符	2	2
项目 4	软件包的安装与管理	2	2
项目 5	用户身份管理与文件权限管理	4	4
项目 6	存储结构与磁盘管理	4	4
项目 7	网络服务与系统安全的管理	4	4
项目 8	Web 服务器的配置与管理	4	4
项目 9	文件服务器的配置与管理	4	4
项目 10	LAMP 架构部署动态网站	4	4
学时总计		32	32

本书由刘洪海、刘晓玲、肖仁锋担任主编，陈晨、崔敏、魏争争担任副主编，徐书海、李超、徐胜南、张可雪参与了部分内容的编写。特别感谢国基北盛（南京）科技发展有限公司、山东浪潮优派科技教育有限公司对本书的编写提供的帮助和支持。

编者

CONTENTS
目录

项目 1　Linux 系统的安装与部署　/1

　　任务 1.1　初识 Linux 系统　/1
　　　　子任务 1　开源思想的诞生　/1
　　　　子任务 2　Linux 系统的发展历程　/4
　　　　子任务 3　Linux 系统的主要特点　/5
　　　　子任务 4　Linux 系统的组成　/6
　　　　子任务 5　Linux 系统的版本　/7
　　任务 1.2　Linux 系统的安装与配置　/9
　　　　子任务 1　VMware Workstation 的安装与部署　/9
　　　　子任务 2　Linux 系统的安装　/15
　　　　子任务 3　Cockpit 驾驶舱管理工具　/18
　　项目实训　/20
　　习题　/20

项目 2　Linux 系统的必备命令　/21

　　任务 2.1　Shell 和 Linux 命令的基础　/21
　　任务 2.2　常用文件目录类命令　/23
　　　　子任务 1　工作目录操作类命令　/24
　　　　子任务 2　文件操作类命令　/27
　　　　子任务 3　文件查看类命令　/29
　　任务 2.3　系统信息类命令　/33
　　任务 2.4　进程管理类命令　/38
　　任务 2.5　打包备份及搜索类命令　/42
　　任务 2.6　其他帮助类命令　/45
　　项目实训　/49
　　习题　/50

项目 3　vim 编辑器、重定向与管道符　/52

　　任务 3.1　vim 编辑器　/52
　　任务 3.2　输入/输出重定向　/58
　　任务 3.3　管道符　/62
　　任务 3.4　命令行的通配符　/63
　　任务 3.5　命令行的转义符　/64
　　项目实训　/65
　　习题　/66

项目 4　软件包的安装与管理　/68

　　任务 4.1　rpm 软件包　/68
　　任务 4.2　RPM 管理工具　/70
　　任务 4.3　YUM 管理工具　/75
　　项目实训　/79
　　习题　/80

项目 5　用户身份管理与文件权限管理　/81

　　任务 5.1　用户身份管理　/81
　　　　子任务 1　用户和组的概念　/81
　　　　子任务 2　用户的系统文件　/83
　　　　子任务 3　用户和用户组的管理　/85
　　任务 5.2　用户切换和提权　/90
　　任务 5.3　文件权限管理　/93
　　　　子任务 1　文件的基本权限　/93
　　　　子任务 2　文件的特殊权限　/98
　　　　子任务 3　文件的隐藏属性　/102
　　　　子任务 4　ACL 权限　/103
　　项目实训　/105
　　习题　/105

项目 6　存储结构与磁盘管理　/107

　　任务 6.1　磁盘存储结构　/107
　　　　子任务 1　硬盘结构　/107
　　　　子任务 2　文件存储结构　/109
　　任务 6.2　硬盘分区管理　/111
　　　　子任务 1　硬盘分区类型　/111
　　　　子任务 2　分区工具的使用　/113
　　　　子任务 3　分区格式化和挂载　/120

目录

任务 6.3　磁盘阵列管理　/124
  子任务 1　磁盘阵列的实现　/124
  子任务 2　部署磁盘阵列　/126
任务 6.4　逻辑卷管理　/130
  子任务 1　部署逻辑卷　/131
  子任务 2　动态调整逻辑卷　/133
  子任务 3　删除逻辑卷　/134
任务 6.5　软链接和硬链接　/135
项目实训　/138
习题　/139

项目 7　网络服务与系统安全的管理　/141

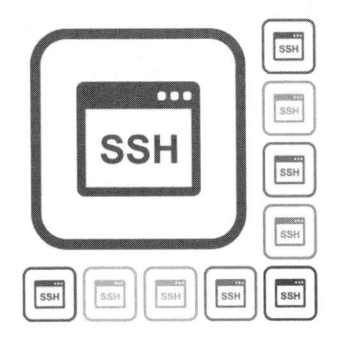

任务 7.1　网络服务的管理　/141
  子任务 1　系统服务　/141
  子任务 2　网络服务　/143
  子任务 3　NetTools　/146
任务 7.2　远程控制服务　/150
  子任务 1　配置 SSHD 服务　/151
  子任务 2　配置安全密钥验证　/152
  子任务 3　远程传输　/154
任务 7.3　防火墙的配置管理　/154
  子任务 1　配置管理 iptables　/155
  子任务 2　配置管理 firewalld　/158
任务 7.4　SELinux 管理　/162
项目实训　/166
习题　/167

项目 8　Web 服务器的配置与管理　/169

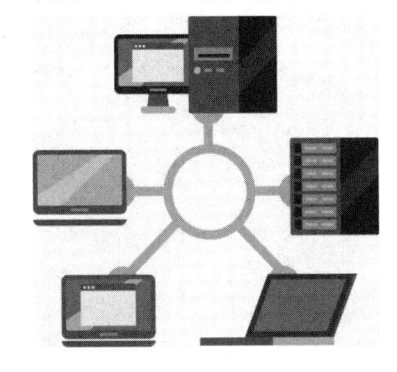

任务 8.1　Web 服务　/169
  子任务 1　认识 Web 服务器　/169
  子任务 2　Web 服务协议　/172
任务 8.2　Apache 服务器的配置与管理　/175
  子任务 1　Apache 服务器的配置　/175
  子任务 2　Apache 的配置文件　/180
  子任务 3　Apache 虚拟主机　/183
任务 8.3　Nginx 服务器的配置与管理　/192
  子任务 1　Nginx 服务器的配置　/192
  子任务 2　Nginx 反向代理和负载均衡　/197

项目实训 /201
习题 /201

项目 9　文件服务器的配置与管理　/203

任务 9.1　FTP 服务器的管理　/203
　　子任务 1　文件传输协议　/203
　　子任务 2　vsftpd 服务程序的安装与部署　/205
　　子任务 3　vsftpd 服务程序匿名访问　/206
　　子任务 4　配置本地用户模式　/209

任务 9.2　NFS 服务器的管理　/212
　　子任务 1　NFS 概述　/212
　　子任务 2　NFS 的配置　/213

项目实训　/215
习题　/216

项目 10　LAMP 架构部署动态网站　/217

任务 10.1　LAMP 架构　/217
　　子任务 1　LAMP 架构概述　/217
　　子任务 2　MariaDB　/220
　　子任务 3　PHP 服务器　/225

任务 10.2　部署 LAMP+WordPress　/227
　　子任务 1　部署 LAMP 架构　/227
　　子任务 2　部署 WordPress　/230

项目实训　/236
习题　/236

参考文献　/238

项目 1

Linux 系统的安装与部署

项目引入

或许很多人对云计算、大数据、物联网和人工智能都非常熟悉，但是对 Linux 系统可能有点陌生。然而，云计算、大数据、物联网和人工智能使用的嵌入式、C++、Java 及 PHP 等底层应用软件都在 Linux 系统上，并且未来国产化服务器都将安装 Linux 系统。百度、阿里巴巴和腾讯等国内大型互联网公司大都使用 Linux 系统。Linux 是一个开源、免费、多用户、多任务的类 UNIX 系统，不但安全、高效，而且功能强大。因此，计算机从业人员必须掌握 Linux 系统的相关内容。了解 Linux 系统的前世今生、安装与部署及初始化进程的特点是初学者首先需要掌握的内容。

能力目标

- ➢ 了解开源软件和开源协议。
- ➢ 熟悉 Linux 系统的版本。
- ➢ 掌握 Linux 系统的安装与部署。
- ➢ 掌握 Cockpit 驾驶舱管理工具。

任务 1.1　初识 Linux 系统

子任务 1　开源思想的诞生

1. 开源软件

开源（Open Source）的全称为开放源代码。软件是开源的，最基本的含义是源代码是公开的，任何人都可以查看、修改及使用。普通的商业版权软件采用闭源代码，即代码是封闭的，只有开发人员才能看到，一旦出现问题也只有开发人员能修改。市场上的开源软件非常多，很多人可能认为开源软件最明显的特点是免费，但实际上并不是这样的。开源软件最大的特点应该是开放，也就是任何人都可以得到软件的源代码并加以修改，甚至重新发布，但是必须在版权限制范围之内。

开源软件面向的用户群体有两个：一是程序员，他们最关心源代码是否可以进行二次开发利用；二是普通的终端用户，他们只关心软件功能是否强大。开源软件的重点应该是开放，是接纳、包容和发展，求同存异，互利共赢，这也是开源的本质。

需要特别注意的是，开源不等于免费。软件代码虽然可以免费提供，但是软件相关的服务（如编译、维护和升级等）可以收费。目前，很多公司把越来越多的开发人员投入开源项目中，这些软件可以有力地支撑起公司的业务发展。

关于开源思想的诞生，有一个很有意思的故事。Richard Stallman 购买了一款商业软件，结果存在一些小问题，于是他去找软件公司，问能不能帮忙修复，软件公司的回复是不行，Richard Stallman 又问能不能提供代码自己来修复，软件公司的回复还是不行。之后，Richard Stallman 创立了自由软件基金会，并发布了 GPL 协议。截至目前，GPL 依然是著名的开源协议。

2. 开源协议

开源软件的源代码都是开放的，所以获取后直接免费使用基本上是没有问题的，但是这并不意味着使用开源软件是完全没有限制的。每款开源软件都有其对应的开源协议，具体的使用限制在开源协议中都有详细的规定。

开源软件在追求"自由"的同时，不能牺牲程序员的利益，否则会影响程序员的创造激情，因此现在有 60 多种被开源促进组织（Open Source Initiative）认可的开源协议来保证开源工作者的权益。

开源协议规定了在使用开源软件时的权利和责任，也就是规定了使用者可以做什么，不可以做什么。开源协议虽然不一定具备法律效力，但是当涉及软件版权纠纷时可以作为非常重要的证据之一。对于准备开发一款开源软件的开发人员来说，先了解当前热门的开源协议，再选择合适的开源协议可以最大限度地保护自己的权益。

1）GNU GPL

GPL（General Public License，通用公共许可证）的出发点是源代码的引用、修改，以及衍生代码的开源和免费使用，但不允许修改后和衍生的代码作为闭源的商业版权软件进行发布与销售。只要在一款软件中使用了 GPL 协议的产品，那么该软件也必须采用 GPL 协议，即必须是开源的和免费的。因此，GPL 协议并不适合商业版权软件。GNU 的标志如图 1-1 所示。

GPL 协议最显著的 4 个特点如下。

- 复制自由：允许把软件复制到任何人的计算机中，并且不限制复制的数量。
- 传播自由：允许软件以各种形式进行传播。
- 收费传播：允许在各种媒介上出售该软件，但必须提前让买家知道该软件是可以免费获得的；因此，一般来讲，开源软件都是通过为用户提供有偿服务来获取利润的。

图 1-1　GNU 的标志

- 修改自由：允许开发人员增加或删除软件的功能，但软件修改后必须依然基于 GPL 协议授权。

许多人将开放源代码与自由软件（Free Software）视为相同，但如果以定义中的条件来看，那么自由软件仅是开放源代码的一种，也就是说，自由软件的定义比开放源代码的定义更严格，并非开放源代码的软件就可以称为自由软件，要视该软件的授权条件是否符合自由软件基金会对自由软件的定义。

自由软件基金会是一个致力于推广自由软件的美国民间非营利性组织。其主要工作是执行 GNU 计划，开发更多的自由软件，完善自由软件理念。

自由软件基金会具有施行 GNU GPL 和其他 GNU 许可证的能力与资源。但自由软件基金会只对自己拥有版权的软件负责，其他软件必须由它们自己的拥有人负责。自由软件基金会每年大约接触到 50 个违反 GNU GPL 的事件，但该基金会试图不通过法院使对方遵循 GNU GPL。

2）BSD 协议

BSD（Berkeley Software Distribution）协议基本上允许用户"为所欲为"。用户不仅可以使用、修改和重新发布遵循 BSD 协议的软件，还可以将软件作为商业用途来发布和销售，但前提是需要满足如下条件。

- 如果再发布的软件中包含源代码，那么源代码必须继续遵循 BSD 协议。
- 如果再发布的软件中只有二进制程序，那么需要在相关文档或版权文件中声明原始代码遵循 BSD 协议。
- 不允许用原始软件的名字、作者名字或机构名称进行市场推广。

BSD 协议对商业版权软件比较友好，很多公司在选用开源产品的时候都将 BSD 协议作为首选，因为这样可以完全控制第三方的代码，甚至在必要的时候可以进行修改或二次开发。BSD 协议的吉祥物如图 1-2 所示。

3）Apache（Apache License Version）协议

Apache 协议和 BSD 协议类似，也适用于商业版权软件。Apache 协议在为开发人员提供版权及专利许可的同时，允许其拥有修改代码及再发布的自由。Apache Software Foundation 的标志如图 1-3 所示。

图 1-2　BSD 协议的吉祥物　　　　图 1-3　Apache Software Foundation 的标志

目前的 Hadoop、Apache HTTP Server、MongoDB 等都是基于 Apache 协议开发的。开发人员在开发遵循 Apache 协议的软件时，需要严格遵守如下条件。

- 该软件及其衍生品必须继续使用 Apache 协议。
- 若修改了程序的源代码，则需要在文档中进行声明。

- 若软件是基于他人的源代码编写成的，则需要保留原始代码的协议、商标、专利声明及原作者声明的信息。
- 若再发布的软件中有声明文件，则需要在此文件中标注 Apache 协议及其他协议。

4）MIT 协议

MIT（Massachusetts Institute of Technology）是目前限制最少的开源协议之一（比 BSD 协议和 Apache 协议的限制都少），只要程序的开发人员在修改后的源代码中保留原作者的许可信息即可，因此普遍被商业版权软件使用。使用 MIT 协议的软件有 PuTTY、X Window System、Ruby on Rails、Lua 5.0 onwards、Mono 等。

5）LGPL

LGPL（Lesser General Public License，宽通用公共许可证）是 GPL 的衍生版本，也被称为 GPL V2，主要是为类库设计的开源协议。但是如果修改 LGPL 协议的代码或衍生品，那么所有修改的代码、涉及修改部分的额外代码和衍生品的代码都必须采用 LGPL 协议。因此，LGPL 协议的开源代码适合作为第三方类库被商业版权软件采用，但不适合希望以该协议代码为基础，通过修改和衍生的方式做二次开发的商业版权软件采用。

3. 开源的价值

开源与闭源最大的区别如下：开源的源代码是公开的，可以被修改；闭源的源代码是加密的，需要依靠系统开发商进行修改。

开源的价值主要体现在以下两点。

1）节约时间

节约时间是对自主拥有技术团队的企业来说的，当软件需要完善、改版时，使用开源软件只需要在原始程序上进行修改即可实现。

2）个性化

随着竞争的加剧、用户的激增，企业、用户对软件界面及功能都有了更多的需求。对于不同功能的实现，开源可以使程序员在代码的基础上进行二次开发，表现出个性化的新功能。

子任务 2　Linux 系统的发展历程

1. UNIX 系统

UNIX 系统最早是由 Ken Thompson、Dennis Ritchie 和 Douglas McIlroy 于 1969 年在 AT&T 贝尔实验室开发的，并于 1971 年首次发布，最初完全是用汇编语言编写的，这在当时是一种普遍的做法。1973 年，Dennis Ritchie 使用 C 语言（内核和 I/O 例外）重新编写了 UNIX 系统。采用高级语言编写的系统不但具有更好的兼容性，而且更容易移植到不同的计算机平台上。

2. Minix 系统

Minix 是一个轻量、小型且采用微内核（Micro-Kernel）架构的类 UNIX 系统，是 Andrew S. Tanenbaum 为计算机教学而设计的。因为 AT&T 的政策发生了变化，在推出 UNIX 7 之后，发布了新的使用条款，将 UNIX 源代码私有化，在大学中不能再使用 UNIX 源代码。为了使学生了解系统运作的实务细节，Andrew S. Taneubaum 决定在不使用任何 AT&T 的源代码的前提下，自行开发与 UNIX 兼容的系统，以避免版权上的争议。他以小型 UNIX（Mini-UNIX）之意，将其称为 Minix。

Minix 最初发布于 1987 年,为大学教学和研究工作开放全部源代码。2000 年,Minix 系统重新改为 BSD 授权,成为自由和开放源码软件。Minix 系统没有抄袭 UNIX 系统的任何代码,所以它们之间并没有任何继承关系,Minix 作为当时有史以来的第一个开源的系统放到互联网上以后,短期之内就得到了飞速发展。

3. Linux 系统

Linux 系统的出现归功于 Linus Torvalds。Linus Torvalds 的目的是设计可以代替 Minix 的系统,这个系统可以用于 386、486 或奔腾处理器的个人计算机上,并且具有 UNIX 系统的全部功能,由此开始了 Linux 系统雏形的设计。1991 年,Linus Torvalds 开始在 Minix 系统上开发 Linux 内核,所以为 Minix 系统开发的软件也可以在 Linux 内核上使用。

1991 年 10 月 5 日,Linus Torvalds 在赫尔辛基大学的一台 FTP 服务器上发布了一条消息,这标志着 Linux 系统的诞生。后来使用 GNU 系统代替 Minix 系统,因为 GNU 系统的源代码可以自由使用,这对 Linux 系统的发展是有益的。使用 GNU GPL 协议的源代码可以被其他项目使用,只要这些项目是使用同样的协议发布的。为了使 Linux 系统可以在商业上使用,Linus Torvalds 决定以 GNU GPL 协议代替原来的协议。之后许多开发人员致力于将 GNU 元素融合到 Linux 系统中,做出一个有完整功能且自由的系统——GNU/Linux。

Linux 系统的标志和吉祥物是一只名字为 Tux 的企鹅,如图 1-4 所示。Linus Torvalds 在澳大利亚时曾被动物园中的一只企鹅咬了一口,所以便选择企鹅作为 Linux 系统的标志。

在 Linus Torvalds 的带领下,众多开发人员参与了开发和维护 Linux 内核。Richard Stallman 创立的自由软件基金会也提供了大量支持 Linux 内核的 GNU 组件。一些个人和企业开发的第三方非 GNU 组件也提供对 Linux 内核的支持,这些第三方组件包括大量的产品,有内核模块、用户应用程序和库等。Linux 社区或企业都推出了一些重要的 Linux 发行版,包括 Linux 内核、GNU 组件、非 GNU 组件,以及其他形式的软件包管理系统软件。

图 1-4 Tux

子任务 3　Linux 系统的主要特点

1. 完全免费

Linux 是免费的系统,用户可以通过网络或其他途径免费获得,并且可以任意修改其源代码,这是其他系统做不到的。正是由于这一点,来自全世界的无数的程序员参与了 Linux 系统的修改和编写工作(程序员可以根据自己的兴趣和灵感对 Linux 系统进行修改)。因此,Linux 系统得以不断壮大。

2. 完全兼容 POSIX 1.0 标准

由于完全兼容 POSIX 1.0 标准,因此可以在 Linux 系统下通过相应的模拟器运行常见的 DOS、Windows 系统的程序,这为用户从 Windows 系统转到 Linux 系统奠定了基础。许多用户在考虑使用 Linux 系统时,就会想到以前在 Windows 系统下常见的程序是否能正常运行,这一点就消除了他们的疑虑。

3. 多用户、多任务

Linux 系统支持多用户,各用户对自己的文件设备有特殊的权利,从而保证各用户之间互不影响。多任务则是现在系统最主要的一个特点，Linux 系统可以使多个程序同时且独立地运行。

4. 良好的界面

Linux 系统同时具有字符界面和图形界面。在字符界面用户可以通过键盘输入相应的指令来进行操作。Linux 系统也提供了类似于 Windows 图形界面的 X Windows System，用户可以使用鼠标对其进行操作。X Windows 环境和 Windows 环境相似，也可以说是一个 Linux 版的 Windows 系统。

5. 丰富的网络功能

互联网是在 UNIX 系统的基础上繁荣起来的，Linux 系统的网络功能当然不会逊色。Linux 系统的网络功能和其内核紧密相连，在这方面 Linux 系统要优于其他系统。在 Linux 系统中，用户可以轻松实现网页浏览、文件传输和远程登录等。另外，Linux 系统可以作为服务器提供 WWW、FTP、E-mail 等服务。

6. 拥有安全、稳定的性能

Linux 系统采取了许多安全技术措施，其中包括对读/写进行权限控制、审计跟踪、核心授权等，这些都为安全提供了保障。由于 Linux 系统需要应用网络服务器，这对稳定性也有比较高的要求，因此 Linux 系统在这方面的表现也十分出色。

7. 支持多种平台

Linux 系统可以运行在多种硬件平台上，如具有 x86、SPARC、Alpha 等处理器的平台。Linux 还是一种嵌入式系统，可以运行在掌上电脑、机顶盒或游戏机上。2001 年 1 月发布的 Linux 2.4 版本的内核已经能够完全支持 Intel 64 位芯片架构。另外，Linux 系统也支持多处理器技术。多台处理器同时工作可以大大提高系统的性能。

子任务 4　Linux 系统的组成

Linux 系统一般包括 4 个主要部分：内核、Shell、文件系统和应用程序。内核、Shell 和文件系统一起构成基本的系统结构，使用户可以运行程序、管理文件并使用系统。

1. 内核

内核是系统的核心，具有很多基本功能，如虚拟内存、多任务、共享库、需求加载、可执行程序和 TCP/IP 网络功能。

2. Shell

Shell 是系统的用户界面，提供了用户与内核进行交互操作的一种接口。它接收用户输入的命令并把它送入内核中执行，是命令解释器。另外，Shell 编程语言具有普通编程语言的很多特点，采用这种编程语言编写的 Shell 程序与其他应用程序具有同样的效果。

3. 文件系统

文件系统是文件保存在磁盘等存储设备上的组织方法。Linux 系统支持多种文件系统，如 EXT2、EXT3、FAT、FAT32、VFAT 和 ISO 9660 等。

4. 应用程序

标准的 Linux 系统一般都有一套称为应用程序的程序集，包括文本编辑器、编程语言、X Window System、办公套件、Internet 工具和数据库等。

子任务 5 Linux 系统的版本

1. Linux 内核的版本

其实，Linux 是一个内核。Linux 内核的主要模块（或组件）包括存储管理、CPU 和进程管理、文件系统、设备管理和驱动、网络通信，以及系统的初始化（引导）和系统调用等。Linux 系统由 Linux 内核、GNU 项目及其他项目构成。但是，人们已经习惯用 Linux 来形容整个基于 Linux 内核，并且使用 GNU 项目各种工具和数据库的系统。

Linux 内核使用 3 种不同的版本编号方式。

（1）用于 1.0 版本之前（包括 1.0）。第一个版本是 0.01，紧接着是 0.02、0.03、0.10、0.11、0.12、0.95、0.96、0.97、0.98、0.99 和之后的 1.0。

（2）用于 1.0 版本到 2.6 版本，表达形式为"A.B.C"，A 代表主版本号，B 代表次版本号，C 代表变化较小的末版本号。只有在内核发生很大的变化时（只发生过两次，1994 年的 1.0 版本、1996 年的 2.0 版本），A 才会发生变化。可以通过 B 来判断 Linux 是否稳定，若 B 为偶数则代表稳定版，若 B 为奇数则代表开发版。C 代表一些 Bug 修复、安全更新，以及添加新特性和驱动的次数。

以 2.4.0 版本为例，2 代表主版本号，4 代表次版本号，0 代表变化较小的末版本号。在版本号中，如果序号的第二位为偶数，就表明这是一个可以使用的稳定版本，如 2.2.5；如果序号的第二位为奇数，就表明加入了一些新的东西，是不一定稳定的测试版本，如 2.3.1。稳定版本来源于上一个测试版本升级的版本号，一个稳定版本发展到完全成熟后就不再发展。

（3）从 2004 年的 2.6.0 版本开始，使用了"time-based"方式；在 3.0 版本之前，采用的是"A.B.C.D"格式。这些年，前两个数字 A 和 B（即"2.6"）保持不变，C 随着新版本的发布而改变，D 代表一些 Bug 修复、安全更新，以及添加新特性和驱动的次数。在 3.0 版本之后，采用的是"A.B.C"格式，B 随着新版本的发布而增加，C 代表一些 Bug 修复、安全更新，以及添加新特性和驱动的次数。

第三种编号方式不再使用偶数代表稳定版本、奇数代表测试版本这样的命名方式。例如，3.7.0 代表的不是测试版本，而是稳定版本。

2. Linux 发行版

Linux 发行版指的就是通常所说的 Linux 系统，一般由一些组织、团体、公司或个人制作并发行。Linux 内核主要作为 Linux 发行版的一部分使用。通常来讲，一个 Linux 发行版包括 Linux 内核、将整个软件安装到计算机上的一套安装工具，以及各种 GNU 软件和其他一些自由软件。另外，一些 Linux 发行版中可能包含一些专有软件，因为它是出于不同的目的而制作的，包括对不同计算机硬件结构的支持，对普通用户或开发人员使用方式的调整，以及针对实时应用或嵌入式系统的开发等。目前，开发的 Linux 发行版已超过 300 个，普遍使用的有 12 个，比较知名的有 Debian、Ubuntu、Fedora 和 openSUSE 等，如图 1-5 所示。

图 1-5 Linux 发行版

典型的 Linux 发行版包括 Linux 内核、GNU 库和各种系统工具、命令行 Shell，以及图形界面底层的 X 窗口系统和上层的桌面环境等。

1）Debian

Debian 运行起来极其稳定，因此适合用于服务器。

2）Gentoo

与 Debian 一样，Gentoo 也包含数量众多的软件包。Gentoo 并不是以预编译的形式出现的，而是每次都需要针对每个系统进行编译。

3）Ubuntu

Ubuntu 是 Debian 的衍生版，侧重于它的应用，在服务器、云计算，甚至一些运行 Ubuntu Linux 的移动设备上很常见。

4）Damn Vulnerable Linux

Damn Vulnerable Linux 容易受到攻击，根本不是一般意义上的 Linux 发行版。它的目的在于借机训练 Linux 管理员。

5）Red Hat Enterprise Linux

Red Hat Enterprise Linux（RHEL）是第一个面向商业市场的 Linux 发行版，有服务器版本，支持众多处理器架构。

6）CentOS

CentOS 是企业级 Linux 发行版，是使用 RHEL 中的免费源代码重新构建而成的。这个重构版完全删除了注册商标及 Binary 程序包方面一个非常细微的变化。

2020 年 12 月 8 日，CentOS 社区将项目重心转换为 CentOS Stream，这标志着 CentOS Linux 版本的终结。CentOS Linux 8 的支持与维护时间已经变更为 2021 年 12 月 31 日（以前为 2029 年），CentOS Stream 版本可以实现滚动更新，系统源代码也由 RHEL 对应版本的开源代码提供，但这些代码更激进，是合并进 RHEL 系统的一个实验场。CentOS 比 RHEL 更新新特性快，是 RHEL 的上游版本。

7）Fedora

Fedora 是 Red Hat 公司开发的一个测试平台。产品在成为企业级发行版之前，需要先在 Fedora 平台上进行开发和测试。Fedora 也是非常好的发行版，有庞大的用户论坛，使用 YUM 来管理软件包。

8）Kali Linux

Kali Linux 是 Debian 的衍生版。Kali 主要用于渗透测试。

9）Arch

Arch 是采用滚动发行方式的系统，只要安装一次就够了，也就是说，在发行了某个新版本之后可以进行升级，无须重新安装。Pacman 是 Arch Linux 的软件包管理器。Arch Linux 既支持 x86 处理器架构，又支持 x86_64 架构，安装程序可以使用光盘或 U 盘运行。

10）openSUSE

openSUSE 是免费的，不能用于商业用途，只供个人使用。openSUSE 真正的竞争对手是 RHEL。openSUSE 使用 Yast 来管理软件包。有了 Yast，使用和管理服务器应用程序就非常容易。

3. 国产 Linux 发行版

1）深度

深度（Deepin）是由武汉深之度科技有限公司在 Debian 的基础上开发的 Linux 系统，

于 2004 年 2 月 28 日开始对外发行，可以安装在个人计算机和服务器上。以桌面应用为主的开源 GNU/Linux 系统支持笔记本电脑、台式计算机和一体机。深度系统包含深度桌面环境（DDE）和近 30 种深度原创应用，以及多种来自开源社区的应用软件，可以支撑广大用户日常的学习和工作。

深度系统是中国第一个具备国际影响力的 Linux 发行版，支持几十种语言，致力于为全球用户提供美观易用、安全稳定服务的系统体验。深度桌面环境和大量的应用软件被移植到包括 Fedora、Ubuntu、Arch 等 10 余个国际 Linux 发行版中。

2）麒麟

2002 年，银河麒麟作为"863 计划"的项目启动，由国防科技大学研发，并于 2006 年完成初版。银河麒麟整合了 mach、FreeBSD、Linux、Windows 这 4 种系统的优势。2009 年启动了"核高基"专项，银河麒麟继续迭代。银河麒麟 3.0 开始将 Linux 作为内核。

中标麒麟的前身 COSIX Linux（中软 Linux）是由中国计算机软件与技术服务总公司开发的，最初发布于 1999 年。2004 年 2 月，发布了中标普华 Linux 1.0（NeoShine）。

2010 年 12 月 16 日，中标普华 Linux 和国防科技大学的银河麒麟合并为中标麒麟。2014 年 12 月，天津麒麟信息技术有限公司成立，其继承了银河麒麟品牌。2020 年 4 月 8 日，中标软件有限公司和天津麒麟信息技术有限公司合并，共同开发银河麒麟和中标麒麟。

3）中科红旗

红旗 Linux 是由北京中科红旗软件技术有限公司开发的一系列 Linux 发行版，包括桌面版、工作站版、数据中心服务器版、HA 集群版和红旗嵌入式 Linux 等产品。红旗 Linux 是中国较大、较成熟的 Linux 发行版之一，2014 年被五甲万京信息科技产业集团收购。

4）欧拉

EulerOS 是华为自主研发的服务器系统，能够满足客户从传统 IT 基础设施到云计算服务的需求。EulerOS 对 ARM64 架构提供全栈支持。EulerOS 以 Linux 稳定系统内核为基础，支持鲲鹏处理器和容器虚拟化技术，是面向企业级的通用服务器架构平台。

2021 年 11 月 9 日，在北京举行的"操作系统产业峰会 2021"上，华为携手社区全体伙伴共同将欧拉开源系统（Open Euler）正式捐赠给开放原子开源基金会。

2022 年 4 月 15 日，欧拉开源系统捐赠之后的首个社区共建版本 Open Euler 22.03 LTS 正式发布，这是首个支持数字基础设施全场景融合的长周期版本，并且针对服务器、云计算、边缘计算和嵌入式四大场景首次发布新特性，方便开发人员构建面向全场景的数字基础设施系统。

任务 1.2　Linux 系统的安装与配置

子任务 1　VMware Workstation 的安装与部署

1. VMware 简介

VMware Workstation 是功能非常强大的桌面计算机虚拟软件。借助 VMware Workstation，可以在同一台计算机上同时运行多个不同的系统，创建真实的 Linux 系统、Windows 系统，以及其他桌面、服务器和平板电脑环境。每个虚拟系统的硬盘分区、数据配置都是独立的，包括可配置的虚拟网络连接和网络条件模拟等。Linux 系统对硬件设备的要求很低，课程实验用虚拟机可以轻松完成。

VMware Workstation 的开发商为 VMware（威睿），中文名称为"威睿工作站"。VMware 成立于 1998 年，是 EMC 公司的子公司，是全球桌面到数据中心虚拟化解决方案的领导厂商，全球虚拟化和云基础架构的领导厂商，以及全球第一大虚拟机软件厂商。VMware 开发的 VMware Workstation 受到了全球广大用户的认可，能够让一台机器同时运行两个或更多的 Windows、Linux、Mac 等系统。与"多启动"系统相比，VMware 采用了完全不同的概念。"多启动"系统在同一时刻只能运行一个系统，在系统切换时需要重新启动机器。VMware 能够在主系统的平台上同时运行多个系统，就像切换 Windows 应用程序，并且每个系统都可以在不影响真实硬盘的数据的情况下进行虚拟分区、配置，甚至可以通过网卡将几台虚拟机用网卡连接为一个局域网。因此，VMware 成为全球第四大系统软件公司。

VMware Workstation 虚拟机软件提供了 3 种网络连接方式：桥接模式、NAT 模式和仅主机模式。

- 桥接模式：相当于在宿主机与虚拟机网卡之间架设了一座桥梁，虚拟机可以通过宿主机的网卡访问外网。
- NAT 模式：让虚拟机的网络服务发挥路由器的作用，使虚拟机软件模拟的主机可以通过宿主机访问外网（宿主机中 NAT 模式虚拟机网卡对应的物理网卡是 VMnet8）。
- 仅主机模式：仅让虚拟机内的主机与宿主机通信，不能访问外网（宿主机中仅主机模式虚拟机网卡对应的物理网卡是 VMnet1）。

2. VMware Workstation 的安装与配置

运行 VMware Workstation 虚拟机软件的安装程序，在虚拟机软件的安装向导界面中单击"下一步"按钮，如图 1-6 所示。

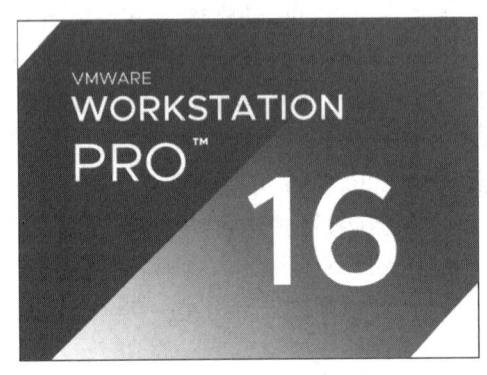

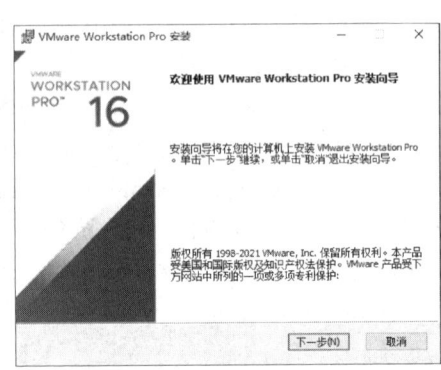

图 1-6　虚拟机软件的安装向导界面

在"最终用户许可协议"界面中勾选"我接受许可协议中的条款"复选框，单击"下一步"按钮，如图 1-7 所示。选择虚拟机软件的安装位置（可选择默认位置），勾选"增强型键盘驱动程序"复选框，单击"下一步"按钮，如图 1-8 所示。

根据自身情况适当勾选"启动时检查产品更新"复选框与"加入 VMware 客户体验提升计划"复选框，单击"下一步"按钮，如图 1-9 所示。

勾选"桌面"复选框和"开始菜单程序文件夹"复选框，单击"下一步"按钮，如图 1-10 所示。

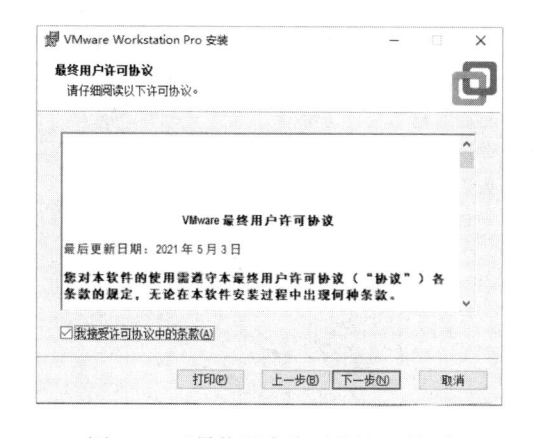

图 1-7 "最终用户许可协议"界面

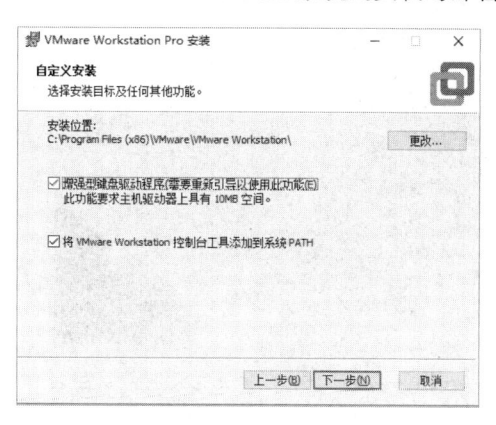

图 1-8 "自定义安装"界面

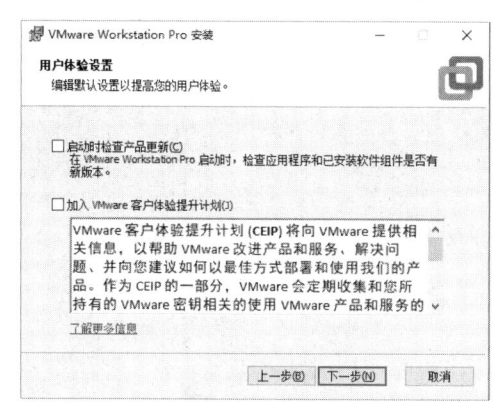

图 1-9 "用户体验设置"界面

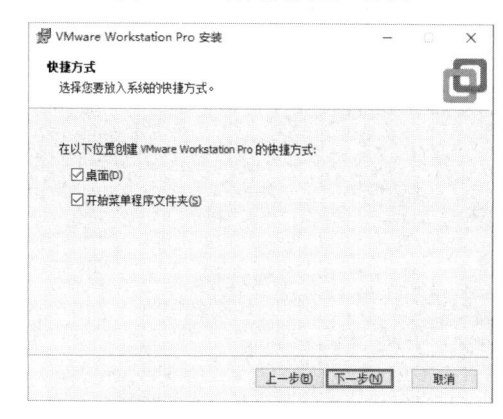

图 1-10 "快捷方式"界面

一切准备就绪以后,单击"安装"按钮,如图 1-11 所示。进入安装过程,如图 1-12 所示,等待虚拟机的安装过程结束。

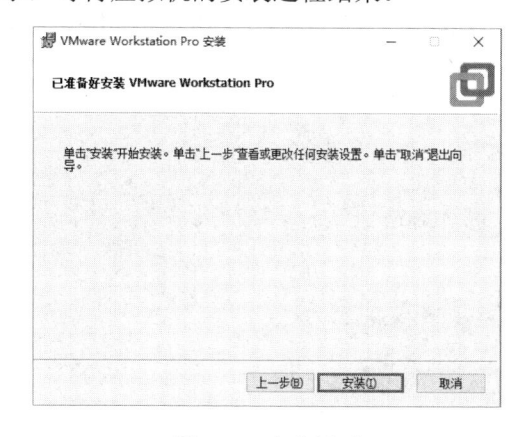

图 1-11 安装界面

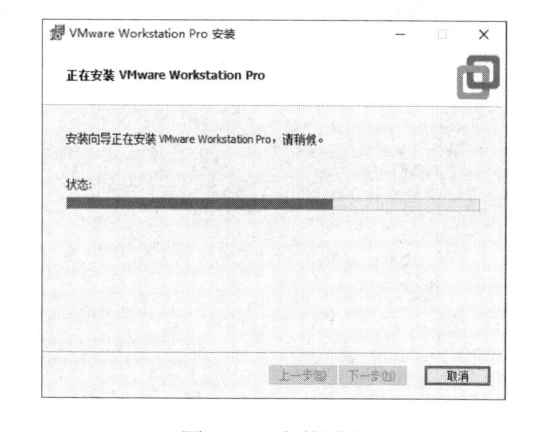

图 1-12 安装过程

当虚拟机软件安装完成后,单击"许可证"按钮,输入许可证密钥,或者选择试用,单击"完成"按钮,如图 1-13 所示。

双击桌面上生成的虚拟机软件的快捷图标,打开 VMware Workstation 主界面,如图 1-14 所示。

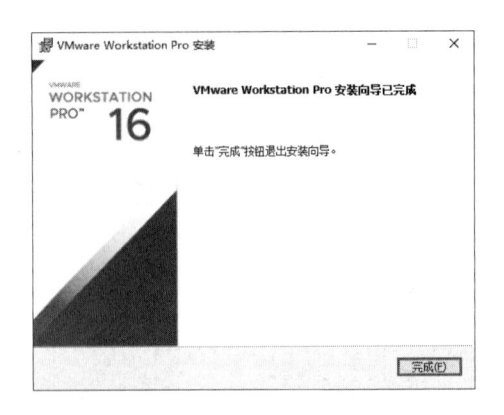

图 1-13　安装完成

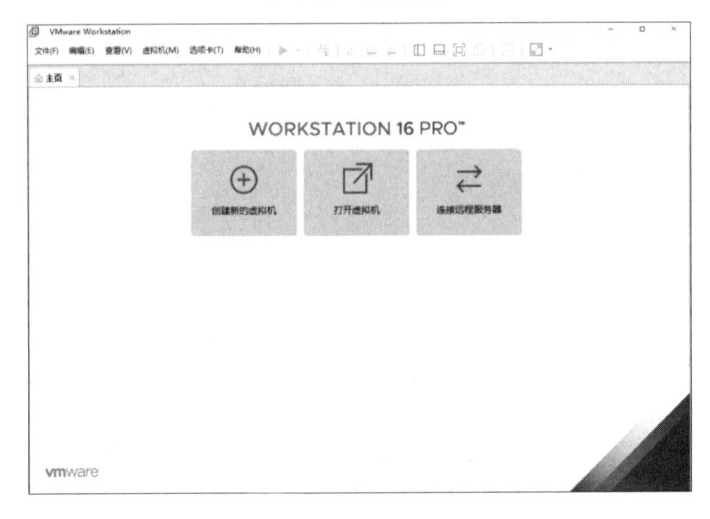

图 1-14　VMware Workstation 主界面

选择"编辑"→"虚拟网络编辑器"命令，虚拟网卡 VMnet1 和 VMnet8 的 IP 子网分别为 192.168.100.0 和 192.168.200.0，如图 1-15 所示。

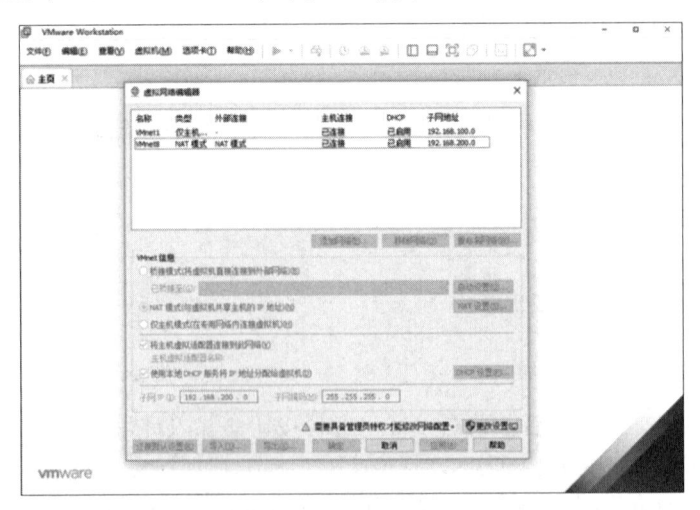

图 1-15　"虚拟网络编辑器"对话框

3. 创建虚拟机

在安装完虚拟机软件之后,需要设置系统的硬件标准等参数,只有正确地将虚拟机系统的硬件资源模拟出来,才能安装系统。

单击如图 1-14 所示的"创建新的虚拟机"链接,并在打开的"新建虚拟机向导"对话框的初始界面中选中"典型"单选按钮,单击"下一步"按钮,选中"稍后安装操作系统"单选按钮,单击"下一步"按钮,如图 1-16 和图 1-17 所示。

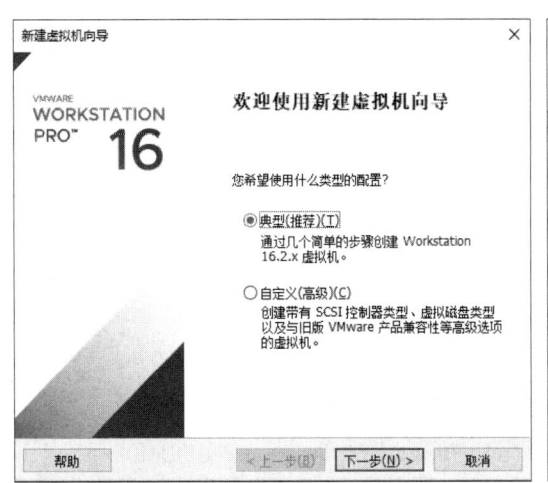

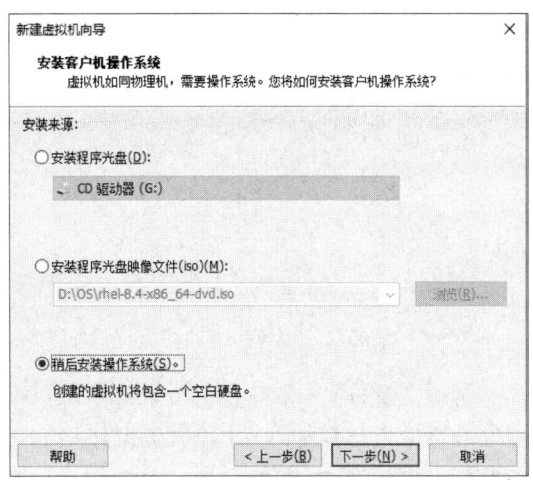

图 1-16 初始界面　　　　图 1-17 "安装客户机操作系统"界面

在"客户机操作系统"选项组中选中"Linux"单选按钮,将"版本"设置为"CentOS 7 64 位",单击"下一步"按钮,如图 1-18 所示。

在"命名虚拟机"界面中自定义虚拟机名称并选择安装位置,单击"下一步"按钮,如图 1-19 所示。

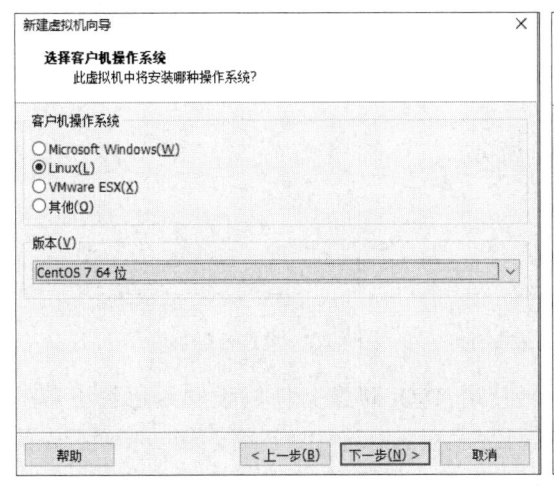

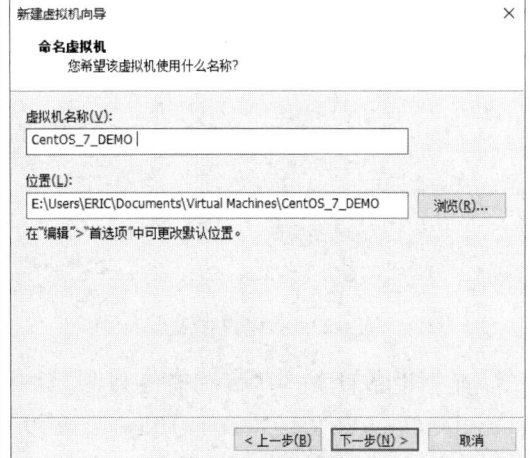

图 1-18 "选择客户机操作系统"界面　　　　图 1-19 "命名虚拟机"界面

在"指定磁盘容量"界面中,将"最大磁盘大小"设置为 50GB(参照公有云),单击"下一步"按钮,如图 1-20 所示。单击如图 1-21 所示的"自定义硬件"按钮,在打开的"硬件"对话框中设置虚拟机硬件资源参数,建议将虚拟机的内存可用量设置为4GB,并且不能小于1GB,如图1-22所示。

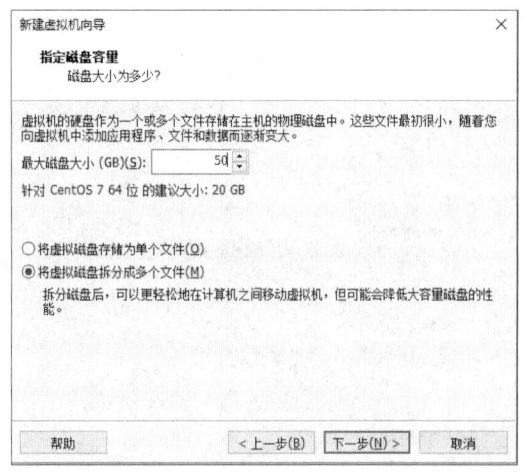

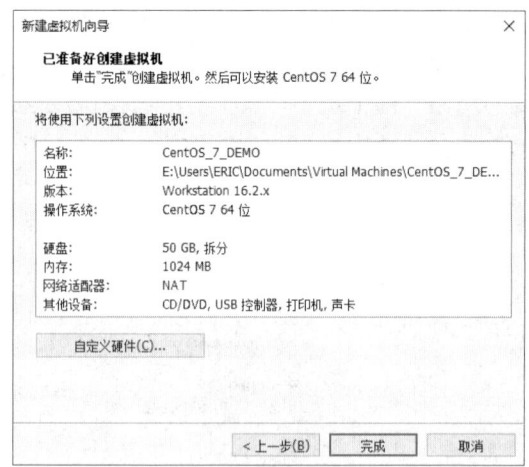

图1-20 "指定磁盘容量"界面

图1-21 自定义硬件

选择"设备"列表中的"处理器"选项,根据宿主机的性能设置"处理器数量"及"每个处理器的内核数量",并开启虚拟化功能,如图1-23所示。

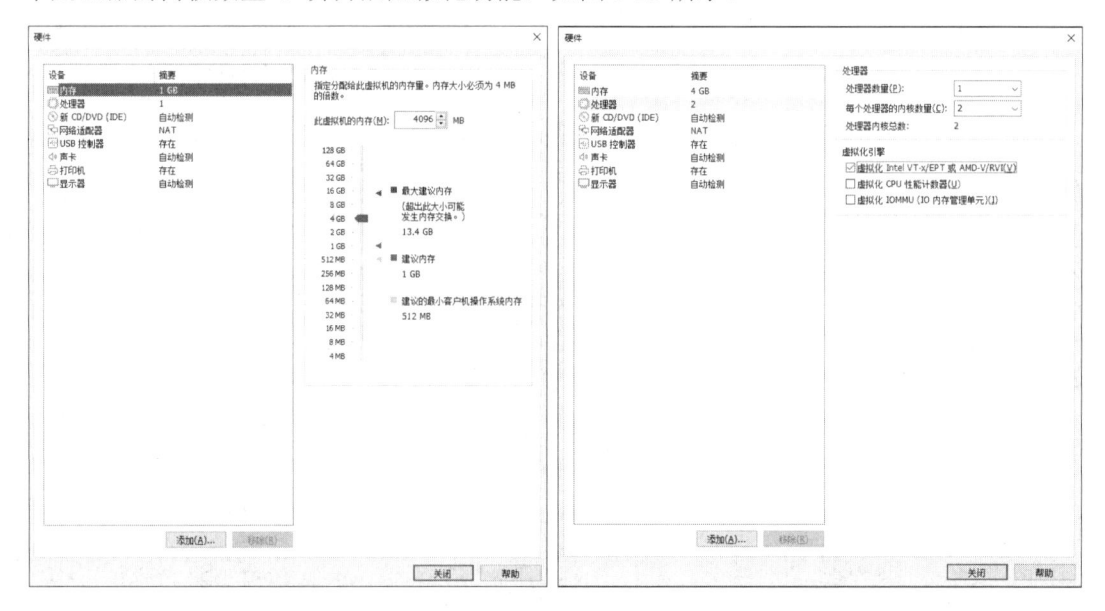

图1-22 指定内存大小

图1-23 设置处理器

光驱设备设置为"启动时连接",并将"使用 ISO 映像文件"设置为已经下载的"CentOS-7.6-x86_64-DVD-1810.iso",在设置网络适配器时选中"网络连接"选项组中的"NAT 模式"单选按钮,如图1-24和图1-25所示。

USB控制器、声卡和打印机等设备可以根据实际情况设置或移除,单击"关闭"按钮返回"新建虚拟机向导"对话框,单击"完成"按钮,完成虚拟机的硬件配置。若显示如图1-26所示的界面,则表明虚拟机配置成功。

项目 1
Linux 系统的安装与部署

图 1-24　设置光驱设备　　　　　　　图 1-25　设置网络适配器

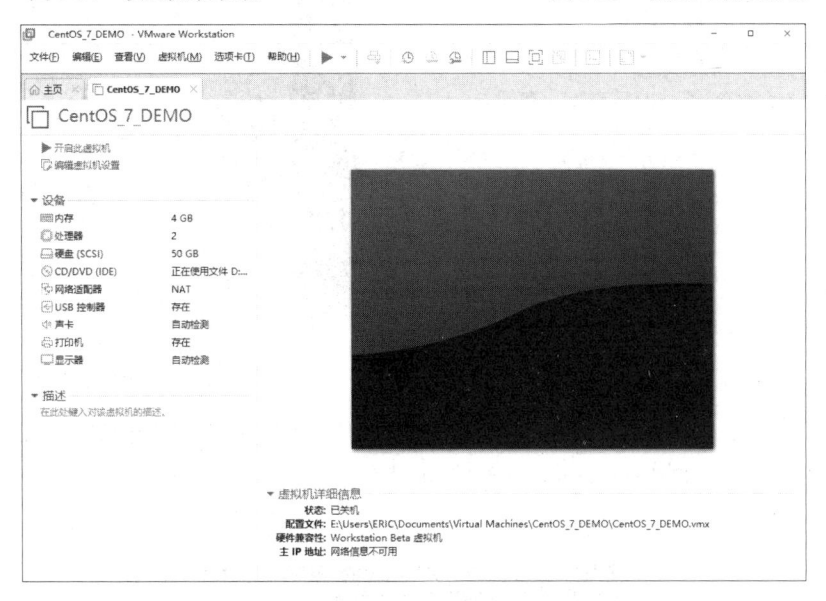

图 1-26　虚拟机配置成功

子任务 2　Linux 系统的安装

安装 Linux 系统最简单的方式是使用光盘镜像。单击 VMware Workstation 主界面中的"打开虚拟机"链接，数秒后会出现 CentOS 系统的安装界面，如图 1-27 所示。"Test this media & install CentOS 7"选项和"Troubleshooting"选项的作用分别是校验光盘完整性后再安装和启动救援模式，可以通过键盘的方向键进行选择，这里选择"Install CentOS 7"选项直接安装 Linux 系统。

按 Enter 键加载安装镜像，等待 30~60 秒就会出现选择系统的安装语言的界面，选择"English"选项，单击"Continue"按钮，如图 1-28 所示。在安装信息摘要界面中可以配置时区、键盘、语言支持、安装模式和硬盘分区等选项，如图 1-29 所示。

Linux 系统管理（RHEL 7.6/CentOS 7.6）

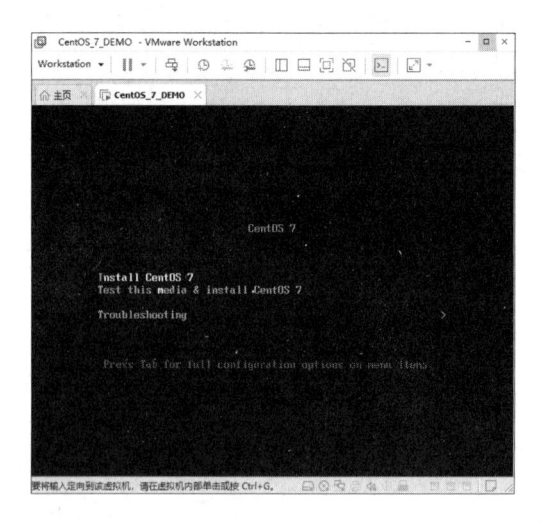

图 1-27　CentOS 系统的安装界面

图 1-28　选择安装语言　　　　　　　　图 1-29　安装信息摘要

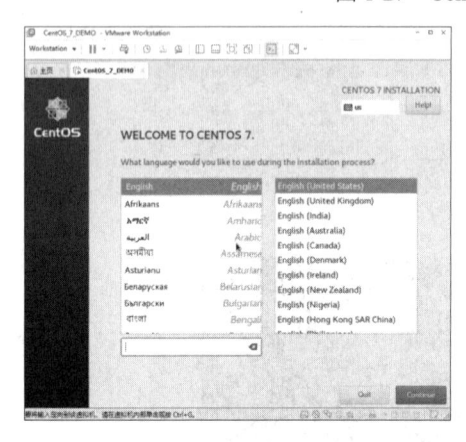

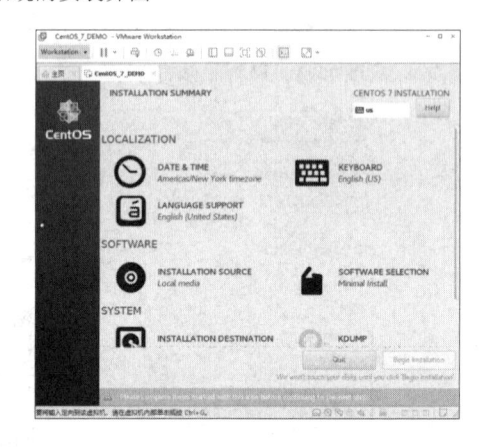

将时区"DATE&TIME"设置为"亚洲上海"，"安装模式"设置为"SOFTWARE SELECTION"，并选中"Server with GUI"单选按钮，如图 1-30 所示。

图 1-30　选中"Server with GUI"单选按钮

若手动分区，则可以按照如图 1-31 所示进行设置。而标准分区包含 boot 分区、根分区和交换分区，如图 1-32 所示。

图 1-31　手动分区　　　　　　　　　　　　图 1-32　标准分区

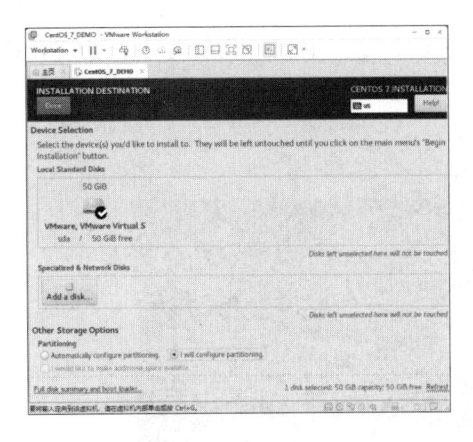

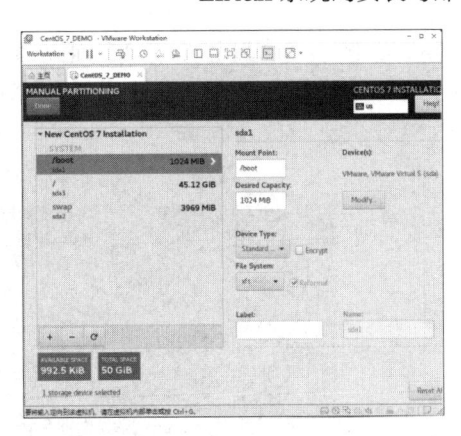

单击"Ethernet"图标,将网卡状态配置为"ON",可以看到,通过 VMware 的 DHCP 服务自动为虚拟机分配了 IP 地址等参数,如图 1-33 所示。完成以上配置后,就可以单击 "Begin Installation"按钮开始安装系统,如图 1-34 所示。

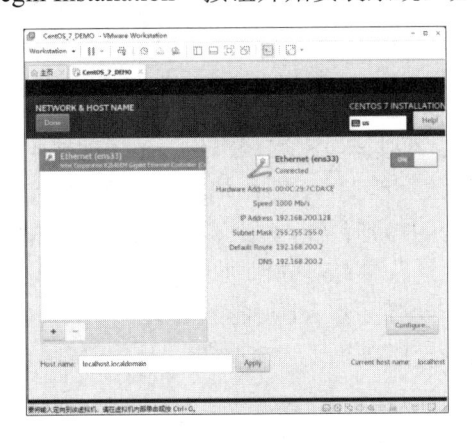

图 1-33　为虚拟机分配的参数　　　　　　　图 1-34　开始安装系统

安装 Linux 系统一般需要 10~20 分钟。在安装 Linux 系统的过程中,会提示设置 root 用户的密码,以及为系统创建普通用户及其密码,安装完成后单击"Reboot"按钮重启系统,如图 1-35 所示。

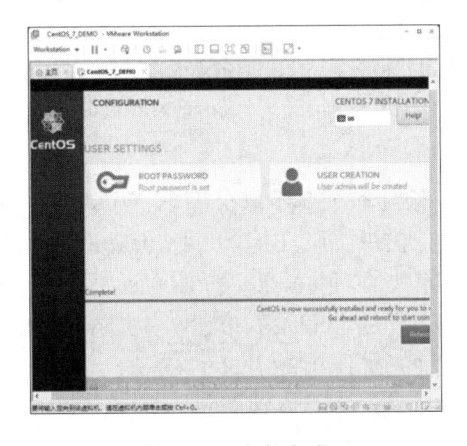

图 1-35　安装完成

重启系统后将看到系统的初始化界面，经过授权、选择语言、设置时区、创建普通用户等，完成 Linux 系统的安装和部署。以 root 用户的身份登录系统，如图 1-36 所示。

图 1-36　登录系统

子任务 3　Cockpit 驾驶舱管理工具

首先，Cockpit 是指飞机、船或赛车的驾驶舱、驾驶座，它用名字传达出了功能丰富的特性。其次，Cockpit 是一个基于 Web 的图形化服务管理工具，对用户相当友好，即便是初学者也可以轻松上手。另外，Cockpit 天然具备很好的跨平台性，因此被广泛应用于服务器、容器和虚拟机等多种管理场景。Red Hat 公司也十分看重 Cockpit，并且直接将它默认安装到 RHEL 8 系统中，由此衍生的 CentOS 和 Fedora 也都安装了 Cockpit。

因为 CentOS 7.6 系统中没有默认安装 Cockpit，所以需要手动安装，具体的安装步骤如下：

```
[root@locallhost ~]# yum install -y cockpit    cockpit-*
[root@locallhost ~]# systemctl stop firewalld
[root@locallhost ~]# systemctl disable firewalld
Removed symlink /etc/systemd/system/multi-user.target.wants/firewalld.service.
Removed symlink /etc/systemd/system/dbus-org.fedoraproject.FirewallD1.service.
[root@locallhost ~]# setenforce 0
[root@locallhost ~]# systemctl enable --now cockpit.socket
Created symlink from /etc/systemd/system/sockets.target.wants/cockpit.socket to /usr/lib/systemd/system/cockpit.socket.
```

在启动 Cockpit 之后，打开系统自带或宿主机 Windows 的浏览器，在地址栏中输入"192.168.200.128:9090"即可进行访问。由于访问 Cockpit 的流量会使用 HTTPS 进行加密，而证书又是在本地签发的，因此还需要添加信任本地证书。进入 Cockpit 的登录界面后，输入 root 用户的用户名与密码，单击"登录"按钮，如图 1-37 所示。

进入 Cockpit 的 Web 界面，如图 1-38 所示。Cockpit 总共分为 13 个功能模块。

选中"终端"功能模块，显示的是终端命令行界面，如图 1-39 所示。

项目 1
Linux 系统的安装与部署

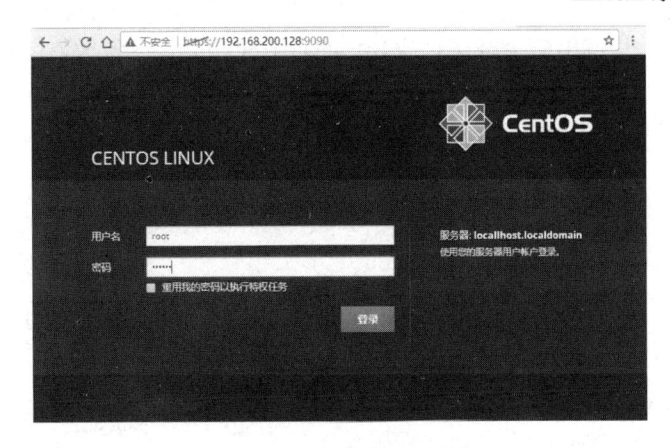

图 1-37　登录 Cockpit

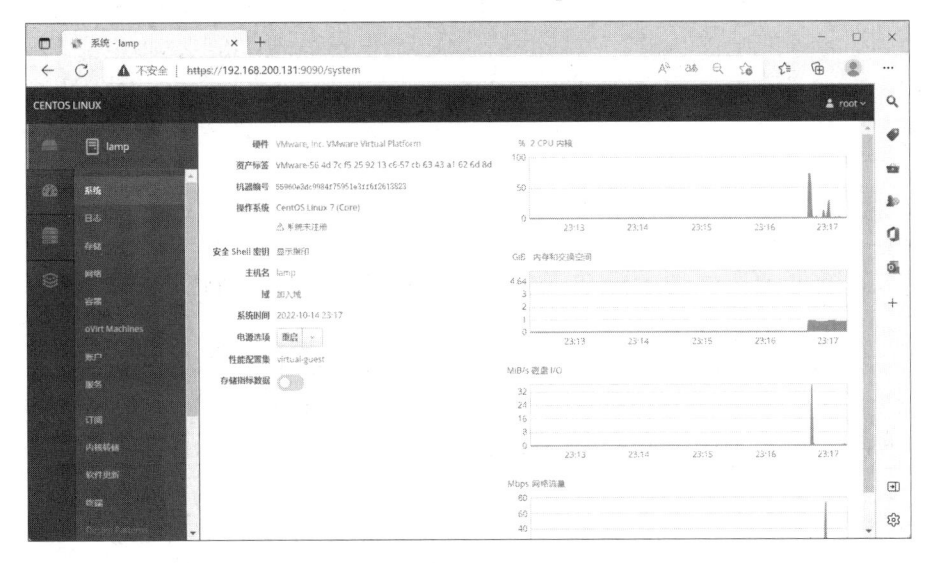

图 1-38　Cockpit 的 Web 界面

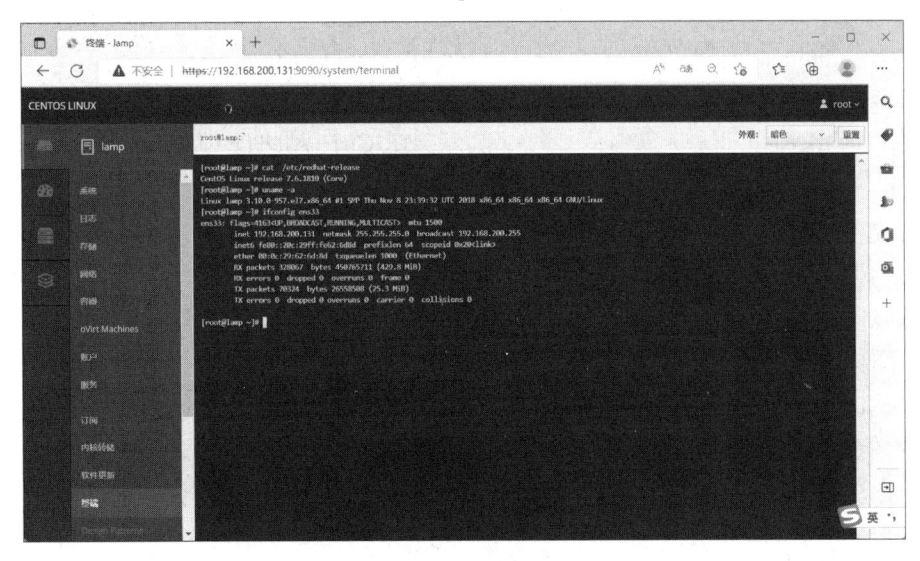

图 1-39　Cockpit 的终端命令行界面

Linux 服务器通常使用命令行进行操作，通过 Cockpit 的终端命令行界面基本上可以完成各种操作，初学者可以先通过该界面进行命令行的学习。在生产环境中，通过远程终端工具连接服务器可以执行相应的命令行操作。

项目实训

1．通过 VMware 安装两台 Linux 虚拟机，分别采用图形界面和最小化安装方式。
2．Linux 虚拟机均通过 NAT 模式进行网络连接。
3．使用 SecureCRT、MobaXterm 和 XShell 等远程工具连接 Linux 虚拟机。
4．利用 VMware 虚拟机的启动过程破解系统密码。

习题

一、选择题

1．下列选项中的（　　）是自由软件。
   A．Windows 10　　　　　　　　　B．UNIX
   C．Linux　　　　　　　　　　　　D．Windows Server 2016
2．Linux 内核的创始人是（　　）。
   A．Richard Stallman　　　　　　B．Bill Gates
   C．Linus Torvalds　　　　　　　D．Dennis
3．下列选项中的（　　）不是 Linux 系统的特点。
   A．多任务　　　　　　　　　　　B．单用户
   C．设备独立性　　　　　　　　　D．开放性
4．在 Linux 系统中，默认的（　　）用户对整个系统拥有完全的控制权。
   A．root　　　　　　　　　　　　B．guest
   C．administrator　　　　　　　D．supervistor
5．若要将鼠标从虚拟机中释放出来，则可以通过按（　　）键来实现。
   A．Ctrl + Alt　　　　　　　　　B．Ctrl +Alt +Del
   C．Ctrl +Alt +Enter　　　　　　D．Ctrl +Enter

二、简答题

1．每款开源软件都有对应的开源协议，具体的使用限制在开源协议中都有详细的规定，请列举几种开源协议并简要说明。
2．简述 Linux 系统的组成。
3．VMware Workstation 提供了哪 3 种网络连接方式？请简要说明这 3 种连接方式可以实现的功能。

项目 2

Linux 系统的必备命令

项目引入

经验丰富的 Linux 系统的运维工程师通过合理地组合适当的命令与参数可以更精准地满足工作需求,迅速得到自己想要的结果,还可以尽可能降低系统资源消耗。通过学习本项目,读者可以分门别类地逐一学习这些最基础的 Linux 命令,为今后学习更复杂的命令和服务奠定基础。

能力目标

➢ 了解 Shell 和 Linux 命令的基础。
➢ 熟悉常用文件目录类命令。
➢ 掌握系统信息类命令。
➢ 掌握进程管理类命令。
➢ 掌握打包备份及搜索类命令。

任务 2.1 Shell 和 Linux 命令的基础

1. Shell 简介

Shell 又称为命令解释器,能识别用户输入的各种命令,并传递给系统。它的作用类似于 Windows 系统中的命令行。在 Linux 系统中,Shell 既是用户交互的界面,又是控制系统的脚本语言,如图 2-1 所示。

Shell 就是一个命令行工具。用户把一些命令"告诉"终端,Shell 就会调用相应的程序服务来完成某些工作。目前,包括 RHEL 系统在内的许多主流的 Linux 系统默认使用的终端是 Bash(Bourne-Again Shell)解释器。主流的 Linux 系统选择 Bash 解释器作为命令行终端主要有以下 4 项优势。读者可以在今后的学习和工作中体会并掌握 Linux 系统的命令行的美妙之处。

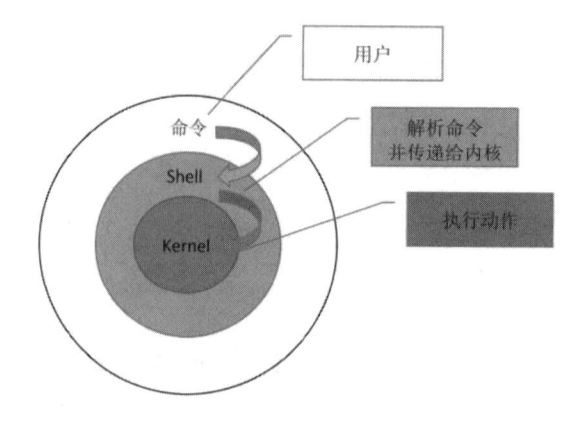

图 2-1　Shell

- 通过方向键"↑"和"↓"来调取过往执行过的 Linux 命令。
- 命令或参数仅需输入前几位就可以用 Tab 键补全。
- 具有强大的批处理功能。
- 具有实用的环境变量。

2．Linux 命令

Linux 系统有字符和图形两种工作界面。如果安装了图形界面，进入 Linux 系统，在桌面上右击，在弹出的快捷菜单中选择"Open in Terminal"命令就可以打开命令行窗口，如图 2-2、图 2-3 所示。

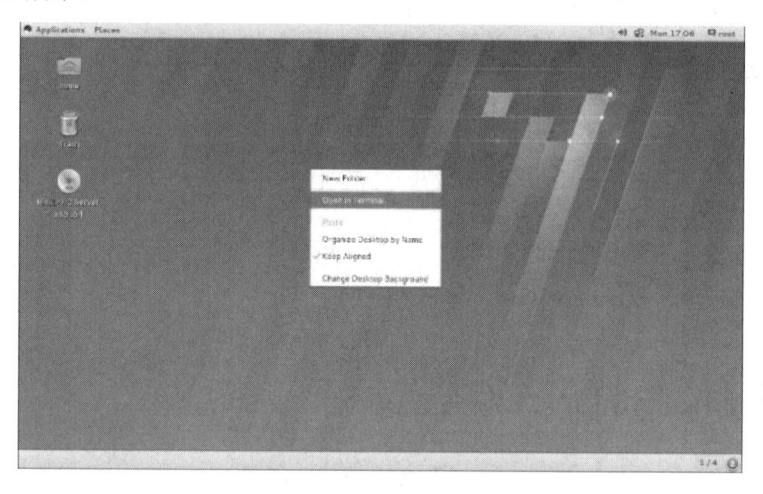

图 2-2　Linux 系统的图形界面

Linux 系统中的图形化工具具有的确实非常好用，可以极大地降低运维人员操作出错的概率。但是在生产环境中，Linux 系统主要承担服务器的角色，图形界面会占用大量的系统资源，并且缺乏 Linux 命令原有的灵活性及可控性，因此大部分服务器的 Linux 系统为最小化安装，需要开始运维时直接通过命令行模式即可进行远程连接。

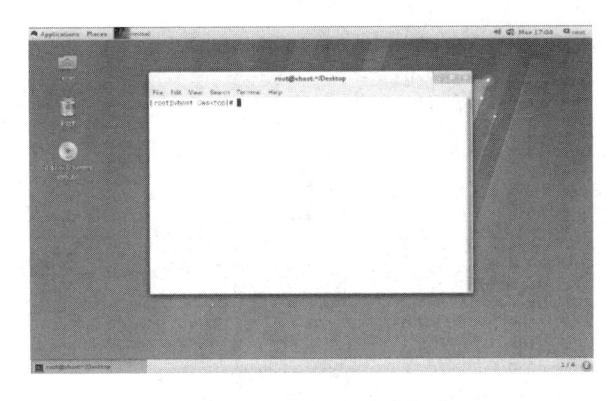

图 2-3　Linux 系统的命令行窗口

启动 Linux 系统，登录后的字符界面显示如下字符：

[root@localhost ~]#

或者：

[admin@localhost ~]$

如果显示的是"#"，就表示当前使用 root 用户登录；如果显示的是"$"，就表示当前使用普通用户登录。"~"表示所在路径为用户主目录；"localhost"是当前系统的主机名。Linux 系统的命令提示符如图 2-4 所示。

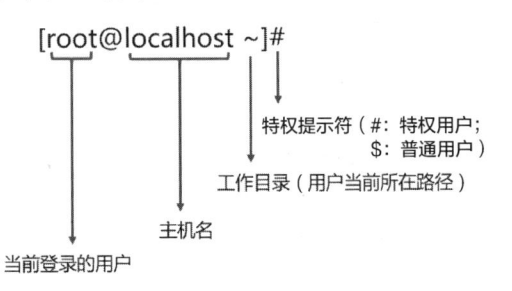

图 2-4　Linux 系统的命令提示符

在实际工作中，经常使用 XShell、SecureCRT 等终端工具远程连接 Linux 系统。在 Linux 系统中，命令是区分大小写的，按 Tab 键可以自动补齐命令，或者按两次 Tab 键在列出的匹配命令中进行选择。

Linux 命令的语法格式如下：

命令　[选项]　[参数]

"命令"、"选项"和"参数"之间使用空格分隔。"选项"有长格式和短格式两种写法，分别用"--"与"-"作为前缀。"参数"一般是指要处理的文件、目录和用户等资源。

任务 2.2　常用文件目录类命令

Linux 系统的基本原则是一切皆文件。Linux 文件系统由文件和目录组成，文件是专门用来存储数据的对象，而目录是用来组织文件和其他目录的容器。Linux 系统使用树形目录结构来组织和管理文件，整个树形目录结构只有一个根目录，用"/"表示。根目录是所有文件和目录的起点，如图 2-5 所示。

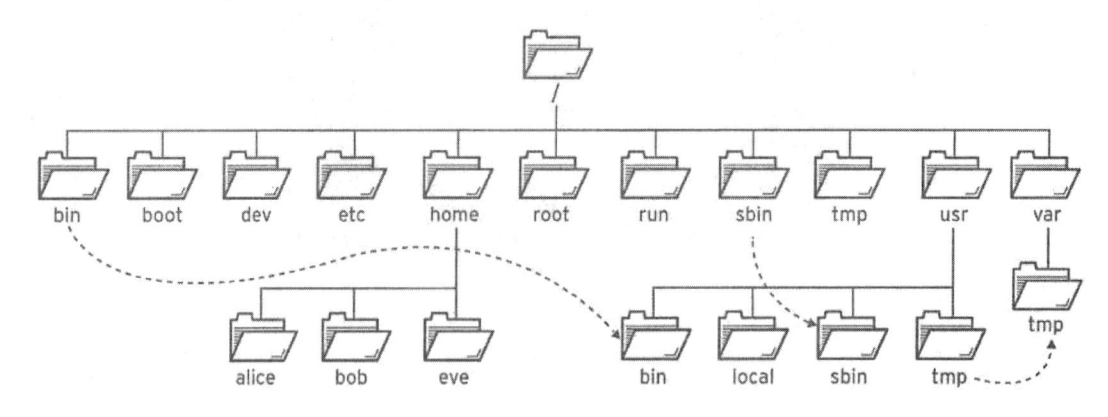

图 2-5　Linux 系统的目录结构

在 Linux 系统的管理与优化工作中，对文件和目录进行管理与维护是一项常规任务。为了提高操作效率，运维人员必须能够熟练使用文件和目录操作命令，完成文件和目录的创建、修改、复制、移动、删除及查看等各种操作。

子任务 1　工作目录操作类命令

1. pwd 命令

pwd（print working directory 的缩写形式）命令的功能是打印工作目录，即显示当前工作目录的绝对路径。

在实际工作中，经常需要在不同目录之间进行切换，为了防止"迷路"，可以使用 pwd 命令快速查看当前目录所在的路径。

pwd 命令的语法格式如下：

pwd　[选项]

例如：

[root@localhost ~]# pwd
/root

2. cd 命令

cd（change directory 的缩写形式）命令的功能是从当前目录切换到指定目录。

其中，目录的路径分为绝对路径和相对路径。若省略了目录名称，则切换至使用者的用户目录（也就是刚登录时所在的目录）。

另外，"~"也表示用户主目录的意思，cd - 命令的功能是返回到上一次所处的目录，"."则表示目前所在的目录，".."表示当前目录位置的上一级目录。

cd 命令的语法格式如下：

cd　[选项]　[目录名称]

例如：

```
[root@localhost ~]# cd /etc/                    //切换到/etc
[root@localhost etc]# pwd
/etc
[root@localhost etc]# cd /usr/share/doc/cockpit/    //切换到/usr/share/doc/cockpit/
[root@localhost cockpit]# pwd
/usr/share/doc/cockpit
[root@localhost cockpit]# cd -                  //返回到上一次所处的目录
/etc
[root@localhost etc]# cd ~                      //返回到用户主目录，也可以直接使用 cd 命令
[root@localhost ~]# pwd
/root
```

3. ls 命令

ls（list 的缩写形式）命令是 Linux 系统常用的指令之一。该命令的功能是列出指定目录下的内容及其相关属性信息。

ls 命令的语法格式如下：

```
ls  [选项]  [文件]
```

在默认状态下，使用 ls 命令会列出当前目录下的内容。如果带上参数，就可以使用 ls 命令做更多的事情。作为最基础且使用频率很高的命令，读者有必要掌握 ls 命令的用法。

ls 命令的常用选项如下。

- -a：显示所有文件及目录（包括以"."开头的隐藏文件）。
- -l：使用长格式列出文件及目录信息。
- -d：显示目录名称而非其内容。
- -r：将文件以相反的次序显示（默认按照英文字母的次序）。
- -t：根据最后的修改时间排序。
- -A：与选项-a 的功能相同，但不列出"."（当前目录）及".."（父目录）。
- -S：根据文件大小排序。
- -R：递归列出所有子目录。
- -i：显示文件或目录的 inode 信息。

例如：

```
[root@localhost ~]# ls                      //列出当前目录下的内容
anaconda-ks.cfg
[root@localhost ~]# ls /root/               //列出/root/目录下的内容
anaconda-ks.cfg
[root@localhost ~]# ls -d /root/            //列出/root/目录本身
/root/
[root@localhost ~]# ls -al                  //列出当前目录的隐藏文件及详细信息
total 32
dr-xr-x---.   2 root root 4096 Apr   9 20:30 .
dr-xr-xr-x. 17 root root 4096 Apr   9 18:40 ..
```

```
-rw-------.   1 root root  1155 Apr   3 00:06 anaconda-ks.cfg
-rw-r--r--.   1 root root    18 Dec  29 2013 .bash_logout
-rw-r--r--.   1 root root   176 Dec  29 2013 .bash_profile
-rw-r--r--.   1 root root   176 Dec  29 2013 .bashrc
-rw-r--r--.   1 root root   100 Dec  29 2013 .cshrc
-rw-r--r--.   1 root root   129 Dec  29 2013 .tcshrc
```

4. mkdir 命令

mkdir（make directories 的缩写形式）命令用于创建目录。

mkdir 命令的语法格式如下：

mkdir [选项] [目录]

注意：在默认状态下，如果要创建的目录已经存在，那么提示已存在，不会继续创建目录。所以，在创建目录时，应保证新建的目录与它所在目录下的文件没有重名。

mkdir 命令的常用选项如下。
- -p：递归创建多级目录。
- -m：在创建目录的同时设置目录的权限。
- -z：设置安全上下文。
- -v：显示目录的创建过程。

mkdir 命令很重要的一种用法就是结合选项-p 递归创建具有嵌套叠层关系的文件目录。使用 mkdir 命令还可以同时创建多个目录。

例如：

```
[root@localhost ~]# mkdir   dir-test              //创建目录 dir-test
[root@localhost ~]# mkdir  -p  /nginx/html        //创建多级目录
[root@localhost dir-test]# mkdir dir1 dir2 dir3   //同时创建多个目录
[root@localhost dir-test]# ls
dir1   dir2   dir3
```

5. rmdir 命令

rmdir（remove directory 的缩写形式）命令用于删除空的目录。

rmdir 命令的语法格式如下：

rmdir [选项] [目录]

rmdir 命令的常用选项如下。
- -p：用递归方式删除指定目录的所有父级目录，若为非空则报错。
- --ignore-fail-on-non-empty：忽略删除非空目录时导致命令出错而产生的错误信息。
- -v：显示命令的详细执行过程。
- --version：显示命令的版本信息。

注意：使用 rmdir 命令只能删除空目录。使用 rmdir 命令的选项-p 可以递归删除指定的多级目录，但是要求每个目录必须是空目录。当要删除非空目录时，就需要使用带有选项-R 的 rm 命令。

例如：

```
[root@localhost dir-test]# rmdir dir1 dir2 dir3          //删除空目录
[root@localhost dir-test]# rmdir -p /nginx/html/         //同时删除多级空目录
```

子任务 2　文件操作类命令

1. touch 命令

touch 命令有两个功能：一是创建新的空文件，二是改变已有文件的时间戳属性。
touch 命令的语法格式如下：

```
touch    [选项]    [文件]
```

touch 命令的常用选项如下。
- -a：改变档案的读取时间记录 atime。
- -m：改变档案的修改时间记录 mtime。
- -r：使用参考文件的时间记录，与--file 的效果一样。
- -c：不创建新文件。
- -d：设定时间与日期，可以使用各种不同的格式。
- -t：设定档案的时间记录，其格式与 date 命令的相同。
- --no-create：不创建新文件。
- --help：显示帮助信息。
- --version：列出版本信息。

touch 命令会根据当前的系统时间更新指定文件的访问时间和修改时间。若文件不存在，则创建新的空文件，除非指定了选项-c 或-h。

注意：在修改文件的时间属性时，用户必须是文件的属主，或者拥有写文件的访问权限。

例如：

```
[root@localhost dir-test]# touch file.txt                      //创建空文件 file.txt
[root@localhost dir-test]# ls -l file.txt
-rw-r--r--. 1 root root 0 Apr    9 19:33 file.txt
[root@localhost dir-test]# touch file.txt                      //更新访问时间
[root@localhost dir-test]# ls -l file.txt
-rw-r--r--. 1 root root 4 Apr    9 19:38 file.txt
[root@localhost dir-test]# touch -d "2022-05-01 20:00" file.txt    //更新访问时间和修改时间
[root@localhost dir-test]# ls -l file.txt
-rw-r--r--. 1 root root 4 May    1   2022 file.txt
```

2. cp 命令

cp（copy 的缩写形式）命令用于复制文件或目录。

使用 cp 命令可以将多个文件复制到一个具体的文件或一个已经存在的目录下，也可以将多个文件同时复制到一个指定的目录下。

cp 命令的语法格式如下：

```
cp    [选项]    源文件  目标文件
```

cp 命令的常用选项如下。
- -f：若目标文件已存在，则直接覆盖。
- -i：若目标文件已存在，则询问是否覆盖。
- -p：保留源文件或目录的所有属性。
- -r：递归复制文件和目录。
- -d：当复制软链接时，把目标文件或目录也建立为软链接，并指向与源文件或目录连接的原始文件或目录。
- -l：对源文件建立硬链接，而非复制文件。
- -s：对源文件建立软链接，而非复制文件。
- -b：在覆盖已存在的文件目标前将目标文件进行备份。
- -v：详细显示执行 cp 命令的操作过程。
- -a：等价于选项-d、-p 和-r 的作用。

在 Linux 系统中，复制操作具体分为以下 3 种情况。
- 若目标文件是目录，则把源文件复制到该目录下。
- 若目标文件也是普通文件，则询问是否要覆盖它。
- 若目标文件不存在，则执行正常的复制操作。

例如：

```
[root@localhost dir-test]# cp /etc/passwd .        //将 passwd 文件复制到当前目录下
[root@localhost dir-test]# cp -r /usr/local/ .     //将 local 目录复制到当前目录下
[root@localhost dir-test]# ls
local    passwd
[root@localhost dir-test]# mkdir dir1
[root@localhost dir-test]# cp passwd dir1/         //将 passwd 文件复制到 dir1 目录下
[root@localhost dir-test]# cp -r local/ dir1/local2  //将 local 目录复制到 dir1 目录下并改名
[root@localhost dir-test]# ls dir1/
local2   passwd
```

通常用户在复制多个文件时，会利用通配符"*"来表示所有文件，文件类型可能包含普通文件和目录文件，因此，为了保证复制顺利会使用-vfr 选项组合。

3. mv 命令

mv（move 的缩写形式）命令用于移动文件或将文件改名。

mv 命令的语法格式如下：

```
mv [选项]   源文件 [目标路径|目标文件名]
```

mv 命令的常用选项如下。
- -i：若存在同名文件，则向用户询问是否覆盖。
- -f：当覆盖已有文件时，不进行任何提示。
- -b：当文件存在时，在覆盖前为其创建一个备份。
- -u：当源文件比目标文件新，或者目标文件不存在时，才执行移动操作。

这是一条使用频率比较高的文件管理命令。需要注意的是，mv 命令与 cp 命令的结果不同：mv 命令类似于文件"搬家"，文件名称发生变化，但个数并未增加；cp 命令是对文件进行复制，文件个数会增加。

例如：

[root@localhost dir-test]# mv dir1 dir2　　　　//将 dir1 改名为 dir2
[root@localhost dir-test]# mv passwd　 local/　//将 passwd 文件移到 local 目录下
[root@localhost dir-test]# ls . local/passwd　　//列出当前目录和 local/passwd 文件
local/passwd
.:
dir2　local

4．rm 命令

rm 是常用的命令，主要用来删除一个目录下的一个或多个文件或目录，或者删除某个目录及其下的所有文件及子目录。

rm 命令的语法格式如下：

rm　[选项] 文件

rm 命令的常用选项如下。
- -f：忽略不存在的文件，不会出现警告信息。
- -i：在删除前会询问用户是否操作。
- -r/R：递归删除。
- -v：显示命令详细的执行过程。

另外，想要删除一个目录，需要在 rm 命令后面使用选项-r/R，否则无法删除。

例如：

[root@localhost dir-test]# rm local/passwd　　　//删除 local/passwd 文件
rm: remove regular file 'local/passwd'? y　　　//输入 "y" 确认删除
[root@localhost dir-test]# rm -rf dir2/　　　　//强制删除目录 dir2
[root@localhost dir-test]# ls
local

注意：在使用 rm 命令时需要特别注意，尤其是对于初学者来说，否则整个系统可能无法正常运行（如在根目录下执行 rm * -rf）。所以，在执行 rm 命令之前最好先确认在哪个目录下，到底要删除什么。

子任务 3　文件查看类命令

1．cat 命令

cat 命令主要用来查看文件内容，其语法格式如下：

cat　[选项]　[文件]

cat 命令的常用选项如下。
- -n：显示行数（空行也编号）。
- -s：显示行数（多个空行使用一个编号）。
- -b：显示行数（空行不编号）。
- --version：显示版本信息。

通常，在使用 cat 命令查看文件内容时，输出的内容不能分屏显示，因此，cat 命令只适用于查看内容比较少的文件，或者与管道及其他命令配合使用以达到分屏效果。关于管道的内容将在项目 3 中介绍。

例如：

```
[root@localhost ~]# cat  -b  .bashrc    //查看.bashrc 文件中的内容，并且不显示空行的编号
     1    # .bashrc
     2    # User specific aliases and functions
     3    alias rm='rm -I'
     4    alias cp='cp -I'
     5    alias mv='mv -I'
     6    # Source global definitions
     7    if [ -f /etc/bashrc ]; then
     8           . /etc/bashrc
     9    fi
```

2. more 命令

more 命令用于将内容较长的文件（不能在一屏显示完）分屏显示，并且支持在显示时定位关键字。

more 命令的语法格式如下：

```
more  [选项]  [文件]
```

more 命令的常用选项如下。
- -num：指定每屏显示的行数。
- -f：计算实际的行数，而非自动换行的行数。
- -p：先清除屏幕再显示文件的剩余内容。
- -c：与选项-p 相似，不滚屏，先显示内容再清除旧内容。
- -s：多个空行压缩成一行显示。
- -u：把文件中的下画线删除。
- +num：从第 num 行开始显示。

在大部分情况下，不使用任何选项执行 more 命令查看文件内容，用户可以在执行命令后使用该命令的内部操作。
- 空格键：显示下一屏的内容。
- Enter 键：向下 n 行，需要定义，默认为 1 行。
- 斜线符"\"：接着输入一个模式，可以在文本中寻找下一个相匹配的模式。
- H 键：显示"帮助"屏。
- B 键：显示上一屏的内容。
- Q 键：退出 more 命令。
- =：输出当前的行号。

more 命令经常与管道配合使用，以实现各种文件输出的分屏显示。

例如：

```
[root@localhost ~]# more /etc/passwd              //以分屏方式查看 passwd 文件中的内容
```

```
root:x:0:0:root:/root:/bin/bash
bin:x:1:1:bin:/bin:/sbin/nologin
daemon:x:2:2:daemon:/sbin:/sbin/nologin
adm:x:3:4:adm:/var/adm:/sbin/nologin
lp:x:4:7:lp:/var/spool/lpd:/sbin/nologin
sync:x:5:0:sync:/sbin:/bin/sync
shutdown:x:6:0:shutdown:/sbin:/sbin/shutdown
halt:x:7:0:halt:/sbin:/sbin/halt
mail:x:8:12:mail:/var/spool/mail:/sbin/nologin
--More--(13%)                              //显示比例取决于当前屏幕显示的行数
[root@localhost ~]# cat /etc/passwd | more //cat 命令配合管道及 more 命令的用法
```

3. less 命令

less 命令的作用与 more 命令的作用十分相似，但是 less 命令允许用户向前或向后浏览文件，而 more 命令只能向前浏览。当使用 less 命令显示文件时，PageUp 键表示向上翻页，PageDown 键表示向下翻页，要退出 less 命令，应按 Q 键。

less 命令的语法格式如下：

```
less  [选项]  [文件]
```

less 命令的常用选项如下。

- -b：设置缓冲区的大小。
- -e：当文件显示结束后，自动离开。
- -f：强迫打开特殊文件，如外围设备的代号、目录和二进制文件。
- -g：只标记最后搜索的关键词。
- -I：忽略搜索时的大小写。
- -m：显示类似于 more 命令的百分比。
- -N：显示每行的行号。
- -o：将 less 命令输出的内容在指定的文件中保存起来。

在大部分情况下，可以不加任何选项就执行 less 命令查看文件内容。用户也可以通过执行 less 命令来使用该命令的内部操作。另外，less 命令还支持查找功能，如可以通过输入"/root"来查找在当前屏幕中输入的 root 字符。less 命令也可以配合管道使用。

例如：

```
[root@localhost ~]# less /etc/passwd        //使用 less 命令查看 passwd 文件中的内容
[root@localhost ~]# cat /etc/passwd | less  //cat 命令配合管道及 more 命令的用法
```

4. head 命令

head 命令以行为单位获取文件中的内容，后面不接选项时默认打印前 10 行。

head 命令的语法格式如下：

```
head  [选项]  [文件]
```

head 命令的常用选项如下。

- -n：后面接数字，表示显示几行。

- -c：指定显示头部内容的字符数。
- -v：总是显示文件名的头信息。
- -q：不显示文件名的头信息。

例如：

```
[root@localhost ~]# head /etc/passwd                        //默认显示文件的前 10 行
[root@localhost ~]# head -n 5 /etc/passwd                   //显示文件的前 5 行
[root@localhost ~]# head -vn 2 /etc/passwd  /etc/shadow     //显示文件名及前 2 行
==> /etc/passwd <==
root:x:0:0:root:/root:/bin/bash
bin:x:1:1:bin:/bin:/sbin/nologin
==> /etc/shadow <==
root:$6$IHXck33bZYsv4eus$C7TMLE4F8g06AbYvpC8YCVOBdknR9Hf90UxxasD1O0MvuFv60qpt9d.dDTb4sNXT/4I.Z9se
mtkP3REF7EqFg1::0:99999:7:::
bin:*:17632:0:99999:7:::
```

5. tail 命令

tail 命令用于查看文件尾部的内容，默认在屏幕上显示指定文件的末尾的 10 行。tail 命令的操作方法与 head 命令的操作方法相似。

tail 命令的语法格式如下：

```
tail  [选项]  [文件]
```

tail 命令的常用选项如下。
- -c：输出文件尾部的 N 个字节的内容。
- -f：显示文件最新追加的内容和持续刷新的内容。
- -n：输出文件尾部的 N 行内容。
- --pid=<进程号>：与选项-f 连用，当指定的进程号的进程终止后，自动退出 tail 命令。
- --help：显示帮助信息。
- --version：显示版本信息。

例如：

```
[root@localhost ~]# tail  -n  5  /etc/passwd        //显示 passwd 文件的最后 5 行
```

tail 命令最常用的功能是持续刷新一个文件中的内容，主要用于实时查看最新日志文件，此时的语法格式为"tail -f 文件名"：

```
[root@localhost ~]# tail  -f  /var/log/messages     //实时查看系统日志
Apr  9 19:16:27 localhost systemd: Starting Time & Date Service...
Apr  9 19:16:27 localhost dbus[753]: [system] Successfully activated service 'org.freedesktop.timedate1'
Apr  9 19:16:27 localhost dbus-daemon: dbus[753]: [system] Successfully activated service 'org.freedesktop.timedate1'
Apr  9 19:16:27 localhost systemd: Started Time & Date Service.
```

6. wc 命令

wc 命令用于统计指定文件中的字节数、字数和行数，并输出统计结果。

wc 命令的语法格式如下：

```
wc  [选项]  [文件]
```

wc 命令的常用选项如下。

- -w：统计字数（或--words：只显示字数）。一个字被定义为由空白、跳格或换行符分隔的字符串。
- -c：统计字节数（或--bytes 或--chars：只显示字节数）。
- -l：统计行数（或--lines：只显示行数）。
- -m：统计字符数。
- -L：打印最长行的长度。
- --help：显示帮助信息。
- --version：显示版本信息。

在 Linux 系统中，wc 命令最常见的用法是统计文件的行数。例如，passwd 是用于保存系统账户信息的文件，如果要统计当前系统中有多少个用户，那么可以使用下面的命令进行查询：

```
[root@localhost ~]# wc -l /etc/passwd
23 /etc/passwd                        //passwd 文件的行数，代表系统有 23 个用户
```

另外，wc 命令经常通过管道配合使用其他命令。例如：

```
[root@localhost ~]# ls /etc/ | wc -l    //统计/etc/目录下的文件个数
172
```

注意：利用 wc 命令可以计算文件的字节数、字数或列数，若不指定文件名，或者所给予的文件名为 "-"，则 wc 命令会通过标准输入设备读取数据。使用 wc 命令可以同时给出所指定文件的总统计数。

任务 2.3　系统信息类命令

系统信息类命令用于显示和设置 Linux 系统中的各种信息。

1. uname 命令

uname 的英文全称为 UNIX name。该命令用于显示系统的相关信息，如主机名、内核版本号和硬件架构等。

uname 命令的语法格式如下：

```
uname  [选项]
```

uname 命令的常用选项如下。

- -a：显示系统所有的相关信息。
- -m：显示计算机硬件架构。
- -n：显示主机名。
- -r：显示内核版本号。
- -s：显示内核名称。

- -v：显示内核版本。
- -p：显示主机处理器的类型。
- -o：显示系统名称。
- -i：显示硬件平台。

如果未指定任何选项，那么其效果相当于执行 uname -s 命令，即显示系统的内核名称。

例如：

```
[root@localhost ~]# uname
Linux
[root@localhost ~]# uname -a        //显示系统所有的相关信息
Linux localhost.localdomain 3.10.0-327.el7.x86_64 #1 SMP Thu Nov 19 22:10:57 UTC 2015 x86_64 x86_64 x86_64 GNU/Linux
[root@localhost ~]# uname -n
localhost.localdomain
 [root@localhost ~]# uname -r
3.10.0-327.el7.x86_64
[root@localhost ~]# uname -v
#1 SMP Thu Nov 19 22:10:57 UTC 2015
```

另外，如果要查看当前系统版本的详细信息，那么需要查看 redhat-release 文件。查询命令及相应的结果如下：

```
[root@localhost ~]# cat /etc/redhat-release
CentOS Linux release 7.6.1810 (Core)
```

2. free 命令

使用 free 命令能够显示系统中物理上的空闲内存、已用内存和交换内存，以及被内核使用的缓冲和缓存，这些信息是通过解析文件/proc/meminfo 收集到的。

free 命令的语法格式如下：

```
free [选项]
```

free 命令的常用选项如下。

- -h：以更人性化的方式输出系统中内存的使用情况。
- -b：以字节为单位显示内存的使用情况。
- -k：以 KB 为单位显示内存的使用情况。
- -m：以 MB 为单位显示内存的使用情况。
- -g：以 GB 为单位显示内存的使用情况。
- -s：持续显示内存。
- -t：显示内存使用总和。

不带任何选项运行 free 命令会显示系统内存，包括空闲内存、已用内存、交换内存、缓冲、缓存和交换的内存总数。例如：

```
[root@localhost ~]# free
              total        used        free      shared  buff/cache   available
Mem:        4028432      924132     1470872       15284     1633428     2792508
```

	Swap:	4064252		0	4064252			
[root@localhost ~]# free -h				//显示以计量单位为标记，可读性更高				
		total	used		free	shared	buff/cache	available
Mem:		3.8G	902M		1.4G	14M	1.6G	2.7G
Swap:		3.9G	0B		3.9G			

3. date 命令

date 命令用来显示或设定系统的日期与时间。该命令的语法格式如下：

date　[选项]　[+指定的格式]

date 命令的常用选项如下。

- -d datestr：显示 datestr 中设定的时间（非系统时间）。
- -s datestr：将系统时间设置为 datestr 中设定的时间。
- -u：显示目前的格林尼治时间。
- --help：显示帮助信息。
- --version：显示版本信息。

在显示方面，使用者可以设置为欲显示的格式，如 "+" 的后面接数个标记。

- %d：按月计的日期（如 01）。
- %D：按月计的日期，等价于%m/%d/%y。
- %F：完整的日期格式，等价于%Y-%m-%d。
- %H：小时（00~23）。
- %I：小时（00~12）。
- %j：按年计的日期（001~366）。
- %m：月份（01~12）。
- %M：分钟（00~59）。
- %R：24 小时时间的小时和分钟，等价于%H:%M。
- %s：自 UTC 时间 1970-01-01 00:00:00 以来所经过的秒数。
- %S：秒（00~60）。
- %T：时间，等价于%H:%M:%S。
- %Y：年份。

上面只列举了部分格式标记说明，要想查看更多格式标记说明，可以使用 date --help。
例如：

```
[root@localhost ~]# date                              //显示系统时间
Sat Apr  9 16:29:08 CST 2022
[root@localhost ~]# date "+%Y-%m-%d %H:%M:%S"         //按照指定格式显示
2022-04-09 16:31:10
[root@localhost ~]# date -s "20220501 16:31:10"       //设定系统时间
Sun May  1 16:31:10 CST 2022
[root@localhost ~]# date +"%F %T"                     //按照指定格式显示
2022-05-01 16:31:38
```

若没有以 "+" 为开头，则表示要设定时间，而时间格式为 MMDDhhmm[[CC]YY][.ss]，其中，MM 为月份，DD 为日，hh 为小时，mm 为分钟，CC 为年份的前两位数字，YY 为年份的后两位数字，ss 为秒数。

例如：

```
[root@localhost ~]# date   040916372022.30        //设定系统时间
Sat Apr  9 16:37:30 CST 2022
```

另外，clock 命令的作用是调整 RTC 时间。RTC 是计算机内建的硬件时钟的时间，执行 clock 命令可以显示现在时刻，调整硬件时钟的时间，将系统时间设置成与硬件时钟的时间一致，或者把系统时间回存到硬件时钟。可以通过选项-s 或--hctosys 来同步系统时间和硬件时钟的时间。

4. cal 命令

cal（calendar 的缩写形式）命令用来显示当前日历，或者指定日期的公历（公历是现在国际通用的历法，又称为格列历，通称阳历。）

cal 命令的语法格式如下：

```
cal  [选项]  [月份]  [年份]
```

cal 命令的常用选项如下。

- -l：显示当前月的日历。
- -3：显示最近 3 个月的日历。
- -s：将星期日作为月的第 1 天。
- -m：将星期一作为月的第 1 天。
- -j：显示在当年中的第几天（儒略日）。
- -y：显示当年的日历。

若只有一个参数，则表示年份（1-9999）；若有两个参数，则表示月份和年份。

例如：

```
[root@localhost ~]# cal          //显示当前月日历
      April 2022
Su Mo Tu We Th Fr Sa
                1  2
 3  4  5  6  7  8  9
10 11 12 13 14 15 16
17 18 19 20 21 22 23
24 25 26 27 28 29 30
[root@localhost ~]# cal 1 2035   //显示指定年月的月份日历
     January 2035
Su Mo Tu We Th Fr Sa
    1  2  3  4  5  6
 7  8  9 10 11 12 13
14 15 16 17 18 19 20
21 22 23 24 25 26 27
28 29 30 31
```

5. echo 命令

echo 是 Linux 系统中常用的命令之一，用于在终端设备上输出字符串或变量提取后的值。

echo 命令的语法格式如下：

```
echo [选项] [字符串|$变量]
```

echo 命令的常用选项如下。
- -n：不输出结尾的换行符。
- -e "\a"：发出警告音。
- -e "\b"：删除前面的一个字符。
- -e "\c"：结尾不加换行符。
- -e "\f"：换行，光标仍停留在原来的位置。
- -e "\n"：换行，光标移至行首。
- -e "\r"：光标移至行首，但不换行。
- -E：禁止反斜杠转义，与选项-e 的功能相反。

一般先使用在变量前加上"$"的方式提取变量的值，如$PATH，再使用 echo 命令予以输出。也可以直接使用 echo 命令将一段字符串输出到屏幕上，起到为用户提示的作用。
例如：

```
[root@localhost ~]# echo helloworld                //将字符串"helloworld"输出到屏幕上
helloworld
[root@localhost ~]# echo $PATH                     //输出变量 PATH 的值
/usr/local/sbin:/usr/local/bin:/usr/sbin:/usr/bin:/root/bin
[root@localhost ~]# echo '$PATH'                   //输出单引号中的内容
$PATH
[root@localhost ~]# echo "$PATH"                   //输出双引号引用的属性内容
/usr/local/sbin:/usr/local/bin:/usr/sbin:/usr/bin:/root/bin
```

6. shutdown 命令

shutdown 命令用来关闭系统。使用 shutdown 命令可以关闭所有程序，并依据用户的需求重新开机或关机。

shutdown 命令的语法格式如下：

```
shutdown [选项] [参数]
```

shutdown 命令的常用选项如下。
- -f：重新启动时不执行 fsck 程序。
- -F：重新启动时执行 fsck 程序。
- -h：将系统关闭。
- -k：只是将信息发送给所有用户，不会实际关机。
- -n：快速关机，不调用 init 程序进行关机。
- -r：系统关闭之后重新启动。
- -t：发送警告信息和删除信息之间要延迟多少秒。

例如：

[root@localhost ~]# shutdown -r now	//立刻重启，等价于 reboot 命令
[root@localhost ~]# shutdown -h now	//立刻关机，等价于 poweroff 命令

目前，用户更倾向于直接使用 reboot 命令和 poweroff 命令重启和关机。

任务 2.4 进程管理类命令

进程是 Linux 系统中最重要的概念之一。进程是运行在 Linux 系统中的程序的一个实例。当在 Linux 系统中执行一个程序时，系统会为这个程序创建特定的环境，这个环境包含系统运行这个程序所需的任何东西。

当在 Linux 系统中执行一条命令时，会创建或启动一个新的进程。例如，当尝试运行命令 ls -l 来列举目录的内容时，就启动了一个进程。如果同时打开两个终端窗口，那么可能运行了两次同样的终端程序，这时会有两个终端进程。

每个终端窗口可能都运行了一个 Shell，运行的每个 Shell 分别是一个进程。当从 Shell 中调用一条命令时，对应的程序就会在一个新进程中执行，当这个程序的进程执行完成后，Shell 的进程将恢复运行。

系统通过被称为 PID 或进程 ID 的数字编码来追踪进程。系统中的每个进程都有一个唯一的 PID。

当启动一个进程时（运行一条命令），可以采用如下两种方式运行该进程。
- 前台进程。
- 后台进程。

在默认情况下，启动的每个进程都是在前台运行的。它从键盘获取输入并将其输出发送到屏幕上。当一个进程在前台运行时，不能在同一命令行提示符下运行任何其他命令（启动任何其他进程），因为在程序结束它的进程之前命令行提示符不可用。如果想继续运行其他进程，就需要启动后台进程。启动后台进程最简单的方法是在命令的结尾处添加一个控制操作符"&"。

每个 Linux 进程都有它自己的生命周期，如创建、执行、结束和清除。每个进程也都有各自的状态，显示进程中当前正在发生什么。

进程有如下几种状态。
- D（不可中断休眠状态）：进程正在休眠并且不能恢复，直到一个事件发生为止。
- R（运行状态）：进程正在运行。
- S（休眠状态）：进程没有运行，而是等待一个事件或信号。
- T（停止状态）：进程被信号停止，如信号 SIGINT 或 SIGSTOP。
- Z（僵死状态）：标记为<defunct>的进程是僵死的，它们之所以残留是因为它们的父进程会适当地销毁它们。如果父进程退出，那么这些进程将被 init 进程销毁。

1. ps 命令

ps（process status 的缩写形式）命令用于显示当前系统的进程状态。该命令的语法格式如下：

    ps   [选项]

ps 命令的常用选项如下。
- -a：显示所有终端机执行的程序，阶段作业领导者除外。
- a：显示现行终端机的所有程序，包括其他用户的程序。
- -e：此选项的效果和指定选项 a 的效果相同。
- e：当列出程序时，显示每个程序使用的环境变量。
- -f：显示 UID、PPIP、C 与 STIME 栏位。
- f：用 ASCII 字符显示树状结构，表达程序间的相互关系。
- -u：此选项的效果和指定选项-U 的效果相同。
- u：以用户为主的格式来显示程序状况。
- -U：列出属于该用户的程序的状况，也可以使用用户名来指定。
- U：列出属于该用户的程序的状况。
- x：显示所有程序，不以终端机来区分。
- X：采用旧式的 Linux i386 登录格式显示程序状况。

通常将 ps 命令和管道符搭配使用，用来抓取某个指定的服务进程。ps 命令也可以搭配使用 kill 命令随时中断或删除不必要的程序。

例如：

```
[root@localhost ~]# ps -aux | more              //分屏显示所有进程
[root@localhost ~]# nohup ping baidu.com &      //后台运行 ping
[root@localhost ~]# ps -aux |grep ping          //搜索 ping 进程
root      62022  0.0  0.0 463216  3900 ?        Sl   16:02   0:00 /usr/libexec/gsd-housekeeping
root      69497  0.0  0.0 149968  1980 pts/2    S    17:40   0:00 ping baidu.com
root      69511  0.0  0.0 112712   976 pts/2    S+   17:40   0:00 grep --color=auto ping
[root@localhost ~]# ps -ef |grep ping           //搜索 ping 进程
root      62022  61602  0 16:02 ?        00:00:00 /usr/libexec/gsd-housekeeping
root      69497  69379  0 17:40 pts/2    00:00:00 ping baidu.com
root      69531  69379  0 17:42 pts/2    00:00:00 grep --color=auto ping
```

ps 是功能非常强大的进程查看命令。使用 ps 命令可以确定有哪些进程正在运行和运行的状态、进程是否结束、进程有没有僵死，以及哪些进程占用了过多的资源等。总之，大部分信息都可以通过执行 ps 命令得到。

2. top 命令

top 命令是 Linux 系统中常用的性能分析工具，能够实时显示系统中各个进程的资源占用状况，常用于服务器端性能分析。

top 命令的语法格式如下：

```
top [选项]
```

top 命令的常用选项如下。
- -d：改变显示的更新速度，或者在交互式指令列（interactive command）按 S 键。
- -q：没有任何延迟的显示速度，如果使用者有 superuser 的权限，则 top 将以最高的优先序执行。
- -c：切换显示模式。

- -s：安全模式，将交互式指令取消，避免潜在的危机。
- -i：不显示任何闲置（idle）或无用（zombie）的行程。
- -n：更新的次数，完成后将退出 top 命令。

top 命令的功能相当强大，能够动态地查看系统的运维状态。完全可以将 top 命令看作 Linux 系统中的 "强化版的 Windows 任务管理器"。top 命令的运行界面如图 2-6 所示。

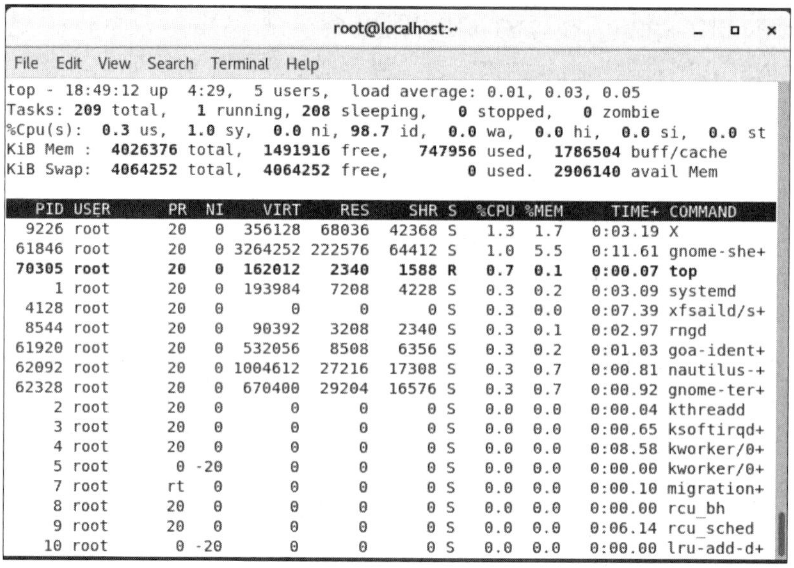

图 2-6 top 命令的运行界面

如图 2-6 所示，top 命令的执行结果的前 5 行为系统整体的统计信息，代表的含义如下。

- 第 1 行：系统时间、运行时间、登录终端数和系统负载（3 个数值分别为 1 分钟、5 分钟、15 分钟内的平均值，数值越小意味着负载越低）。
- 第 2 行：进程总数、运行中的进程数、睡眠中的进程数、停止的进程数和僵死的进程数。
- 第 3 行：用户占用资源百分比、系统内核占用资源百分比、改变过优先级的进程资源百分比、空闲的资源百分比等。
- 第 4 行：物理内存总量、内存使用量、内存空闲量、作为内核缓存的内存量。
- 第 5 行：虚拟内存总量、虚拟内存使用量、虚拟内存空闲量和已被提前加载的内存量。

在 top 命令中，按 f 键可以查看显示的列信息，并根据对应字母来开启/关闭列，大写字母表示开启，小写字母表示关闭（带 "*" 的是默认列）。

3. pidof 命令

pidof 命令用于检索指定的命令，并返回相应的进程 ID。

pidof 命令的语法格式如下：

pidof　　[选项]　　[参数]

pidof 命令的常用选项如下。

- -s：当系统中存在多个同名进程时，仅返回一个进程 ID。

- -c：仅返回当前正在运行且具有同一根目录的进程 PID。
- -x：返回指定运行脚本的 Shell 进程 PID。
- -o：忽略具有指定进程 ID 的进程。

例如：

```
[root@localhost ~]# pidof ping
69497
[root@localhost ~]# pidof top sshd
70445 70305 69375 66354 9182
```

参数是命令或进程的名称。当需要终止某个进程时，传统的做法是利用 ps 命令列出所有的进程，先使用 grep 命令选择目标进程，再使用 kill 命令终止进程。利用 pidof 命令可以省略 ps 与 grep 组合命令，直接把指定命令的进程 ID 写入标准输出中。

4. kill 命令

Linux 系统中的 kill 命令用来删除正在执行的程序或工作。

kill 命令的语法格式如下：

```
kill   [选项]   [进程号]
```

kill 命令的常用选项如下。

- -l：列出系统支持的信号。
- -s：指定向进程发送的信号。
- -a：处理当前进程时不限制命令名和进程号的对应关系。
- -p：指定 kill 命令只打印相关进程的进程号，不发送任何信号。

使用 kill 命令可以将指定的信号发送给相应的进程或工作。kill 命令默认使用信号 15，用于结束进程或工作。如果进程或工作忽略此信号，那么可以使用信号 9，强制"杀死"进程或作业。

例如：

```
[root@localhost ~]# ps -ef |grep ping
root       62022  61602  0 16:02 ?         00:00:00 /usr/libexec/gsd-housekeeping
root       69497  69379  0 17:40 pts/2     00:00:01 ping baidu.com
root       70543  69439  0 19:06 pts/4     00:00:00 grep --color=auto ping
[root@localhost ~]# kill -9 69497           //强制停止 ping 进程
```

通常来讲，复杂软件的服务程序可能有多个进程协同为用户提供服务，因为逐个结束这些进程比较麻烦，所以此时可以使用 killall 命令来批量结束某个服务程序带有的全部进程。下面以 httpd 服务为例来结束其全部进程。由于 CentOS 7 系统默认没有安装 httpd 服务，因此此时只需查看操作过程和输出结果即可，读者在学习了相关内容之后再实践。

例如：

```
[root@localhost ~]# pidof httpd
73133 73132 73131 73130 73129 73128
[root@localhost ~]# killall httpd
[root@localhost ~]# pidof httpd
[root@localhost ~]#
```

任务 2.5 打包备份及搜索类命令

在网络上，人们越来越倾向于传输压缩格式的文件，这是因为压缩文件体积小，在网速相同的情况下传输时间更短。下面介绍如何在 Linux 系统中对文件进行打包压缩与解压缩，以及让用户基于关键词在文件中搜索相匹配的信息，或者在整个文件系统中基于指定的名称或属性搜索特定文件。

1. tar 命令

使用 tar 命令可以为 Linux 系统中的文件和目录创建档案。利用 tar 命令可以为某个特定文件创建档案（备份文件），也可以在档案中改变文件，或者向档案中加入新的文件。

tar 命令的语法格式如下：

tar [选项] [文件或目录]

tar 命令的常用选项如下。
- -A：在备份文件中新增文件。
- -B：设置区块大小。
- -c：建立新的备份文件。
- -C＜目录＞：切换工作目录，先进入指定目录再执行压缩/解压缩操作，可以用于仅压缩特定目录下的内容或解压缩到特定目录下。
- -d：记录文件的差别。
- -x：从归档文件中提取文件。
- -t：列出备份文件中的内容。
- -z：通过 gzip 命令压缩/解压缩文件，文件名最好为*.tar.gz。
- -Z：通过 compress 命令处理备份文件。
- -f＜备份文件＞：指定备份文件。
- -v：显示命令执行过程。
- -r：在已压缩的文件中添加文件。
- -u：更新压缩文件（文件有更新时或不存在）。
- -j：通过 bzip2 命令压缩/解压缩文件，文件名最好为*.tar.bz2。
- -l：设置文件系统边界。
- -k：保留原有文件不被覆盖。
- -m：保留文件不被覆盖。
- -w：确认压缩文件的正确性。
- -p：保留原来的文件权限与属性。
- -P：使用文件名的绝对路径，不移除文件名前面的"/"。

在 Linux 系统中，常见的文件格式比较多，其中主要使用的是.tar 格式、.tar.gz 格式和.tar.bz2 格式，这些格式大部分是使用 tar 命令生成的：

```
[root@localhost ~]# tar -czvf etc.tar.gz /etc/        //将目录/etc 压缩为 etc.tar.gz 文件
/etc/
/etc/fstab
/etc/crypttab
/etc/mtab
/etc/resolv.conf
/etc/fonts/
/etc/fonts/conf.d/
……………省略部分压缩过程………………
[root@localhost ~]# ls -l etc.tar.gz
-rw-r--r--. 1 root root 3521050 Apr  9 23:05 etc.tar.gz
[root@localhost ~]# tar -xzvf etc.tar.gz -C /mnt/      //将 etc.tar.gz 文件解压缩到/mnt 目录下
etc/
etc/fstab
etc/crypttab
etc/mtab
etc/resolv.conf
etc/fonts/
etc/fonts/conf.d/
……………省略部分压缩过程………………
```

tar 命令最初被用来在磁带上创建档案，现在可以在任何设备上创建档案。利用 tar 命令可以把一大堆的文件和目录全部打包成一个文件，这对于备份文件或将几个文件组合成一个文件以便在网络上传输是非常有用的。

2. find 命令

使用 find 命令可以根据给定的路径和表达式查找文件或目录。

find 命令的语法格式如下：

find [查找或搜索路径] [选项] 参数 [操作]

find 命令的常用选项如下。

- -name：按名称查找。
- -size：按大小查找。
- -user：按属性查找。
- -type：按类型查找。
- -iname：忽略大小写。

find 命令的选项很多，不但支持正则表达式，而且功能强大。将 find 命令和管道结合使用可以实现复杂的功能。find 是系统管理员和普通用户必须掌握的命令。

例如：

```
[root@localhost ~]# find / -name passwd       //查找 passwd 文件
/sys/fs/selinux/class/passwd
/sys/fs/selinux/class/passwd/perms/passwd
/etc/passwd
/etc/pam.d/passwd
```

```
/usr/bin/passwd
/usr/share/bash-completion/completions/passwd
/mnt/etc/passwd
```

find 命令若不加任何选项，则表示查找当前路径下的所有文件和目录。如果服务器负载比较高，那么尽量不要在高峰期使用 find 命令，因为 find 命令采用模糊搜索，消耗的系统资源比较多。

使用-exec 选项可以把 find 命令搜索到的结果交由紧随其后的命令进一步处理。另外，由于 find 命令对选项有特殊的要求，因此虽然 exec 选项采用长格式形式，但依然需要有一个"-"。例如：

```
[root@localhost ~]# find / -name httpd.conf -exec cp -a {} /var/www/html/ \;
```

上述操作是在整个文件系统中找出 httpd.conf 文件并复制到/var/www/html/目录下。"-exec {}\;"中的"{}"表示 find 命令搜索出的每个文件，并且命令的结尾必须是"\;"。

3. grep 命令

grep 命令用于在文本中执行关键词搜索，并显示匹配的结果。

grep 命令的语法格式如下：

```
grep [选项] [文件]
```

grep 命令的常用选项如下。

- -i：在搜索时忽略大小写。
- -c：只输出匹配行的数量。
- -l：只列出匹配的文件名，不列出具体的匹配行。
- -n：列出所有的匹配行，显示行号。
- -h：当查询多个文件时不显示文件名。
- -s：不显示不存在、没有匹配文本的错误信息。
- -v：显示不包含匹配文本的所有行。
- -w：匹配整个词。
- -x：匹配整行。
- -r：递归搜索。
- -q：禁止输出任何结果，已退出状态表示搜索是否成功。
- -b：打印匹配行距文件头部的偏移量，以字节为单位。
- -o：与选项-b 结合使用，打印匹配的词距文件头部的偏移量，以字节为单位。

grep 命令的选项用于对搜索过程的补充。该命令的模式十分灵活，可以是变量、字符串、正则表达式。需要注意的是，当 grep 命令的选项中包含空格时，务必要用双引号将其引起来。

```
[root@localhost ~]# grep -n root /etc/passwd        //在 passwd 文件中搜索"root"，并显示行号
1:root:x:0:0:root:/root:/bin/bash
10:operator:x:11:0:operator:/root:/sbin/nologin
```

grep 命令可以结合正则表达式使用，并且在 Linux 系统中的使用非常广泛。

任务 2.6 其他帮助类命令

有的读者现在可能会想："Linux 系统中有那么多的命令，我怎么知道某条命令是干什么用的。在日常工作中遇到了不熟悉的命令，我如何才能知道它有哪些可用的选项呢？"在日常操作过程中，有哪些简单的方法可以帮助读者学习并快速掌握这些命令，以及熟练操作 Linux 系统呢？

1. man 命令

man 是 Linux 系统中最核心的命令之一。man 并不是英文单词 man 的意思，而是英文单词 manual 的缩写形式，即使用手册的意思。

man 命令的语法格式如下：

man　［选项］　［参数］

man 命令的常用选项如下。
- -a：在所有的 man 手册中搜索。
- -d：主要用于检查，如果用户加入了一个新的文件，那么可以用该选项检查是否出错。
- -f：显示给定关键字的简短描述信息。
- -p：指定内容时使用分页程序。
- -M：指定 man 手册搜索的路径。
- -w：显示文件所在位置。

man 命令会列出一份完整的说明，主要包括命令语法、各选项的意义及相关命令。使用 man 命令不仅可以查看 Linux 系统中命令的帮助信息，还可以查看软件服务配置文件、系统调用和库函数等帮助信息。

man 命令帮助信息的界面中所包含的常用操作按键及其用途如下。
- 空格键：向下翻一页。
- Page down：向下翻一页。
- Page up：向上翻一页。
- Home：直接前往首页。
- End：直接前往尾页。
- /：从上至下搜索某个关键词，如"/linux"。
- ?：从下至上搜索某个关键词，如"?linux"。
- n：定位到搜索到的下一个关键词。
- N：定位到搜索到的上一个关键词。
- q：退出帮助文档。

man 手册保存在/usr/share/man 目录下。一般来讲，使用 man 命令查询到的帮助文档中的信息都很多，如果读者不了解帮助文档的目录结构和操作方法，乍一看到这么多的信息就会觉得相当困惑。man 命令的帮助文档的目录结构如下。
- NAME：命令的名称。
- SYNOPSIS：参数大致的使用方法。

- DESCRIPTION：介绍说明。
- EXAMPLES：演示（附带简单说明）。
- OVERVIEW：概述。
- DEFAULTS：默认的功能。
- OPTIONS：具体的可用选项（带介绍）。
- ENVIRONMENT：环境变量。
- FILES：用到的文件。
- SEE ALSO：相关的资料。
- HISTORY：维护历史与联系方式。

例如：

```
[root@localhost ~]# man date
DATE(1)                         User Commands                         DATE(1)
NAME
       date - print or set the system date and time
SYNOPSIS
       date [OPTION]... [+FORMAT]
       date [-u|--utc|--universal] [MMDDhhmm[[CC]YY][.ss]]
DESCRIPTION
       Display the current time in the given FORMAT, or set the system date.
       Mandatory arguments to long options are mandatory for short options too.
       -d, --date=STRING
              display time described by STRING, not 'now'
       -f, --file=DATEFILE
              like --date once for each line of DATEFILE
       -I[TIMESPEC], --iso-8601[=TIMESPEC]
              output  date/time  in ISO 8601 format.  TIMESPEC='date' for date only (the default),
'hours',
              'minutes', 'seconds', or 'ns' for date and time to the indicated precision.
       -r, --reference=FILE
              display the last modification time of FILE
       -R, --rfc-2822
Manual page date(1) line 1 (press h for help or q to quit)
```

2. help 命令

help 命令用于显示 Shell 内部命令的帮助信息。该命令的语法格式如下：

```
[命令] --help
```

使用 help 命令只能显示 Shell 内部命令的帮助信息，而 Linux 系统中绝大多数是外部命令，所以 help 命令的作用非常有限。对于外部命令的帮助信息，可以使用 man 命令或 info 命令查看。例如：

```
[root@localhost ~]# date --help
Usage: date [OPTION]... [+FORMAT]
  or:  date [-u|--utc|--universal] [MMDDhhmm[[CC]YY][.ss]]
```

```
Display the current time in the given FORMAT, or set the system date.

Mandatory arguments to long options are mandatory for short options too.
  -d, --date=STRING            display time described by STRING, not 'now'
  -f, --file=DATEFILE          like --date once for each line of DATEFILE
  -I[TIMESPEC], --iso-8601[=TIMESPEC]   output date/time in ISO 8601 format.
…………省略部分信息…………
  -s, --set=STRING             set time described by STRING
…………省略部分信息…………
```

如上所示，date 命令的选项-s，在 help 命令中无法获得详细的帮助信息，可以使用 man 命令进一步查询帮助信息。例如：

```
[root@localhost ~]# man date
…………省略部分信息…………
DATE STRING
  The --date=STRING is a mostly free format human readable date string  such  as  "Sun, 29 Feb 2004 16:21:42 -0800" or "2004-02-29 16:21:42" or even "next Thursday".  A date string may contain items indicating calendar date, time of day, time zone, day of week, relative  time,  relative  date,  and numbers. An empty string indicates the beginning of the day.  The date string format is more com‐plex than is easily documented here but is fully described in the info documentation.
…………省略部分信息…………
```

3. clear 命令

clear 命令用于清除屏幕上的信息。使用 clear 命令会刷新屏幕，从本质上来说只是让终端显示页向后翻了一页，当向上滚动屏幕时还可以看到之前的操作信息。例如：

```
[root@localhost ~]# clear
```

也可以通过快捷键 Ctrl+L 实现清屏功能。另外，为了方便快速操作，可以使用如下快捷键。

- Tab：命令或路径等的补全键，Linux 系统中用得最多的一个快捷键。
- Ctrl+A：光标迅速回到行首。
- Ctrl+E：光标迅速回到行尾。
- Ctrl+Insert：复制命令行内容（Mac 系统不能使用）。
- Shift+Insert：粘贴命令行内容（Mac 系统不能使用）。
- Ctrl+K：剪切（删除）光标处到行尾的所有字符。
- Ctrl+U：剪切（删除）光标处到行首的所有字符。
- Ctrl+W：剪切（删除）光标前的一个字符。
- Ctrl+C：中断终端正在执行的任务并开启一个新的行。
- Ctrl+D：退出当前 Shell 命令行。
- Ctrl+Z：暂停在终端运行的任务，使用 fg 命令可以恢复终端运行的任务。
- Esc+.："."表示获取上一条命令的（以空格为分隔符）最后的部分。

4. history 命令

history 命令用于显示用户以前执行过的命令，并且能对执行过的命令执行追加和删除等操作。另外，在执行过的命令的列表中的编号前加上"!"，就可以重新运行该命令。例如：

```
[root@localhost ~]# history
    1  cat /etc/redhat-release
    2  poweroff
…………省略部分信息…………
   51  history
[root@localhost ~]# !51
history
    1  cat /etc/redhat-release
    2  poweroff
…………省略部分信息…………
```

如果经常使用 Linux 系统中的命令，那么使用 history 命令可以有效提升效率，执行过的命令保存在~/.bash_history 文件中。

5. whereis 命令

whereis 命令用来定位命令的二进制程序、源代码文件和 man 手册等相关文件的路径。例如：

```
[root@localhost ~]# whereis date
date: /usr/bin/date /usr/share/man/man1/date.1.gz /usr/share/man/man1p/date.1p.gz
```

whereis 命令的查找速度非常快，因为它不是在硬盘中乱找，而是在一个数据库中查询。数据库是 Linux 系统自动创建的，包含本地所有文件的信息，并且每天通过自动执行 updatedb 命令更新一次。正是因为这样，whereis 命令的搜索结果有时不准确，如刚添加的文件可能搜不到，这是因为该数据库还没有更新。

6. whatis 命令

whatis 命令用于查询一条命令执行什么功能，并将查询结果打印到终端上。例如：

```
[root@localhost ~]# whatis date
date (1)             - print or set the system date and time
date (1p)            - write the date and time
```

whatis 命令在用 catman -w 命令创建的数据库中查找 command 选项指定的命令、系统调用、库函数或特殊文件名。使用 whatis 命令可以显示手册部分的页眉。可以通过发出 man 命令来获取附加的信息。whatis 命令的作用与 man -f 命令的作用相同。

7. who 命令

who 命令用来打印当前登录用户的信息，包含系统的启动时间、活动进程、使用者 ID 和使用终端等。who 是系统管理员了解系统运行状态的常用命令。

who 命令的语法格式如下：

```
who  [选项]
```

who 命令的常用选项如下。
- -a：打印全面信息。
- -b：打印系统最近的启动时间。

- -d：打印"死掉"的进程。
- -l：打印系统登录进程。
- -H：打印带有列标题的用户名、登录终端和登录时间。
- -t：打印系统上次锁定的时间。
- -u：打印已登录用户列表。

who 命令的输出信息默认来自/var/log/utmp 文件和/var/log/wtmp 文件。例如：

```
[root@localhost ~]# who
root     :0           2022-04-09 16:02 (:0)
root     pts/0        2022-04-09 16:02 (:0)
root     pts/2        2022-04-09 17:36 (192.168.200.1)
root     pts/4        2022-04-09 17:39 (192.168.200.1)
[root@localhost ~]# who -l
LOGIN                2022-04-10 00:30            77937 id=779
```

8. last 命令

last 命令的作用是显示近期用户或终端的登录情况，通过查看系统记录的日志文件的内容，系统管理员可以获知谁曾经或企图连接系统。例如：

```
[root@localhost ~]# last
root     pts/4      192.168.200.1    Sat Apr   9 17:39   still logged in
root     pts/2      192.168.200.1    Sat Apr   9 17:36   still logged in
root     pts/3      192.168.200.1    Sun May   1 16:34 - 19:16 (-21+-21:-18)
root     pts/1      192.168.200.1    Sat Apr   9 16:02 - 18:46   (02:43)
root     pts/0      :0               Sat Apr   9 16:02   still logged in
root     :0         :0               Sat Apr   9 16:02   still logged in
reboot   system boot 3.10.0-957.el7.x Sat Apr   9 14:20 - 00:33   (10:13)
root     pts/0      :0               Sat Apr   9 14:19 - 14:19   (00:00)
root     pts/0      :0               Sat Apr   9 14:18 - 14:19   (00:00)
root     :0         :0               Sat Apr   9 14:18 - 14:19   (00:01)
reboot   system boot 3.10.0-957.el7.x Sat Apr   9 14:16 - 14:19   (00:02)
```

当执行 last 命令时，会读取/var/log 目录下名称为 wtmp 的文件，并把该文件记录的登录系统或终端的用户名单全部显示出来。默认显示 wtmp 文件的记录，使用 btmp 能显示得更详细，可以显示远程登录，如 ssh 登录。

项目实训

1. 目录及文件的基本操作

（1）启动计算机，利用 root 用户登录系统，进入字符提示界面。
（2）利用 pwd 命令查看当前所在的目录，使用 cd 命令切换到根目录下。
（3）利用 ls 命令列出当前目录下的文件和目录。
（4）利用选项-a 列出当前目录下包括隐藏文件在内的所有文件和目录。
（5）利用 man 命令查看 ls 命令的使用手册。

（6）在当前目录下创建测试目录 test。

（7）利用 ls 命令列出文件和目录，确认 test 目录创建成功。

（8）进入 test 目录，利用 pwd 命令查看当前工作目录。

（9）利用 touch 命令，在当前目录下创建一个新的空文件 newfile。

（10）利用 cp 命令将系统文件/etc/profile 复制到当前目录下。

（11）将文件 profile 复制到新文件 profile.bak 中作为备份。

（12）利用 ll 命令以长格式列出当前目录下的所有文件，注意比较每个文件的长度和创建时间。

（13）利用 less 命令分屏查看文件 profile 中的内容（按 Q 键退出）。

（14）利用 grep 命令在 profile 文件中对关键字 then 进行查询。

（15）利用 tar 命令打包 test 目录。

（16）利用 tar 命令把打包好的包解压缩到指定目录/test1 下。

（17）删除之前压缩的文件，重新将 test 目录压缩成文件 test.tar.gz，并改名为 backup.tar.gz。

（18）把文件 backup.tar.gz 移到 test 目录下，显示当前目录下的文件和目录列表，并确认移动成功。

（19）把文件 backup.tar.gz 解压缩。

（20）显示当前目录下的文件和目录列表，将 test 目录复制到 testbak 目录下作为备份，并且将 test 目录复制到根目录的 test1 目录下作为备份。

（21）查找 root 用户根目录下的所有名为 newfile 的文件。

（22）删除 test 子目录下的所有文件。

（23）利用 rmdir 命令删除空子目录 test。

2. 系统命令的操作

（1）把指定字符串"hello world"输出到终端屏幕上，并且通过 echo 命令查看系统主机名。

（2）将系统时间设置为 2000 年 1 月 1 日，并查看今天为一年中的第几天。

（3）查看网卡配置与网络状态等信息。

（4）显示当前系统中内存的使用量。

（5）查看当前登录主机的用户终端信息。

（6）使用 ps 命令查看系统中的当前用户及所有用户的进程状态。

（7）使用 top 命令动态地查看系统的运维状态。

习题

一、选择题

1. 下列关于 bash 变量的说法正确的是（　　）。
   A. 可以在/etc/profile 目录下设置对所有用户永久生效
   B. 在用户家目录下的.bash_profile 文件中添加变量对单一用户临时生效
   C. 可以使用 export 定义，只对当前 Shell 生效，且永久有效
   D. 以上说法都不正确

2. 用于创建多级目录的命令是（　　）。
   A．mkdir -p　　　B．mkdir -v　　　C．mkdir -m　　　D．mkdir -Z
3. Linux 系统可以使用别名来简化命令，以下别名定义正确的是（　　）。
   A．LS= 'ls -lh'
   B．set cnet 'cd /etc/sysconfig/network-scripts/ifcfg-eth0
   C．alias die= 'rm -fr'
   D．unalias die= 'rm -fr'
4. 用来显示/home 及其子目录下文件名的命令是（　　）。
   A．ls -a /home　　B．ls -R /home　　C．ls -l /home　　D．ls -d /home
5. Linux 系统中有多条用来查看文件的命令，使用（　　）命令可以通过上下移动光标来查看文件。
   A．cat　　　　　B．more　　　　　C．less　　　　　D．head
6. 将文本文件 a.txt 改名为 txt.a 的命令是（　　）。
   A．cd a.txt txt.a　　　　　　　　　B．echo a.txt > txt.a
   C．mv a.txt txt.a　　　　　　　　　D．cat a.txt > txt.a
7. 使用 tar 命令对一个目录只打包不压缩，应该使用（　　）命令。
   A．tar -cvf　　　B．tar -zcvf　　　C．tar -jyvf　　　D．tar -jcvf
8. 若要将当前目录下的 test.txt 文件压缩成 test.txt.tar.gz，则可以使用（　　）命令。
   A．tar -cvf　test.txt　test.txt.tar.gz　　B．tar -zcvf　test.txt　test.txt.tar.gz
   C．tar -zcvf　test.txt.tar.gz　test.txt　　D．tar -cvf　test.txt.tar.gz　test.txt
9. 用于获取本地主机 CPU 使用率的命令是（　　）。
   A．ifconfig　　　B．uptime　　　　C．top　　　　　D．netstat
10. 使用（　　）命令可以查看硬盘被占用的和剩余空间。
    A．du　　　　　B．df　　　　　　C．free　　　　　D．vmstat

二、简答题

1. 简述 Linux 系统的目录结构。
2. 若执行 rmdir 命令删除某个已存在的目录，但无法成功，请说明可能的原因。
3. 简述 more 命令和 less 命令的区别。

项目 3

vim 编辑器、重定向与管道符

项目引入

Linux 系统的运维工程师的一项重要工作就是修改与设定某些应用软件的配置文件及服务部署，因此，他们需要掌握至少一种文本编辑器和正则表达式，以及 Shell 脚本的编写与应用。而所有 Linux 系统的发行版都内置了 vi 编辑器（vim 编辑器是 vi 编辑器的增强版，更适合初学者使用），输入/输出重定向、管道符及通配符是正则表达式和 Shell 脚本的基础。通过学习本项目，读者可以在系统运维工作中得心应手。

能力目标

- 熟练使用 vim 编辑器。
- 学会使用输入/输出重定向。
- 掌握管道符与通配符的用法。
- 了解正则表达式和 Shell 脚本的基础。

任务 3.1　vim 编辑器

1. vim 编辑器概述

vim 是一个具有很多命令且功能非常强大的编辑器。在 Linux 系统中，大部分配置文件都是以 ASCII 码的纯文本形式保存的，所以在修改系统设置时使用简单的文本编辑软件就可以实现。vim 编辑器不像 Windows 系统中的 Word 程序那样可以对字体、格式和段落等其他属性进行排版，因此，很多人可能会觉得 Linux 系统字符界面的文本编辑工具并不是太好用，毕竟没有图形窗口。但是要学习 Linux 系统，掌握并熟练使用文本编辑工具是必不可少的技能。Linux 系统中的文本编辑工具有很多，这些工具都有其优点，但是有几点是其他编辑工具无法比拟的。
- 所有的类 UNIX 系统都内建了 vi 编辑器，其他的编辑工具则不一定，而 vim 编辑器相当于 vi 编辑器的升级版。
- 很多软件的编辑界面都会调用 vi 编辑器。
- vim 编辑器具有程序编辑能力，可以主动以字体颜色标识语法的正确性，方便代码编写。
- 程序简单，编辑速度非常快。

本任务主要介绍一些基本命令，掌握了这些命令，读者就能很容易地将 vim 当作一个通用的万能编辑器来使用。

2. vim 编辑器的工作模式

在系统提示符后输入"vim"和想要编辑（或创建）的文件名，便可进入 vim 编辑器。例如：

```
[root@localhost ~]# vim anaconda-ks.cfg
#version=DEVEL
# System authorization information
auth --enableshadow --passalgo=sha512
# Use CDROM installation media
cdrom
# Use graphical install
graphical
# Run the Setup Agent on first boot
firstboot --enable
ignoredisk --only-use=sda
# Keyboard layouts
keyboard --vckeymap=us --xlayouts='us'
……省略部分信息……
```

当直接输入"vim"不指定文件名时，由于这是一个没有命名的空文件，因此显示的是 vim 编辑器的版本信息，如图 3-1 所示。也可以直接使用 vim 编辑器打开文件，若文件存在则直接打开，若文件不存在则以指定的参数作为文件名。

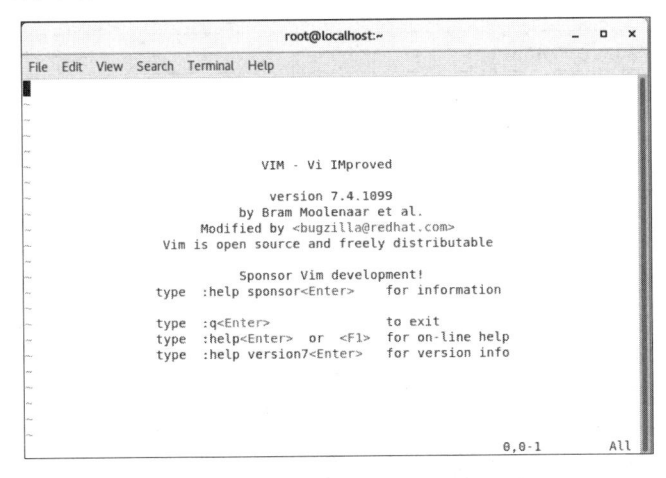

图 3-1 vim 编辑器的版本信息

vim 编辑器之所以能得到广大厂商与用户的认可，是因为 vim 编辑器中设置了 3 种模式，分别为命令模式、输入模式和末行模式。每种模式分别支持多种不同的命令快捷键，这大大提高了用户的工作效率，并且用户在习惯之后也会觉得相当顺手。要想高效率地操作文本，就必须先掌握这 3 种模式的区别及模式之间的切换方法，如图 3-2 所示。

- 命令模式：控制光标移动，可对文本执行复制、粘贴、删除和查找等操作。
- 输入模式：正常的文本输入。
- 末行模式：保存或退出文件，以及设置编辑环境。

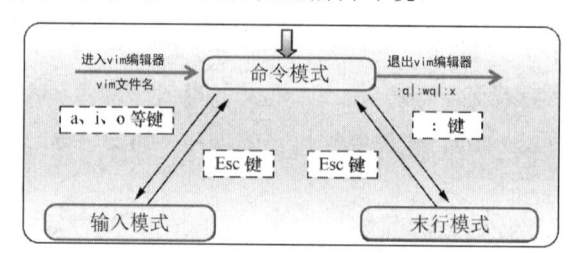

图 3-2　vim 编辑器中的 3 种模式

在每次运行 vim 编辑器时，默认进入命令模式，此时需要先切换为输入模式才能编辑文件，而每次在编辑完文件后需要先返回命令模式，再进入末行模式，执行文件的保存或退出操作。在 vim 编辑器中，无法直接由输入模式切换为末行模式。vim 编辑器中内置的命令有成百上千种用法，为了能够帮助读者更快地掌握 vim 编辑器，表 3-1 中总结了命令模式常用的一些命令。

表 3-1　命令模式常用的一些命令

命令	作用
dd	删除（剪切）光标所在的整行
5dd	删除（剪切）从光标处开始的 5 行
yy	复制光标所在的整行
5yy	复制从光标开始的 5 行
n	显示搜索命令定位到的下一个字符串
N	显示搜索命令定位到的上一个字符串
u	撤销上一步的操作
p	将之前删除（dd）或复制（yy）的数据粘贴到光标后面
0 或 Home	将光标移到行首（常用）
$或 End	将光标移到行尾（常用）
G	将光标移到这个文件的最后一行（常用）
nG	n 为数字。将光标移到这个文件的第 n 行。若输入"20G"，则将光标移到这个文件的第 20 行（可配合使用 set nu 命令）
gg	将光标移到这个文件的第 1 行，相当于输入"1G"（常用）
x 或 X	在一行中，x 表示向后删除一个字符，X 表示向前删除一个字符
nx	n 为数字，连续向后删除 n 个字符。若需要连续删除 10 个字符，则输入"10x"

由命令模式切换为输入模式可以使用的按键说明如表 3-2 所示。

表 3-2 按键说明

按键	作用
i	在光标所在位置前开始插入文本
I	先将光标移到当前行的行首,再插入文本
a	在光标所在位置之后追加新文本
A	将光标移到所在行的行尾,在那里插入新文本
o	在光标所在行的下面新开一行,并将光标置于该行行首,等待输入
O	在光标所在行的上面插入一行,并将光标置于该行行首,等待输入
Esc	退出输入模式,返回命令模式

按 i、a、o 任意键,在 vim 编辑器的左下角会出现提示文字 "--INSERT--" 或 "--REPLACE--"的。需要特别注意的是,如果要在文件中输入字符,那么一定要在左下角处看到"INSERT"或"REPLACE"才能输入。

末行模式主要用于保存或退出文件,以及设置 vim 编辑器的工作环境,还可以让用户执行外部的命令或跳转到所编辑文件的特定行数。要想切换到末行模式,在命令模式下输入":"即可。末行模式常用的命令如表 3-3 所示。

表 3-3 末行模式常用的命令

命令	作用
:w	保存
:q	退出
:q!	强制退出(放弃对文件的修改)
:wq!	强制保存并退出
:set nu	显示行号
:set nonu	不显示行号
:命令	执行该命令
:整数	跳转到该行
:s/one/two	将当前光标所在行的第 1 个 one 替换成 two
:s/one/two/g	将当前光标所在行的所有 one 替换成 two
:%s/one/two/g	将文件中的所有 one 替换成 two
?字符串	在文件中从下到上搜索该字符串
/字符串	在文件中从上到下搜索该字符串

在 Linux 系统中,主机名大多保存在/etc/hostname 文件中。接下来将/etc/hostname 文件的内容修改为"jnvc.com",具体步骤如下。

第 1 步:使用 vim 编辑器修改/etc/hostname 文件。

第 2 步:把原始主机名删除后追加"jnvc.com"。需要注意的是,当使用 vim 编辑器修改主机名后,要在末行模式下执行:wq!命令才能保存并退出文档。

第 3 步:保存并退出文档,使用 hostname 命令检查是否修改成功。

hostname 命令用于查看当前的主机名,但有时主机名的改变不会立即同步到系统中,所以,如果发现修改完成后还显示原来的主机名,那么可以重启虚拟机后再行查看。

例如:

```
[root@localhost ~]# cat /etc/hostname
localhost.localdomain
[root@localhost ~]# vim /etc/hostname
#localhost.localdomain
jnvc.com
[root@localhost ~]# cat /etc/hostname
#localhost.localdomain
jnvc.com
[root@localhost ~]# hostname
jnvc
```

3. vim 可视化模式与外部命令的调用

1）vim 可视化模式

在 vim 编辑器中也有类似的功能，但不是通过鼠标操作，而是通过键盘来选择要操作的文本。在 vim 编辑器中，如果想选中目标文本，就需要调整 vim 编辑器进入可视化模式，如表 3-4 所示，在命令模式下输入不同的命令，就可以进入不同的 vim 可视化模式。

表 3-4　进入 vim 可视化模式的方式

命令	作用
v	又称为字符可视化模式，此模式下目标文本的选择以字符为单位，也就是说，在该模式下要一个字符一个字符地选中要操作的文本
V	又称为行可视化模式，此模式下目标文本的选择以行为单位，也就是说，在该模式下可以一行一行地选中要操作的文本
Ctrl+v（快捷键）	又称为块可视化模式，在此模式下可以选中一个矩形区域作为目标文本，以按快捷键 Ctrl+v 的位置作为矩形的一角，光标移动的终点位置作为它的对角

编程时通过按快捷键 Ctrl+v 可以进入可视化模式，移动光标选择区域，如进行多行注释的添加或删除。成功进入可视化模式的标志是窗口底部出现 "--VISUAL BLOCK--"，如图 3-3 所示。

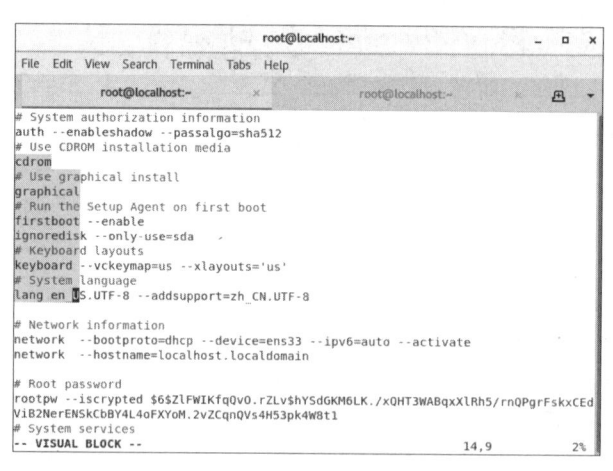

图 3-3　可视化模式

- 向下或向上移动光标，选中需要注释、编辑的行的开头。

- 按下大写字母 I。
- 插入注释符或其他符号，如"#"。
- 按 Esc 键就可以全部注释或添加。
- 删除操作，按快捷键 Ctrl+v 进入列编辑模式；向下或向上移动光标；先选中注释部分，然后按 d 键，删除选中的注释符号。

需要注意的是，当选中文本并执行相应的操作（如选中文本并按 p 键将其复制到剪贴板中）后，vim 会自动从可视化模式转换为命令模式。当然，也可以再次按 v 键（V 键或快捷键 Ctrl+v）手动退出可视化模式。

值得一提的是，之前介绍的在命令模式下编辑文本的很多命令，在可视化模式下仍然可以使用。表 3-5 中罗列了几个可以在可视化模式下使用的命令。

表 3-5 可以在可视化模式下使用的命令

命令	作用
d	删除选中部分的文本
D	删除选中部分所在的行，和 d 命令的不同之处在于，即使选中文本中有些字符所在的行没有都选中，也会一并删除
y	将选中部分复制到剪贴板中
p	将剪贴板中的内容粘贴到光标之后
P	将剪贴板中的内容粘贴到光标之前
u	将选中部分中的大写字符全部改为小写字符
U	将选中部分中的小写字符全部改为大写字符
>	将选中部分右移（缩进）一个 Tab 键规定的长度
<	将选中部分左移一个 Tab 键规定的长度

2）vim 外部命令的调用

在 vim 编辑器中编辑文档时，要想写入本地主机的网卡的 MAC 地址，需要查看网卡的 MAC 地址，此时不需要退出之前的文档编辑器，因为 vim 编辑器在末行模式下提供了直接可以调用系统命令的功能。在末行模式下输入"！+命令"并按 Enter 键，调用系统命令以便复制和粘贴。

（1）输入":!ip addr"，在文本中调用网络参数并输出，查看结束后可以继续当前的 vim 编辑过程，如图 3-4 所示。

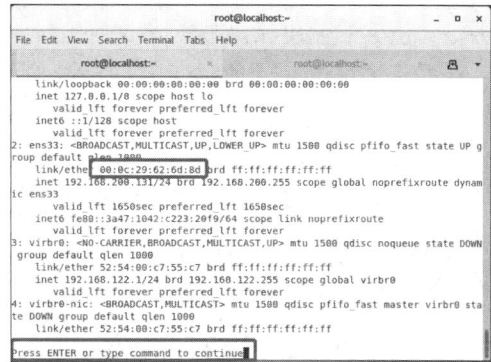

图 3-4 调用外部命令

（2）输入":r/etc/passwd"，在编辑文本的过程中读取 passwd 文件，以便完成批量添加及导入操作，如图 3-5 所示。

图 3-5 读取 passwd 文件

任务 3.2 输入/输出重定向

在 Linux 系统中，标准的输入设备默认指的是键盘，标准的输出设备默认指的是显示器。输入重定向是指把文件导入命令中，而输出重定向则是指把原本要输出到屏幕的数据写入指定文件中。

1. 输入重定向

输入重定向需要使用的符号的格式及作用如表 3-6 所示。

表 3-6 输入重定向需要使用的符号的格式及作用

符号的格式	作用
命令 < 文件	将指定文件作为命令的输入设备
命令 << 分界符	表示从标准输入设备（键盘）中读入，直到遇到分界符才停止（读入的数据不包括分界符），这里的分界符其实就是自定义的字符串
命令 < 文件 1 > 文件 2	将文件 1 作为命令的输入设备，该命令的执行结果输出到文件 2 中

需要注意的是，在实际执行程序之前，命令解释程序会自动打开（若文件不存在，则自动创建文件）。当命令完成时，命令解释程序会正确关闭并保存文件，而命令在执行过程中并不知道它的输出流已被重定向。

在默认情况下，cat 命令会接收标准输入设备（键盘）的输入，并显示到控制台中，但如果用文件代替键盘作为输入设备，那么该命令会以指定的文件作为输入设备，读取文件的内容并显示到控制台中。

以/etc/passwd 文件（存储了系统中所有用户的基本信息）为例，执行如下命令：

```
[root@localhost ~]# cat /etc/passwd
#这里省略了输出信息，读者可自行查看
[root@localhost ~]# cat < /etc/passwd
#输出结果与上面的输出结果相同
```

需要注意的是，虽然执行结果相同，但第 1 行代码表示以键盘作为输入设备，第 2 行代码表示以/etc/passwd 文件作为输入设备。

当指定 0 作为分界符之后，只要不输入 0，就可以一直输入数据。例如：

```
[root@localhost ~]# cat << 0
>c.biancheng.net
>Linux
>0
c.biancheng.net
Linux
```

若当前不存在 file.txt 文件，则直接执行如下命令：

```
[root@localhost ~]# cat < /etc/passwd > file.txt
[root@localhost ~]# ll file.txt
-rw-r--r--. 1 root root 2262 Apr 10 16:52 file.txt
[root@localhost ~]# cat file.txt
root:x:0:0:root:/root:/bin/bash
bin:x:1:1:bin:/bin:/sbin/nologin
daemon:x:2:2:daemon:/sbin:/sbin/nologin
adm:x:3:4:adm:/var/adm:/sbin/nologin
lp:x:4:7:lp:/var/spool/lpd:/sbin/nologin
sync:x:5:0:sync:/sbin:/bin/sync
shutdown:x:6:0:shutdown:/sbin:/sbin/shutdown
……省略部分信息……
#已创建 file.txt 文件
#输出和/etc/passwd 文件中的内容相同的数据
```

可以看到，通过重定向/etc/passwd 文件作为输入设备，并将重定向输出到 file.txt 文件中，最终实现了将/etc/passwd 文件的内容复制到 file.txt 文件中。

2. 输出重定向

相较于输入重定向，输出重定向的使用频率更高。与输入重定向不同，输出重定向还可以细分为标准输出重定向和错误输出重定向两种技术。

使用 ls 命令分别查看两个文件的属性信息，但其中一个文件是不存在的，如下所示：

```
[root@localhost ~]# ll file.txt
-rw-r--r--. 1 root root 2262 Apr 10 16:52 file.txt            //标准正确输出
[root@localhost ~]# ll file2.txt
ls: cannot access file2.txt: No such file or directory        //file2.txt 文件不存在，错误输出
```

在上述命令中，file.txt 文件是存在的，因此正确输出了该文件的一些属性信息，这也是执行该命令的标准输出信息；而 file2.txt 文件是不存在的，因此，执行 ls 命令之后显示的是报错信息，是该命令的错误输出信息。

在此基础上，标准输出重定向和错误输出重定向又分别包含清空写入与追加写入两种模式。因此，对于输出重定向来说，使用的符号格式及作用如表 3-7 所示。

表 3-7 输出重定向使用的符号格式及作用

命令符号格式	作用
命令 > 文件	将命令执行的标准输出结果重定向输出到指定的文件中，如果该文件中已包含数据，那么先清空原有数据，再写入新数据
命令 2> 文件	将命令执行的错误输出结果重定向输出到指定的文件中，如果该文件中已包含数据，那么先清空原有数据，再写入新数据
命令 >> 文件	将命令执行的标准输出结果重定向输出到指定的文件中，如果该文件中已包含数据，那么将新数据写到原有内容的后面
命令 2>> 文件	将命令执行的错误输出结果重定向输出到指定的文件中，如果该文件中已包含数据，那么将新数据写到原有内容的后面
命令 >> 文件 2>&1 或 命令 &>> 文件	将标准输出或错误输出写到指定的文件中，如果该文件中已包含数据，那么将新数据写到原有内容的后面。需要注意的是，在第一种格式中，最后面的"2>&1"是一体的，可以认为是固定用法

通过标准输出重定向，先将 man date 命令原本要输出到屏幕上的信息写入 date_help.txt 文件中，再显示 date_help.txt 文件中的内容，具体如下：

```
[root@localhost ~]# man date > date_help.txt
[root@localhost ~]# cat date_help.txt
DATE(1)                         User Commands                         DATE(1)
NAME
       date - print or set the system date and time
SYNOPSIS
       date [OPTION]... [+FORMAT]
       date [-u|--utc|--universal] [MMDDhhmm[[CC]YY][.ss]]
DESCRIPTION
       Display the current time in the given FORMAT, or set the system date.
……………省略部分输出信息…………
```

接下来尝试输出重定向技术中的清空写入与追加写入这两种不同模式带来的变化。首先创建 index.html 文件，然后通过清空写入模式向 index.html 文件中写入多行数据。需要注意的是，在通过清空写入模式向文件中写入数据时，每次都会清空上一次写入的内容，所以最终文件中只有最后一次的写入结果，具体如下：

```
[root@localhost ~]# echo "Welcome to www.jnvc.cn" > index.html
[root@localhost ~]# cat index.html
Welcome to www.jnvc.cn
[root@localhost ~]# echo "Welcome to www.jnvc.cn" > index.html
[root@localhost ~]# echo "Welcome to www.jnvc.cn" > index.html
[root@localhost ~]# echo "Welcome to www.jnvc.cn" > index.html
[root@localhost ~]# cat index.html
Welcome to www.jnvc.cn
```

通过追加写入模式向 index.html 文件中写入一次数据，在执行 cat 命令之后，可以看到如下所示的文件内容：

```
[root@localhost ~]# echo "Welcome to jnvc.dept.computer.cn" >> index.html
[root@localhost ~]# cat index.html
Welcome to www.jnvc.cn
Welcome to jnvc.dept.computer.cn
```

虽然都是输出重定向技术，但是命令的标准输出和错误输出还是有区别的。例如，查看当前目录下某个文件的信息，这里以 index.html 文件为例展开介绍。由于文件是真实存在的，因此使用标准输出即可将原本要输出到屏幕上的信息写入文件中，而错误输出重定向依然把信息输出到屏幕上。例如：

```
[root@localhost ~]# ls -l index.html > stderr.txt
[root@localhost ~]# ls -l index.html 2> stderr.txt
-rw-r--r--. 1 root root 56 Apr 10 17:24 index.html
[root@localhost ~]# ls -l index.php > stderr.txt
ls: cannot access index.php: No such file or directory    //错误输出到屏幕上
[root@localhost ~]# ls -l index.php 2> stderr.txt
[root@localhost ~]# cat stderr.txt
ls: cannot access index.php: No such file or directory    //只有一条错误输出记录
```

当用户在执行一个自动化的 Shell 脚本时，这个操作会特别有用，并且特别实用，因为它可以把整个脚本执行过程的报错信息都记录到文件中，以便安装后的排错工作。

还有一种常见情况，如果不想区分标准输出和错误输出，只要命令有输出信息就全部追加写入文件中，这就需要使用操作符 "&>>"：

```
[root@localhost ~]# ls -l index.html &>> stderr.txt
[root@localhost ~]# ls -l index.php &>> stderr.txt
[root@localhost ~]# cat stderr.txt
-rw-r--r--. 1 root root 56 Apr 10 17:24 index.html
ls: cannot access index.php: No such file or directory
```

3. 重定向到/dev/null

在 Linux 系统中，/dev/null 究竟是什么呢？/dev/null 在 Linux 系统中其实是一个空设备文件。其他文件遇到写入的内容照单全收，而/dev/null 接收写入后会删除。

如果使用 cat 命令读取/dev/null，那么它只会返回文件终点（End Of File，EOF）。/dev/null 的大小是 0 字节，所有人都有读/写权限，没有执行权限。由于没有执行权限，因此/dev/null 不是一个可执行文件，只能使用文件重定向（>、>>或<、<<）。

可以通过把命令的输出重定向到/dev/null 来丢弃脚本的全部输出。因为日常在执行 Linux 命令的过程中，经常会遇到输出内容特别多的情况。其中，不仅有正常的输出内容，还有错误的输出内容。将重定向和/dev/null 结合起来，就可以起到过滤的作用。如果只关心正常的输出，又不需要保存错误的输入作为日志来排错，就可以在命令后面重定向，即"2>/dev/null"。另外，在执行脚本的过程中，无论正确的输出还是错误的输出，都可以通过">/dev/null 2>&1"来实现。例如：

```
[root@localhost ~]# find /   -name passwd   -exec cp -rvf   {} /tmp \;
#既有正确的输出又有错误的输出
[root@localhost ~]# find /   -name passwd   -exec cp -rvf   {} /tmp \; 2> /dev/null
#只包含正确的输出结果
#自行查看输出结果
```

任务 3.3 管道符

许多 Linux 命令具有过滤性，即一条命令通过标准输入端口接收一个文件中的数据，命令执行后产生的结果数据又通过标准输出端口传给下一条命令，作为输入数据。Linux 系统中的管道命令（pipe）将这些命令前后衔接在一起，形成一条管道线。

管道符是"|"，只能处理经由前面一条命令传出的正确的输出信息（对错误的信息没有直接处理能力），然后传递给下一条命令（作为标准输入）。管道命令的语法格式如下：

命令 1 | 命令 2 | 命令 3 |…|命令 n

管道中的每条命令都作为一个单独的进程运行，每条命令的输出作为下一条命令的输入。管道中的命令总是从左到右按顺序依次执行的，所以管道是单向的。管道实现了文件重定向功能。不同于输入/输出重定向，管道将两个程序的标准输出和输入直接相连，中间不需要任何文件。

在 Linux 系统中，管道是一种使用非常频繁的通信机制。从本质上来说，管道也是一种文件，但它和一般的文件又有所不同。使用管道可以克服使用文件进行通信的两个问题，具体如下。

- 限制管道的大小。实际上，管道是一个大小固定的缓冲区。在 Linux 系统中，该缓冲区的大小为 1 页，即 4KB，所以管道的大小不像文件那样不进行检验就增长。使用单个固定缓冲区也会带来问题，如在写管道时可能变满，当发生这种情况时，随后对管道的 write()调用将默认被阻塞，只能等待某些数据被读取，以便腾出足够的空间供 write()调用。
- 读进程可能比写进程快。当所有当前进程的数据已被读取时，管道会变空。当发生这种情况时，随后的一个 read()调用将默认被阻塞，等待某些数据被写入，这解决了 read()调用返回文件结束的问题。

注意：从管道中读数据是一次性操作，数据一旦被读，就从管道中被抛弃，释放空间以便写更多的数据。

前面在介绍 grep 命令时，只介绍了单条 grep 命令的用法。在运维工作中，经常将 grep 命令和管道符结合使用，从而实现正则表达式和 Shell 脚本的强大功能。例如，可以通过匹配关键词/sbin/nologin 在 passwd 文件中找出所有被限制登录系统的用户。

- 找出被限制登录用户使用的命令是 grep "/sbin/nologin" /etc/passwd。
- 统计文本行数使用的命令是 wc -l。

现在要做的就是把搜索命令的输出值传递给统计命令，即把原本要输出到屏幕上的用户信息列表使用 wc 命令进一步加工，因此，只需要把管道符放到两条命令之间即可，具体如下：

```
[root@localhost ~]# grep /sbin/nologin /etc/passwd | wc -l
38
```

可以将管道符套用到其他的命令上，如用翻页的形式查看/etc 目录下的文件列表及属性信息（这些内容默认显示到屏幕上，但是根本看不清楚）：

```
[root@localhost ~]# ls -l /etc/ | more
total 1372
drwxr-xr-x.   3 root root         101 Apr   9 14:08 abrt
-rw-r--r--.   1 root root          16 Apr   9 14:12 adjtime
-rw-r--r--.   1 root root        1518 Jun   7  2013 aliases
-rw-r--r--.   1 root root       12288 Apr   9 14:16 aliases.db
drwxr-xr-x.   3 root root          65 Apr   9 14:09 alsa
drwxr-xr-x.   2 root root        4096 Apr   9 14:10 alternatives
--More--
```

在修改用户密码时，通常需要输入两次密码以进行确认，这在编写自动化脚本时将成为一个非常致命的缺陷。通过把管道符和 passwd 命令的选项--stdin 相结合，可以用一条命令来完成密码重置操作：

```
[root@localhost ~]# echo 000000 | passwd --stdin root
Changing password for user root.
passwd: all authentication tokens updated successfully.
```

如果不使用管道，那么带有交互的操作会中断脚本的运行，这在脚本编写过程中不宜出现。

任务 3.4　命令行的通配符

通配符又叫作 globbing patterns。因为 UNIX 系统早期用/etc/glob 文件保存通配符模板，后来 Bash 内置了这项功能，但是这个名字被保留了下来。通配符的出现早于正则表达式，所以可以将其看作原始的正则表达式。虽然通配符的功能没有正则表达式那么强大灵活，但是其优点是使用简单和方便。

Linux 系统的运维人员有时会遇到明明一个文件的名称就在嘴边但就是想不起来的情况。如果只记得一个文件的开头的几个字母，想遍历查找所有以这个关键词开头的文件，那么应该怎么操作呢？这个时候通配符就可以派上用场。通配符一般只用于文件名匹配，并且是由 Shell 解析的，如 find 命令、ls 命令、cp 命令和 mv 命令等。通配符适用于一次性操作多个文件，一些常见的场景如下。

- 输出当前目录下以特定字符开头的文件名。
- 将以特定字符开头的文件合并成一个新的文件。

- 将以特定字符开头的文件移到另一个目录下。
- 一次性删除当前目录下所有以.txt结尾的文件。
- 将以特定字符开头的文件的权限设置为777。

常用的通配符如表3-8所示。

表3-8 常用的通配符

通配符	作用
*	匹配任意长度的任意字符
?	匹配任意单个字符,也可以匹配任何内容
[]	匹配指定范围内的任意单个字符,如[abc]表示匹配a、b或c
[-]	匹配指定范围内的任意单个字符,"-"代表一个范围,如[a-z]表示任意一个小写字母
[^]	匹配指定范围外的任意单个字符,如[^0-9]表示非数字的字符,这里的"^"可以用"!"代替,即[!a-z]
{}	匹配指定字符,可以表示为{a,e,1,4},也可以表示为{a..z}或{0..9}

如果想查看所有硬盘文件的相关权限的详细信息(这些硬盘文件都以 sda 开头并且保存在/dev 目录下),那么即使不知道硬盘的分区编号和具体分区的个数,也可以使用通配符来确定。例如:

```
[root@localhost ~]# ls -l /dev/sda*        //查看所有以 sda 开头的文件
brw-rw----. 1 root disk 8, 0 Apr 14 13:20 /dev/sda
brw-rw----. 1 root disk 8, 1 Apr 14 13:20 /dev/sda1
brw-rw----. 1 root disk 8, 2 Apr 14 13:20 /dev/sda2
brw-rw----. 1 root disk 8, 3 Apr 14 13:20 /dev/sda3
[root@localhost ~]# ls -l /dev/sda?        //查看所有以 sda 开头且跟一个字符的文件
brw-rw----. 1 root disk 8, 1 Apr 14 13:20 /dev/sda1
brw-rw----. 1 root disk 8, 2 Apr 14 13:20 /dev/sda2
brw-rw----. 1 root disk 8, 3 Apr 14 13:20 /dev/sda3
[root@localhost ~]# ls -l /dev/sda[1-9]    //查看所有 sda 开头且文件名中包含1~9的文件
brw-rw----. 1 root disk 8, 1 Apr 14 13:20 /dev/sda1
brw-rw----. 1 root disk 8, 2 Apr 14 13:20 /dev/sda2
brw-rw----. 1 root disk 8, 3 Apr 14 13:20 /dev/sda3
```

如果希望通过指定的名称批量创建文件或目录,那么可以通过"{}"来实现。例如:

```
[root@localhost test_dir]# mkdir {a,b,c,d}{1..9}
[root@localhost test_dir]# ls
a1  a3  a5  a7  a9  b2  b4  b6  b8  c1  c3  c5  c7  c9  d2  d4  d6  d8
a2  a4  a6  a8  b1  b3  b5  b7  b9  c2  c4  c6  c8  d1  d3  d5  d7  d9
```

任务3.5 命令行的转义符

为了能够更好地理解用户的表达,Shell 解释器还提供了特别丰富的转义符来处理输入的特殊数据。很多编程语言中有转义符,Shell 脚本也是一种编程语言,其内容主要是通过

Linux 命令行构成的，因此熟练掌握 Linux 命令行中的转义符可以为后续学习 Shell 脚本奠定良好的基础。在 Linux 命令行中，4 个比较常用的转义符如下。
- 反斜杠 "\"：使反斜杠后面的一个变量变为单纯的字符串。
- 单引号 "''"：将其中所有的变量转义为单纯的字符串。
- 双引号 """"：保留其中的变量属性，不进行转义处理。
- 反引号 "``"：执行其中的命令并返回结果。

先定义一个名为 PRICE 的变量并赋值为 5，再输出以双引号引起来的字符串与变量信息：

```
[root@localhost ~]# PRICE=5
[root@localhost ~]# echo 'Price is $PRICE'      //单引号会将$PRICE作为字符输出
Price is $PRICE
[root@localhost ~]# echo "Price is $PRICE"
Price is 5
```

如果希望输出 "Price is $5"，即价格是 5 美元的字符串内容，但美元符号与变量提取符号合并后的 "$$" 的作用是显示当前程序的进程 ID，所以命令执行后输出结果并不是我们所预期的：

```
[root@localhost ~]# echo "Price is $$PRICE"
Price is 10758PRICE
```

要想让第一个 "$" 作为美元符号，那么就需要使用反斜杠来进行转义，将这个命令提取符转义成单纯的文本，去除其特殊功能：

```
[root@localhost ~]# echo "Price is \$$PRICE"
Price is $5
```

如果只需要某条命令的输出结果，就可以像`命令`这样，用反引号引起来，以达到预期效果。例如，先将反引号与 uname -a 命令相结合，再使用 echo 命令来查看本地主机的 Linux 版本和内核信息：

```
[root@localhost ~]# echo `uname -a`
Linux localhost.localdomain 3.10.0-957.el7.x86_64 #1 SMP Thu Nov 8 23:39:32 UTC 2018 x86_64 x86_64 x86_64 GNU/Linux
```

项目实训

1. vim 编辑器的基本用法。

（1）在/tmp 目录下建立一个名为 mytest 的目录，并进入 mytest 目录。

（2）将/etc/ man_db.conf 复制到 mytest 目录下，使用 vim 编辑器打开本目录下的 man_db.conf 文件。

（3）在 vim 编辑器中设定行号，移到第 109 行，使用快捷键向右移动 27 个字符。

（4）移到第 1 行，并且向下查找字符串"usr"，查询该字符串所在的行。

（5）将第 50～100 行的字符串"man"改为"MAN"。

（6）如果修改完之后需要全部复原，那么可以使用哪些方法呢？

（7）复制第 29～42 行的内容（包含 MANPATH_MAP），并且粘贴到最后一行之后。

（8）删除从开头为 "#" 的批注内容。

2．使用 vim 编辑器编辑网卡配置文件/etc/sysconfig/network-scripts/ifcfg-<interface-name>。

例如，将 ifcfg-ens33 配置为开机自启动，并且 IP 地址、子网、网关等信息手动指定为如下配置：

```
TYPE=Ethernet
BOOTPROTO=static
ONBOOT=yes
IPADDR=192.168.200.10
NETMASK=255.255.255.0
GATEWAY=192.168.200.2
```

重启网络服务并测试网络的连通性。

3．将主机名修改为 master，使用 vim 编辑器修改/etc/hosts 文件，配置主机名和 IP 地址解析为 "192.168.200.10 master"，并使用 ping 命令测试。

习题

一、选择题

1．如果不保存对文件进行的修改，那么强制退出 vim 编辑器的命令是（   ）。

    A．:q   B．:wq   C．:q!   D．:!q

2．用 vim 编辑器对文本文件 test.txt 进行修改，保存并正常退出 vim 编辑器，可以（   ）。

    A．在命令模式下执行 ZZ 命令   B．在命令模式下执行 WQ 命令

    C．在末行模式下执行:q!命令   D．在末行模式下执行:wq 命令

3．在 vim 编辑器中，（   ）命令用来删除光标处的字符。

    A．xd   B．x   C．dd   D．d

4．在 vim 编辑器中，（   ）命令能将光标移到第 100 行。

    A．g100   B．G100   C．:100   D．100g

5．以只读方式打开一个文件并进入 vim 编辑器的命令是（   ）。

    A．view -r filename B．view filename   C．vim filename   D．vim -r filename

6．在 Linux 系统中表示输出重定向的符号是（   ）。

    A．>   B．>=   C．<   D．<<

7．用标准输出重定向 "> file01" 能使 file01 文件的数据（   ）。

    A．被移动   B．被复制   C．被打印   D．被覆盖

8．要输出 a+b 的结果（假设 a 和 b 已经被赋值），可以使用（   ）。

    A．echo ${a+b}   B．echo $(a+b)   C．echo ${{a+b}}   D．echo $((a+b))

9. 可以匹配多个任意字符的通配符是（　　）。

  A．*   B．?   C．[abcde]   D．[!a-e]

二、简答题

1．vim 编辑器有哪几种模式？如何在各种模式之间转换？

2．在 Shell 的变量应用中，3 种引号的作用有何区别？

3．Linux 系统重定向的方式有哪些？

项目 4

软件包的安装与管理

项目引入

Linux 系统中的软件包的类型就像 Linux 发行版本一样丰富多样，这种多样性为用户带来便利的同时也带来了不少烦恼。所以，用户需要考虑哪个软件包的格式适用于相应的 Linux 发行版本，因为很多特定的软件包的格式仅适用于特定的 Linux 发行版本。目前比较流行的软件包的格式包括可直接执行的 rpm 与 DEB，以及源代码形式的 gzip 与 bzip2 压缩包。

能力目标

- ➢ 了解 rpm 软件包。
- ➢ 熟悉 rpm 命令。
- ➢ 掌握 YUM 管理工具的用法。
- ➢ 掌握 yum 仓库的配置与管理。
- ➢ 掌握 yum 命令管理 rpm 软件包。

任务 4.1　rpm 软件包

RPM 是 Red Hat Package Manager 的简写形式，即红帽软件包工具。rpm 格式的软件包最早于 1997 年用在 Red Hat 公司的系统上。rpm 的设计思路是提供一种可升级、具有强大的查询功能、支持安全验证的通用型的 Linux 软件包管理工具。现在的 rpm 软件包已经被应用到很多 GNU/Linux 发行版本中，包括 RHEL、Fedora、Novell SUSE Linux Enterprise、openSUSE、CentOS、Mandriva Linux 等。CentOS/RHEL 的 ISO 镜像文件中的所有软件包均采用 rpm 格式。在 CentOS/RHEL 上，包的名称以.rpm 结尾，分为二进制包和源码包。源码包的名称以.src.rpm 结尾,是未编译过的包,可以自行编译或用其制作自己的二进制 rpm 包。名称不是以.src.rpm 结尾的包都是二进制包,都是已经编译完成的。安装 rpm 软件包实际上就是将包内的文件复制到 Linux 系统中,在复制文件的前后可能会执行一些命令,如创建一个必要的用户、删除非必要的文件等。Linux 系统与 Windows 系统的软件包的类型如表 4-1 所示。

表 4-1 Linux 系统和 Windows 系统的软件包的类型

CentOS/RHEL	Windows
rpm	exe
源码包	软件源码(.java)
二进制包	可执行文件(.jar)

1. 基本安装步骤

不同的软件在安装过程中基本上都遵循以下几个步骤。

(1) 获得软件。

(2) 编译前的准备工作。

(3) 开始编译。

(4) 安装与部署。

2. rpm 软件包的组成

rpm 软件包通常由以下几部分组成。

(1) rpm 数据库。

(2) rpm 软件包文件。

(3) rpm 可执行文件。

一般来讲,一个软件可以是一个独立的 rpm 软件包,也可以由多个 rpm 软件包组成。在大多数情况下,一个软件是由多个相互依赖的软件包组成的。也就是说,安装一个软件需要使用很多软件包,而大多数 rpm 软件包之间是相互依赖的。

3. rpm 软件包的命名

rpm 软件包的名称中包含该软件包的版本信息、系统信息和硬件要求等,如图 4-1 所示。

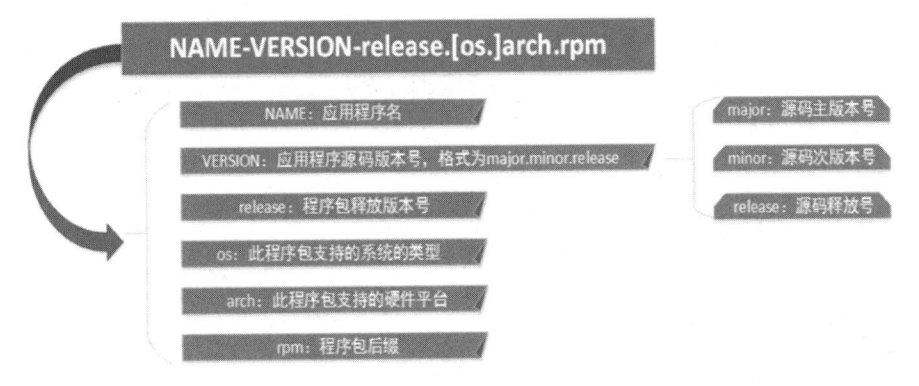

图 4-1 rpm 软件包的命名

httpd-2.4.6-88.el7.centos.x86_64.rpm 中各字段的含义如表 4-2 所示。

表 4-2　httpd-2.4.6-88.el7.centos.x86_64.rpm 中各字段的含义

字段	含义
httpd	包名
2.4.6	版本号，版本号格式为"[主版本号.[次版本号.[释放号]]]"
88	软件发布次数
el7.centos	适合的系统平台及适合的系统版本
x86_64	适合的硬件平台。硬件平台根据 CPU 来决定，可以表示为 i386、i586、i686、x86_64、noarch，也可以省略。若表示为 noarch 或省略，则代表不区分硬件平台
rpm	后缀扩展名

在使用 rpm 软件包时，如果要操作未安装的包，那么应使用包的全名，如安装包、查看未安装包的信息等；如果要操作已安装的 rpm 软件包，那么只需要给定其包名即可，如查询已安装包生成了哪些文件，以及查看已安装包的信息等。

对于 YUM 管理工具来说，只需给定其包名即可，如果有需要，那么再指定版本号。若明确指明要安装 1.6.10 版本的 tree 工具，则使用 yum install tree-1.6.10 命令。

对于已经编译成二进制形式的 rpm 软件包，由于系统的环境不同，因此一般不能混用。对于 src.rpm 发行的软件包，由于在安装时需要进行本地编译，因此通常可以在不同系统下安装。

4．rpm 软件包的用途

（1）可以安装、删除、升级和管理以 rpm 软件包形式发布的软件。

（2）可以查询某个 rpm 软件包中包含哪些文件，以及某个指定文件属于哪个 rpm 软件包。

（3）可以在系统中查询是否安装了某个 rpm 软件包，如果已安装，那么还可以查询其版本。

（4）开发人员可以把自己开发的软件打成 rpm 软件包发布。

（5）依赖性的检查，查询安装某个 rpm 软件包，需要哪些其他的 rpm 软件包。

任务 4.2　RPM 管理工具

rpm 命令用于管理 Linux 系统中的软件包，RHEL/CentOS 系统中几乎所有的软件均可以通过 rpm 命令进行管理。rpm 命令包含 5 种基本功能：安装、卸载、升级、查询和验证。

1．安装、升级与卸载

rpm 命令的语法格式如下：

rpm　　[选项]　　[软件包]

rpm 命令的常用选项如下。

- -i 或--install：安装软件包。
- -v：查看详细信息。
- -h：查看进度条。
- -e 或--erase：卸载软件包。

- -F：升级已经安装的软件包。
- -U：升级和安装软件包。
- --replacepkgs：重新安装，相当于--force。
- --oldpackage：安装旧版的软件包。
- --replacefiles：忽略冲突。
- --nodeps：忽略依赖性。

当安装 rpm 软件包之后，在/var/lib/rpm 目录下会建立已安装的 rpm 数据库。rpm 软件包的升级、查询、版本比较等都是从/var/lib/rpm 目录下获取信息并完成相应的操作的。例如：

```
[root@localhost ~]# ls /var/lib/rpm
Basenames    __db.001  __db.003  Group      Name        Packages     Requirename   Sigmd5
Conflictname __db.002  Dirnames  Installtid Obsoletename Providename  Sha1header    Triggername
```

rpm 软件包安装完成后，相关的文件会复制到多个目录下（具体复制的路径是在制作 rpm 软件包时指定的）。软件安装常用的目录如表 4-3 所示。

表 4-3　软件安装常用的目录

目录	说明
/etc	用来放置配置文件
/bin、/sbin、/usr/bin 或/usr/sbin	用来放置一些可执行文件
/lib、/lib64、/usr/lib(/usr/lib64)	用来放置一些库文件
/usr/include	用来放置一些头文件
/usr/share/doc	用来放置一些基本的软件使用手册与帮助文件
/usr/share/man	用来放置一些 man page 档案

（1）安装和升级一个 rpm 软件包的语法格式如下：

```
rpm -ivh file.rpm        #安装一个 rpm 软件包
rpm -Uvh file.rpm        #升级一个 rpm 软件包
```

需要注意的是，如果存在依赖关系，那么需要解决依赖关系。如果找不到依赖关系的软件包，那么可以使用下面的命令强制安装：

```
rpm -ivh --nodeps --force file.rpm
rpm -Uvh --nodeps --force file.rpm
```

为软件包指定安装目录时需要使用选项--relocate，通常可执行程序都放在安装目录下的 bin 目录或 sbin 目录下。

```
rpm -ivh --test bash-completion-2.1-6.el7.noarch.rpm      #--test 表示测试，并不真正安装
rpm -ivh --relocate /=/usr/local/ bash-completion
```

例如：

```
[root@localhost ~]# rpm -ivh --test /opt/centos/Packages/bash-completion-2.1-6.el7.noarch.rpm
warning: /opt/centos/Packages/bash-completion-2.1-6.el7.noarch.rpm: Header V3 RSA/SHA256 Signature, key ID f4a80eb5: NOKEY
```

```
Preparing...                              ################################ [100%]
[root@localhost ~]# rpm -ivh   /opt/centos/Packages/bash-completion-2.1-6.el7.noarch.rpm
warning: /opt/centos/Packages/bash-completion-2.1-6.el7.noarch.rpm: Header V3 RSA/SHA256 Signature, key ID f4a80eb5: NOKEY
Preparing...                              ################################ [100%]
Updating / installing...
    1:bash-completion-1:2.1-6.el7         ################################ [100%]
```

（2）如果要卸载 rpm 软件包，那么应先查询需要删除的 rpm 软件包，再使用下面的命令卸载：

```
rpm -e 软件包名
```

如果有其他的 rpm 软件包依赖该 rpm 软件包，那么系统会发出警告。如果一定要卸载，那么可以用选项--nodeps 忽略依赖关系，但不建议这么做。

例如：

```
[root@localhost ~]# rpm -evh bash-completion
Preparing...                              ################################ [100%]
Cleaning up / removing...
    1:bash-completion-1:2.1-6.el7         ################################ [100%]
```

2. 查询

rpm 命令的查询功能（日常使用频率很高）极为强大。下面列举了几个常用的例子（更详细的说明请参考 man rpm）。

（1）查询系统中已安装的软件。

rpm -q 命令的语法格式如下：

```
rpm -q 软件包名
```

rpm -q 命令的常用选项如下。
- -q：查询是否已安装软件包。
- -qa：查询已经安装的软件包。
- -qi：查询软件包的信息。
- -ql：查询安装该软件包后会生成的文件。
- -qc：查询软件包的配置文件。
- -qd：查询软件包的帮助文件。
- -qf：查找文件来自哪个软件包。
- -q --scripts：查询在安装或删除软件包时运行的 Shell 脚本。
- -q --changelog：查询软件包的变更日志。
- -qp [-ilcdR --scripts --changelog] rpmfile：查询本地软件包文件的相关信息。

需要注意以下几点。
- -q 等价于--query，此选项用来查询系统中是否安装了软件包。
- 如果分页查看，那么再加一个管道符"|"和 more 命令，如 rpm -qa | more。
- 如果要查询某个软件包，那么可以用 grep 命令抽取出来，如 rpm -qa | grep bash-completion。

① 列出系统已安装的软件包：

[root@localhost ~]# rpm -qa | wc -l   //查询系统安装的软件包的数量
1321
[root@localhost ~]# rpm -qa | grep bash-completion   //查询是否已经安装了指定的软件包
bash-completion-2.1-6.el7.noarch

② 查询 rpm 软件包中文件的安装位置：

[root@localhost ~]# rpm -ql bash-completion

③ 查询一个已经安装的文件属于哪个软件包，需要指出文件名所在的绝对路径：

[root@localhost ~]# rpm -qf /etc/profile.d/bash_completion.sh
bash-completion-2.1-6.el7.noarch

④ 查询一个已安装的软件包的详细信息：

[root@localhost ~]# rpm -qi bash-completion
Name   : bash-completion
Epoch   : 1
Version   : 2.1
Release   : 6.el7
Architecture: noarch
Install Date: Thu 14 Apr 2022 05:57:02 PM CST
Group   : Unspecified
Size   : 264934
License   : GPLv2+
Signature   : RSA/SHA256, Fri 04 Jul 2014 08:47:01 AM CST, Key ID 24c6a8a7f4a80eb5
Source RPM : bash-completion-2.1-6.el7.src.rpm
Build Date : Tue 10 Jun 2014 08:05:27 AM CST
Build Host : worker1.bsys.centos.org
Relocations : (not relocatable)
Packager   : CentOS BuildSystem <http://bugs.centos.org>
Vendor   : CentOS
URL   : http://bash-completion.alioth.debian.org/
Summary   : Programmable completion for Bash
Description :
bash-completion is a collection of shell functions that take advantage
of the programmable completion feature of bash.

⑤ 查看已安装软件包的配置文件：

[root@localhost ~]# rpm -qc bash-completion
/etc/profile.d/bash_completion.sh

⑥ 查看已安装软件包的文件的安装位置：

[root@localhost ~]# rpm -qd bash-completion
/usr/share/doc/bash-completion-2.1/AUTHORS

```
/usr/share/doc/bash-completion-2.1/CHANGES
/usr/share/doc/bash-completion-2.1/CHANGES.package.old
/usr/share/doc/bash-completion-2.1/COPYING
/usr/share/doc/bash-completion-2.1/README
```

⑦ 查看已安装软件包所依赖的软件包及文件:

```
[root@localhost ~]# rpm -qR bash-completion
/usr/bin/pkg-config
bash >= 4.1
config(bash-completion) = 1:2.1-6.el7
rpmlib(CompressedFileNames) <= 3.0.4-1
rpmlib(FileDigests) <= 4.6.0-1
rpmlib(PayloadFilesHavePrefix) <= 4.0-1
rpmlib(PayloadIsXz) <= 5.2-1
```

（2）查看未安装的软件包的前提是当前目录下已存在一个.rpm 文件。可以查看如下内容。

- 查看一个软件包的用途、版本等信息。
- 查看一个软件包所包含的文件。
- 查看软件包的文件所在的位置。
- 查看一个软件包的配置文件。
- 查看一个软件包的依赖关系。

rpm -qp 命令的语法格式如下:

```
rpm -qp 软件名
```

例如:

```
[root@localhost Packages]# rpm -qpi httpd-manual-2.4.6-88.el7.centos.noarch.rpm
[root@localhost Packages]# rpm -qpl httpd-manual-2.4.6-88.el7.centos.noarch.rpm
[root@localhost Packages]# rpm -qpd httpd-manual-2.4.6-88.el7.centos.noarch.rpm
[root@localhost Packages]# rpm -qpc httpd-manual-2.4.6-88.el7.centos.noarch.rpm
warning: httpd-manual-2.4.6-88.el7.centos.noarch.rpm: Header V3 RSA/SHA256 Signature, key ID f4a80eb5: NOKEY
/etc/httpd/conf.d/manual.conf
[root@localhost Packages]# rpm -qpR httpd-manual-2.4.6-88.el7.centos.noarch.rpm
warning: httpd-manual-2.4.6-88.el7.centos.noarch.rpm: Header V3 RSA/SHA256 Signature, key ID f4a80eb5: NOKEY
httpd = 2.4.6-88.el7.centos
rpmlib(FileDigests) <= 4.6.0-1
rpmlib(PayloadFilesHavePrefix) <= 4.0-1
rpmlib(CompressedFileNames) <= 3.0.4-1
rpmlib(PayloadIsXz) <= 5.2-1
```

任务 4.3　YUM 管理工具

YUM（Yellow dog Updater Modified）是一个基于 RPM 却胜于 RPM 的管理工具。yum 基于 rpm 软件包，能够从指定的源空间中（服务器、本地目录等）自动下载目标 rpm 软件包并且安装，可以自动处理依赖性关系并下载、安装，无须烦琐地手动下载、安装每个需要的依赖包。yum 可以从很多源中搜索软件及其依赖包，并自动安装相应的依赖软件。使用 yum 安装软件时至少需要一个 yum 源，yum 源就是保存了很多 rpm 软件包的文件夹，用户可以使用 HTTP 协议、FTP 协议或本地文件夹的方式访问 yum 源。此外，yum 的另一个功能是可以对系统中的所有软件进行升级。

1. yum 仓库

yum 仓库用于保存各种 rpm 软件包及软件包之间的依赖关系。正常使用 rpm 命令安装时会导致软件的相互依赖进而导致文件安装失败，使用 yum 可以在很大程度上避免发生这种问题。yum 仓库的部署包含客户端和服务器端，如图 4-2 所示。yum 本身是 rpm 的前端工具，能够从指定的服务器自动下载 rpm 软件包并安装，可以自动处理依赖性关系，并且一次性安装所有依赖的软件包，无须一次次下载、安装。

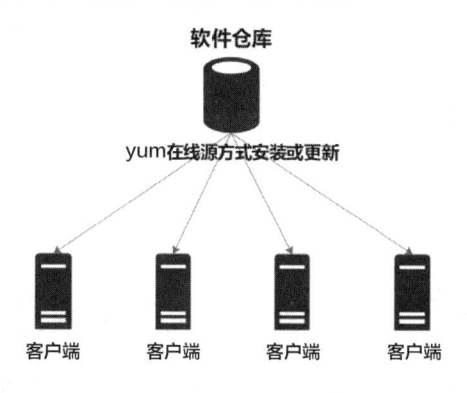

图 4-2　yum 仓库拓扑图

当 yum 接收到需要安装的软件包的名称之后，通过文件共享协议（或 FTP 协议），在配置文件指向的 yum 仓库（可以是多个）中查询需要的软件包。在找到之后，通过文件下载协议，将软件包下载到本地 yum 的缓存目录下，当安装完成后，缓存目录就会被删除。

如果 yum 每次到 yum 仓库都需要遍历，就会导致速度很慢。yum 仓库中有两类数据：程序和程序的元数据。yum 仓库在创建时，会将所有程序的名称、大小、版本及依赖关系等属性信息提取出来并保存到 repodata 目录下。所以，在 yum 第一次访问 yum 仓库时，会获取仓库中的元数据（repodata），并下载至本地。因此，下次需要安装软件包时，只需从本地缓存中获得信息，直接到 yum 仓库中下载即可。

下面详细介绍 yum 仓库的部署。客户端的配置非常简单，只要配置一些基本参数，就可以通过客户端来安装软件，并且解决软件包的依赖性。服务器端将所有需要的软件包统一放在一个目录下，该目录可以通过 FTP 协议、HTTP 协议、HTTPS 协议和 FILE 协议向客户端传输需要的软件包。

yum 配置文件由两部分组成：全局配置文件及各仓库的配置文件。yum 全局配置文件为/etc/yum.conf。

- cachedir：软件包缓存目录。
- keepcache：是否保存缓存，若为 1 则保存，若为 0 则不保存。
- debuglevel：调试级别（默认为 2）。
- logfile：日志文件路径。
- gpgcheck：是否检查密钥，一种检验软件完整性的方式。

yum 仓库配置文件必须保存在/etc/yum.repos.d/目录下，并且以.repo 结尾。

- [name]：仓库的 ID。
- name：仓库的名称。
- baseurl：仓库的地址。
- gpgkey：公钥地址，若需要检查完整性，则可以添加密钥地址，可以省略。
- enabled：是否开启当前仓库，可以是 0 或 1。
- gpgcheck：是否使用密钥验证，可以是 0 或 1，若省略 gpgkey，则必须为 0。

当 CentOS 7 系统安装完成后，默认生成官方 yum 仓库配置文件，具体如下：

```
[root@localhost ~]# ls /etc/yum.repos.d/
CentOS-Base.repo      CentOS-Debuginfo.repo   CentOS-Media.repo     CentOS-Vault.repo
CentOS-CR.repo        CentOS-fasttrack.repo   CentOS-Sources.repo
```

CentOS-Base.repo 为系统基础镜像仓库，软件包的源服务器为 CentOS 的官方站点。通常，国内用户在配置 yum 仓库时，选择本地光盘镜像文件作为软件包的源，或者选择国内知名的镜像源，如阿里云、163 等。

如果选择本地光盘镜像文件作为软件包的源配置 yum 仓库，就需要先清空系统默认生成的 yum 仓库配置文件，具体如下：

```
[root@localhost ~]# mv /etc/yum.repos.d/* /mnt/              //移除默认文件
[root@localhost ~]# mkdir /opt/centos/                       //创建镜像文件挂载目录
[root@localhost ~]# mount /dev/sr0 /opt/centos/              //挂载本地光盘镜像文件
mount: /dev/sr0 is write-protected, mounting read-only
[root@localhost ~]# cat > /etc/yum.repos.d/local.repo << EOF //创建 local.repo 文件
> [centos]
> name=centos
> baseurl=file:///opt/centos
> gpgcheck=0
> enabled=1
> EOF
#挂载的内容将在后续项目中详细介绍
```

2．yum 命令

yum 提供了查找、安装和删除某个、一组甚至全部软件包的命令，这条命令既简洁又好记。yum 命令的语法格式如下：

```
yum [选项] 命令 [软件包]
```

其中,"选项"是可选的,包括-h(帮助)、-y(当安装过程提示选择全部为 yes 时)和-q(不显示安装过程)等;"命令"为所要执行的操作;"软件包"是操作的对象。

(1)启用与禁用仓库。
- 禁用仓库:yum-config-manager --disable 仓库名。
- 启用仓库:yum-config-manager --enable 仓库名。

(2)查找与显示。
- 显示软件仓库列表:yum repolist。
- 显示软件包列表:yum list。
- 查找指定的软件包:yum list package。
- 显示所有可以更新的软件包:yum list updates。
- 显示所有已经安装的软件包:yum list installed。
- 查看依赖性:yum deplist package。
- 查找指定软件或命令的依赖包:yum provides command。

(3)安装卸载与更新。
- 安装:yum install package1 package2...。
- 重新安装:yum reinstall package。
- 卸载:yum remove package。
- 更新:yum update package。
- 检查可用的更新:yum check-update。
- 更新所有软件包:yum update(同时升级软件和内核)。
- 升级所有软件包:yum upgrade。

(4)缓存命令。
- 清除缓存:yum clean all。
- 构建缓存:yum makecache。

(5)包组相关命令。
- 安装:yum groupinstall group1 [group2] [...]。
- 更新:yum groupupdate group1 [group2] [...]。
- 列表:yum grouplist [hidden] [groupwildcard] [...]。
- 删除:yum groupremove group1 [group2] [...]。
- 信息:yum groupinfo group1 [...]。

在系统中部署 Apache 服务时,由于对应的 httpd 模块相关的依赖包比较多,因此可以使用 yum 命令进行安装,例如:

```
[root@localhost ~]# yum -y install httpd
Loaded plugins: fastestmirror, langpacks
Loading mirror speeds from cached hostfile
Resolving Dependencies
--> Running transaction check
……省略部分信息……
--> Running transaction check
```

```
---> Package apr.x86_64 0:1.4.8-3.el7_4.1 will be installed
---> Package apr-util.x86_64 0:1.5.2-6.el7 will be installed
---> Package httpd-tools.x86_64 0:2.4.6-88.el7.centos will be installed
---> Package mailcap.noarch 0:2.1.41-2.el7 will be installed
--> Finished Dependency Resolution
……省略部分信息……
Install  1 Package (+4 Dependent packages)
Installed:
  httpd.x86_64 0:2.4.6-88.el7.centos
Dependency Installed:
  apr.x86_64 0:1.4.8-3.el7_4.1          apr-util.x86_64 0:1.5.2-6.el7          httpd-tools.x86_64 0:2.4.6-88.el7.centos
  mailcap.noarch 0:2.1.41-2.el7
Complete!
[root@localhost ~]# yum list installed | grep httpd
httpd.x86_64                              2.4.6-88.el7.centos               @centos
httpd-tools.x86_64                        2.4.6-88.el7.centos               @centos
[root@localhost ~]# rpm -qa | grep httpd    //使用 rpm 命令可以查到已安装的 httpd 模块
httpd-2.4.6-88.el7.centos.x86_64
httpd-tools-2.4.6-88.el7.centos.x86_64
```

3. createrepo 工具

为了统一规划和管理，一般期望在各服务器上使用相同的软件版本来部署服务。直接使用通用的镜像源（如阿里云和163），安装的都是当前最新版本的软件包，这样就会因为软件包的升级导致安装的版本不一样。又或者客户部署的环境访问互联网受限，不能执行 yum 命令安装镜像文件之外的软件包，此时可以使用 createrepo 工具制作离线软件包仓库，还能够无限制复用资源，从而大大提高部署效率。

如果要创建 MySQL 离线仓库，那么需要先通过 yum cache 获取软件源。启用 yum cache 功能，保存所有使用 yum 命令安装的软件包。按照官方要求使用 yum 命令安装一次 MySQL，即可获得所有的安装包。

（1）启用 yum cache 功能，修改/etc/yum.conf 文件的第 3 行，将 keepcache 的值改为 1 并保存文件：

```
[root@localhost ~]# vim /etc/yum.conf
  1 [main]
  2 cachedir=/var/cache/yum/$basearch/$releasever
  3 keepcache=1
  4 debuglevel=2
  5 logfile=/var/log/yum.log
……省略部分信息……
```

（2）使用 yum 命令安装 MySQL，若没有源，则先获取源地址：

```
[root@localhost ~]#yum -y install mysql-community-server
```

（3）在 cache 目录下，将所有对应的安装包复制到一个文件夹中，默认的安装包都是根据类型分别放置的，因此需要把该目录下的 base/packages/和 updates/packages/的*.repo 文件全部复制到一个文件夹中才可以使用：

```
[root@localhost ~]# mkdir -p /root/mysql/packages
[root@localhost ~]# cp -rfv /var/cache/yum/x86_64/7/base/packages/* /root/mysql/packages
[root@localhost ~]# cp -rfv /var/cache/yum/x86_64/7/updates/packages/* /root/mysql/packages
```

（4）安装 createrepo 工具，格式化 yum 源文件：

```
[root@localhost ~]#yum install -y createrepo
[root@localhost ~]#createrepo    /root/mysql
Spawning worker 0 with 321 pkgs
Spawning worker 1 with 320 pkgs
Workers Finished
Saving Primary metadata
Saving file lists metadata
Saving other metadata
Generating sqlite DBs
Sqlite DBs complete
[root@localhost ~]# ls mysql
packages    repodata
```

至此，离线 MySQL 仓库源制作完成。

项目实训

1. 使用 RPM 管理工具安装和管理软件包

（1）通过挂载光盘查询包含的所有 rpm 软件包。

（2）通过 rpm 命令安装 ftp-0.17-67.el7.x86_64.rpm。

（3）查询 ftp-0.17-67.el7.x86_64.rpm 和 vim-enhanced-7.4.160-2.el7.x86_64.rpm 是否已正确安装。

（4）查询系统中安装的所有 rpm 软件包。如果不清楚 FTP 的全包名，那么应该如何查询该软件是否已经安装。

（5）当使用某条命令时，此命令不一定是被直接安装的，而是通过安装某个软件包来查询 ip 命令、sshd 命令、ftp 命令和 vim 命令属于哪个软件包。

（6）通过命令查看已安装软件的详细的版本信息。

（7）当安装了某个软件包（如 vim、vsftpd）后，需要对其进行必要的修改配置，如软件包的配置文件的位置在何处？

2. 使用 YUM 管理工具管理软件包

（1）通过国内镜像源（如阿里云）构建互联网 yum 仓库。

（2）通过 yum 命令安装 YUM 管理工具和 httpd 服务。

（3）使用 yum 命令查找软件包 httpd。

(4)列出所有可安装的软件包。
(5)列出所有已安装的软件包。
(6)使用 yum 命令获取软件包 httpd 的信息。
(7)清除 yum 缓存目录和重新生成缓存。
(8)列出所有可用的 repolist 列表。
(9)查看 find 属于哪个软件包。
(10)卸载 httpd 服务。

习题

一、选择题

1. 安装 bind 套件应该使用（　　）命令。
   A．rpm -ivh bind*.rpm　　　　　　B．rpm -ql bind*.rpm
   C．rpm -V bind*.rpm　　　　　　　D．rpm -ql bind
2. 移除 bind 套件应该使用（　　）命令。
   A．rpm -ivh bind*.rpm　　　　　　B．rpm -Fvh bind*.rpm
   C．rpm -ql bind*.rpm　　　　　　　D．rpm -e bind
3. 查询/etc/httpd/conf/httpd.conf 文件属于哪个包应该使用（　　）命令。
   A．rpm -q /etc/httpd/conf/httpd.conf
   B．rpm -requires /etc/httpd/conf/httpd.conf
   C．rpm -qf /etc/httpd/conf/httpd.conf
   D．rpm -q | grep /etc/httpd/conf/httpd.conf
4. 查看一个软件包的配置文件的存放位置可以使用（　　）命令。
   A．rpm -qc rpm1　　　　　　　　　B．rpm -Vc rpm1
   C．rpm --config rpm1　　　　　　　D．rpm -qa --config rpm1
5. 查询已安装软件包 DHCP 中所包含文件信息可以使用（　　）命令。
   A．rpm -qa dhcp　　　　　　　　　B．rpm -ql dhcp
   C．rpm -qp dhcp　　　　　　　　　D．rpm -qf dhcp

二、简答题

1. 简述 rpm 软件包的文件名的格式。
2. 简述 RPM 管理工具与 yum 仓库的作用。
3. 简述 yum 仓库的配置流程。

项目 5

用户身份管理与文件权限管理

项目引入

Linux 是一个多用户、多任务的系统,具有很好的稳定性与安全性,在幕后保障 Linux 系统安全的则是一系列复杂的配置工作。因此,出于安全考虑,用户身份管理应运而生,可以明确限制各用户账户的权限。root 用户在计算机中拥有至高特权,所以一般只作为管理用途,非特权用户可以通过 su 命令临时获得特权。文件的所有者、所属组及其他人可以对文件进行读(r)、写(w)、执行(x)等操作,以及在 Linux 系统中添加、删除和修改用户账户信息。文件的访问控制列表(Access Control List,ACL)可以进一步让单一用户、用户组对单一文件或目录进行特殊的权限设置,使文件具有满足工作需求的最小权限。

能力目标

- 了解用户和组的配置文件。
- 熟练掌握 Linux 系统中用户和组的创建与维护方法。
- 了解文件目录的基本类型和权限。
- 熟练掌握文件目录的权限设置和修改配置方法。
- 掌握文件的 ACL 的用法。

任务 5.1 用户身份管理

子任务 1 用户和组的概念

Linux 是一个多用户、多任务的分时系统,任何要使用系统资源的用户,都必须先向系统管理员申请一个账户,再以这个账户的身份进入系统。用户账户一方面可以帮助系统管理员对使用系统的用户进行跟踪，并控制他们对系统资源的访问；另一方面可以帮助用户组织文件，并为用户提供安全性保护。

系统管理员为每个用户分配的账户是其身份标识。用户通过账户可以登录系统，并访问已授权的资源。系统依据账户来区分属于每个用户的文件、进程、任务，并为每个用户提供特定的工作环境，使每个用户能各自独立、不受干扰地工作。Linux 系统中的用户账户主要分为以下 3 种类型。

- 超级用户（root）：UID（User IDentification）为 0，又称为根用户或管理员账户，可以对普通用户和整个系统进行管理。
- 系统用户：UID 为 1~999，又称为伪用户账户，一般不用于登录系统，主要用于维持某个服务的正常运行，如 FTP 服务、Apache 服务等，从而避免因某个服务程序出现漏洞而被黑客侵权至整台服务器，进而有效控制被破坏的范围。
- 普通用户：UID 从 1000 开始，是由管理员创建的用于日常工作的用户。

Linux 系统的超级用户之所以是 root，并不是因为它的名字叫 root，而是因为该用户身份号码 UID 的数值为 0。在 Linux 系统中，UID 具有相当于身份证号码一样的权威性和唯一性，因此，Linux 系统是通过 UID 来判断用户身份的。UID 是不能冲突的，并且管理员创建的普通用户的 UID 默认是从 1000 开始的（即使前面有闲置的号码）。

每个用户账户都拥有一个唯一的用户名和各自的密码。用户在登录时输入正确的用户名和密码后，就能够进入系统和自己的主目录。实现用户管理，需要完成的工作主要包括如下几方面。

- 用户账户的添加、删除与修改。
- 用户密码的管理。
- 用户组的管理。

每个用户都有一个用户组，系统可以对一个用户组中的所有用户进行集中管理。不同 Linux 系统对用户组的规定有所不同。在 Linux 系统中，每个用户在建立时会自动创建一个与其同名的基本用户组，这个基本用户组只有该用户，而该用户以后被纳入的用户组则叫作扩展用户组，因此，一个用户只有一个基本用户组，但可以有多个扩展用户组，以满足日常的工作需求。

用户组的管理涉及用户组的添加、删除和修改。用户和组的相关概念如表 5-1 所示。

表 5-1 用户和组的相关概念

概念	描述
用户名	用户名称，可以使用字母（区分大小写）和数字
密码	用于验证用户身份的口令
UID	用来表示用户身份的数字标识符（ID）
用户主目录	用户的家目录，就是用户登录系统后默认所在的目录
登录 Shell	用户登录系统后默认使用的 Shell 程序，默认为/bin/bash
组	具有相同属性和权限的用户属于同一个组
GID	用来表示组的数字标识符（ID）

子任务 2 用户的系统文件

完成用户管理有多种方法，但是每种方法实际上都是对有关的系统文件进行修改。与用户和用户组相关的信息都保存在系统文件中，这些文件包括/etc/passwd、/etc/shadow、/etc/group 和/etc/login.defs 等。

下面介绍这些文件的相关内容。

1. 用户属性文件/etc/passwd

/etc/passwd 是用户管理工作涉及的最重要的一个文件。Linux 系统中的每个用户在/etc/passwd 文件中都有一个对应的记录行，用于记录这个用户的一些基本属性。/etc/passwd 文件对所有用户都是可读的，并且每行用":"分隔为 7 个字段。例如：

```
[root@localhost ~]# cat /etc/passwd | head -5
root:x:0:0:root:/root:/bin/bash
bin:x:1:1:bin:/bin:/sbin/nologin
daemon:x:2:2:daemon:/sbin:/sbin/nologin
adm:x:3:4:adm:/var/adm:/sbin/nologin
lp:x:4:7:lp:/var/spool/lpd:/sbin/nologin
```

- 字段 1：用户账户的名称。
- 字段 2：用户账户的密码。"x"表示此用户设有密码，但不是真正的密码，真正的密码保存在/etc/shadow 文件中。
- 字段 3：用户账户的 UID，如果几个用户名对应的 UID 是一样的，那么系统内部把它们视为同一个用户，但是它们可以有不同的密码、不同的主目录及不同的登录 Shell 等。
- 字段 4：所属基本组账户的 GID，对应/etc/group 文件中的一条记录。
- 字段 5：用户全名，默认与用户账户的名称相同，创建用户时可以指定。在许多 Linux 系统中，这个字段保存的是一段注释性描述文字，用作 finger 命令的输出。
- 字段 6：主目录，用户登录系统后默认所在的目录，各用户对自己的主目录有读、写、执行（搜索）权限，其他用户对此目录的访问权限则根据具体情况设置。
- 字段 7：登录 Shell 信息，默认为/bin/bash，系统管理员可以根据系统情况和用户习惯为用户指定某个 Shell。用户的登录 Shell 也可以指定为某个特定的程序，在该程序运行结束后，用户就自动退出系统。

2. 用户密码文件/etc/shadow

/etc/shadow 文件中的每行对应一个用户的密码信息，只有超级用户 root 才拥有该文件的读权限，这就保证了用户密码的安全性。/etc/shadow 文件与/etc/passwd 文件中的记录行是一一对应的。/etc/shadow 文件中的记录行由 pwconv 命令根据/etc/passwd 文件的数据自动产生，并且每行用":"分隔为 9 个字段。例如：

```
[root@localhost ~]# cat /etc/shadow | head -5
root:$6$kyCOYuo8$qIk2fOBisp132b7XkT4WUan93rFc9s0TnXE8j8WXckI0lNL2N18oa2VS.tqpyLVClJf
KAfOkAPAsYkyGI10SD0:19093:0:99999:7:::
bin:*:17834:0:99999:7:::
```

```
daemon:*:17834:0:99999:7:::
adm:*:17834:0:99999:7:::
lp:*:17834:0:99999:7:::
```

- 字段 1：用户账户的名称，与/etc/passwd 文件中的用户名一致的用户账户。
- 字段 2：加密的密码字符串信息，所有伪用户的密码都是 "!!" 或 "*"，代表没有密码是不能登录的。当然，新创建的用户如果不设定密码，那么它的密码项也是 "!!"，代表这个用户没有密码，不能登录。
- 字段 3：上次修改密码的时间（距离 1970 年 1 月 1 日的天数）。
- 字段 4：密码的最短有效天数，默认值为 0。
- 字段 5：密码的最长有效天数，默认值为 99999。
- 字段 6：提前多少天警告用户密码将过期，默认值为 7。
- 字段 7：在密码过期之后多少天禁用此用户，默认值为空。
- 字段 8：账户失效时间，默认值为空。
- 字段 9：保留字段（未使用）。

3. 用户组配置文件/etc/group

用户组的所有信息都保存在/etc/group 文件中，每行以 ":" 分隔为 4 个字段。/etc/group 是用来记录组 ID（GID）和组名相对应的文件。etc/passwd 文件中每行用户信息的第 4 个字段记录的是用户所属基本组账户的 GID，因此需要从/etc/group 文件中查找 GID 的组名。例如：

```
[root@localhost ~]# cat /etc/group | head -5
root:x:0:
bin:x:1:
daemon:x:2:
sys:x:3:
adm:x:4:
```

- 字段 1：用户组的名称，由字母或数字构成。与/etc/passwd 文件中的用户名一样，组名也不能重复。
- 字段 2：组密码，和/etc/passwd 文件一样，这里的 "x" 仅仅是密码标识，真正加密后的组密码默认保存在/etc/gshadow 文件中。
- 字段 3：组 ID（GID），Linux 系统是通过 GID 来区分用户组的，同用户名一样。
- 字段 4：组中的用户，此字段列出每个组包含的所有用户。

需要注意的是，如果该用户组是这个用户的基本组，那么该用户不会写入这个字段，可以认为，该字段显示的用户都是这个用户组的附加用户。

/etc/passwd 文件、/etc/shadow 文件和/etc/group 文件之间的关系如下：首先在/etc/group 文件中查询用户组的 GID 和组名；然后在/etc/passwd 文件中查找该 GID 是哪个用户的基本组，同时提取这个用户的用户名和 UID；最后通过 UID 在/etc/shadow 文件中提取和这个用户相匹配的密码。

4. 用户的默认设置文件/etc/login.defs

在创建用户时，/etc/login.defs 文件用于对用户的一些基本属性进行默认设置，如指定用户 UID 和 GID 的范围、用户的过期时间，以及密码的最大长度等。需要注意的是，该文件的用户默认设置对 root 用户无效。另外，当/etc/login.defs 文件的配置与/etc/passwd 文件和/etc/shadow 文件中的用户信息有冲突时，系统会以/etc/passwd 文件和/etc/shadow 文件中的用户信息为准。

读者可自行使用 vim /etc/login.defs 命令查看/etc/login.defs 文件中的选项，如表 5-2 所示。

表 5-2 /etc/login.defs 文件中的选项

选项	含义
MAIL_DIR /var/spool/mail	在创建用户时，系统会在/var/spool/mail 目录下创建一个邮箱，如 lamp 用户的邮箱是/var/spool/mail/lamp
PASS_MAX_DAYS 99999	密码的有效期，99999 是自 1970 年 1 月 1 日起密码有效的天数，相当于 273 年，可以理解为密码始终有效
PASS_MIN_DAYS 0	表示自上次修改密码以来，最少隔多少天后用户才能再次修改密码，默认值是 0
PASS_MIN_LEN 5	指定密码的最小长度，默认不少于 5 位，但是现在用户登录时验证已经被 PAM 模块取代，所以这个选项并不生效
PASS_WARN_AGE 7	指定在密码到期前多少天，系统就开始通知用户密码即将到期，默认为 7 天
UID_MIN 500	指定最小 UID 为 500，也就是说，当添加用户时，默认 UID 是从 500 开始的。需要注意的是，如果手动指定一个用户的 UID 是 550，那么创建的下一个用户的 UID 就会从 551 开始，即使 500 至 549 之间的 UID 没有使用
UID_MAX 60000	指定最大 UID 为 60000
GID_MIN 500	指定最小 GID 为 500，也就是在添加组时，组的 GID 是从 500 开始的
GID_MAX 60000	指定最大 GID 为 60000
CREATE_HOME yes	指定在创建用户时，是否同时创建用户主目录，yes 表示创建，no 表示不创建，默认值为 yes
UMASK 077	用户主目录的权限默认设置为 077
USERGROUPS_ENAB yes	指定删除用户的时候是否同时删除用户组，准确地说，这里指的是删除用户的基本组，此选项的默认值为 yes
ENCRYPT_METHOD SHA512	指定用户密码采用的加密规则，默认采用 SHA512，这是新密码的加密模式，原来的 Linux 系统使用 DES 或 MD5 加密

子任务 3 用户和用户组的管理

用户和用户组的管理，就是用户账户的添加、修改和删除等。可能很多人觉得用户管理没有意义，因为在使用个人计算机时，不管执行什么操作，都以管理员账户登录，从来不添加和使用其他的普通用户。这样做对个人计算机来讲问题不大，但在服务器上是行不通的。

一个管理团队共同维护一组服务器，如果每个成员都被赋予管理员权限，那么显然是不行的，因为不是所有的数据都可以对每位成员公开，并且如果运维团队中的某位管理员不熟悉 Linux 系统，那么赋予他管理员权限的后果可能是灾难性的。

1. 创建新用户

在 Linux 系统中，可以使用 useradd 命令创建新用户。useradd 命令的语法格式如下：

[root@localhost ~]#useradd [选项] 用户名

useradd 命令的常用选项如下。
- -c：指定一段注释性描述。
- -d：指定用户主目录。
- -m：直接创建与用户名相同的主目录。
- -M：不创建用户主目录。
- -g：指定用户所属的基本组。
- -G：指定用户所属的扩展组。
- -s：指定用户的登录 Shell。
- -u：指定用户的 UID，如果同时使用了选项-o，那么可以重复使用其他用户的 UID。

其实，系统已经规定了非常多的默认值，在没有特殊要求的情况下，无须使用任何选项即可成功创建用户。例如：

```
[root@localhost ~]# useradd   user01
[root@localhost ~]# cat /etc/passwd | grep user01
user01:x:1001:1001::/home/user01:/bin/bash
[root@localhost ~]# cat /etc/shadow | grep user01
user01:!!:19098:0:99999:7:::
[root@localhost ~]# cat /etc/group | grep user01
user01:x:1001:
[root@localhost ~]# ls -ld /home/user01/
drwx------. 3 user01 user01 78 Apr 16 10:41 /home/user01/
[root@localhost ~]# ls -ld /var/spool/mail/user01
-rw-rw----. 1 user01 mail 0 Apr 16 10:41 /var/spool/mail/user01
[root@ localhost ~]# ls -a /etc/skel/   /home/user01/
/etc/skel/:
.  ..  .bash_logout  .bash_profile  .bashrc  .mozilla
/home/user01/:
.  ..  .bash_logout  .bash_profile  .bashrc  .mozilla
```

可以看出，使用 useradd 命令完成了以下几项操作。
- 在/etc/passwd 文件中创建一行与 user01 用户相关的数据。
- 在/etc/shadow 文件中新增一行与 user01 用户的密码相关的数据。
- 在/etc/group 文件中创建一行与用户名相同的用户组。
- 默认创建用户的主目录和邮箱。
- 将/etc/skel 目录下的配置文件复制到新用户的主目录下。

使用 useradd 命令在添加用户时参考的默认值文件主要有两个，分别是/etc/default/useradd 和/etc/login.defs。前面已经介绍了/etc/login.defs 文件，这里不再赘述，下面介绍/etc/default/useradd 文件。

可以使用 vim 命令查看/etc/default/useradd 文件中包含的内容：

```
[root@localhost ~]#vim /etc/default/useradd
# useradd defaults file
GROUP=100
HOME=/home
```

```
INACTIVE=-1
EXPIRE=
SHELL=/bin/bash
SKEL=/etc/skel
CREATE_MAIL_SPOOL=yes
```

另外,也可以直接通过命令进行查看,结果是一样的:

```
[root@localhost ~]# useradd -D
GROUP=100
HOME=/home
INACTIVE=-1
EXPIRE=
SHELL=/bin/bash
SKEL=/etc/skel
CREATE_MAIL_SPOOL=yes
```

其中,选项-D 用于查看新建用户的默认值。

/etc/default/useradd 文件中的选项如表 5-3 所示。

表 5-3 /etc/default/useradd 文件中的选项

选项	含义
GROUP=100	如果 useradd 命令没有指定组,并且/etc/login.defs 文件中的 USERGROUPS_ENAB 为 no,或者 useradd 命令使用了选项-N,那么该选项生效,在创建用户时使用此 GID;否则该选项不生效
HOME=/home	指的是用户主目录的默认位置,所有新建用户的主目录默认在/home/下
INACTIVE=-1	指的是密码过期后的宽限天数,也就是/etc/shadow 文件的字段 7。默认值是-1,代表所有新建用户的密码永远不会失效
EXPIRE=	表示账户失效时间,也就是/etc/shadow 文件的字段 8。默认值是空,代表所有新建用户没有失效时间,即永久有效
SHELL=/bin/bash	表示所有新建用户的默认 Shell 都是/bin/bash
SKEL=/etc/skel	创建一个新用户后该用户的主目录并不是空目录,系统会自动复制/etc/skel 目录。因此,更改/etc/skel 目录下的内容就可以改变新建用户默认主目录下配置文件的信息
CREATE_MAIL_SPOOL=yes	对于所有新建用户,系统都会新建一个邮箱,并且放在/var/spool/mail/目录下,和用户名相同

2. 修改用户密码

用户管理的一项重要内容是用户密码的管理。新建的用户账户没有密码,将被系统锁定,无法使用,必须为其指定密码后才可以使用,即使指定的是空密码。

指定和修改用户密码的 Shell 命令是 passwd。超级用户可以为自己和其他用户指定密码,普通用户只能用 passwd 命令修改自己的密码。passwd 命令的语法格式如下:

```
[root@localhost ~]#passwd [选项] 用户名
```

passwd 命令的常用选项如下。

- -S:查询用户密码的状态,也就是在/etc/shadow 文件中此用户密码的内容,仅 root 用户可用。

- -l：锁定密码，即禁用账户。
- -u：密码解锁。
- -d：使账户无密码。
- -f：强迫用户在下次登录时修改密码。
- --stdin：可以将通过管道符输出的数据作为用户密码，主要在批量添加用户时使用。

例如，使用 root 用户修改普通用户 user01 的密码，可以使用如下命令：

```
[root@localhost ~]#passwd user01
Changing password for user user01.
New password:                                          //直接输入新的密码，但屏幕不会有任何反应
//太简单或过短的错误！这只是警告信息，输入的密码依旧能用
BAD PASSWORD: it is WAY too short
Retype new password:                                   //再次验证输入的密码，再输入一次即可
passwd: all authentication tokens updated successfully.   //提示修改密码成功
```

当然，也可以使用 passwd 命令修改当前系统已登录用户的密码，但需要注意的是，应省略语法格式中的"选项"和"用户名"。

为了方便系统管理，passwd 命令提供了选项--stdin，用于批量为用户设置初始密码。例如：

```
[root@localhost ~]# echo '000000' | passwd --stdin user01
Changing password for user user01.
passwd: all authentication tokens updated successfully.   //省略与用户交互的过程
```

采用这种方式批量为用户设置初始密码的好处是方便、快捷。但需要注意的是，采用这种方式会把密码明文保存在历史命令中，如果系统被攻破，那么入侵者可以在/root/.bash_history 中找到设置密码的这条命令，存在安全隐患。

3. 修改用户信息

修改用户信息就是根据实际情况更改用户的有关属性，如 UID、主目录、用户组、登录 Shell 等。可以使用如下两种方法修改用户信息：一是使用 vim 编辑器手动修改涉及用户信息的相关文件（如/etc/passwd、/etc/shadow、/etc/group 和/etc/gshadow）；二是使用 usermod 命令，该命令专门用于修改用户信息。

修改已有用户的信息可以使用 usermod 命令。usermod 命令的语法格式如下：

```
[root@localhost ~]#usermod [选项] 用户名
```

usermod 命令的常用选项包括-c、-d、-m、-g、-G、-s 和-u 等，这些选项的意义与 useradd 命令的一样，可以为用户指定新的资源。

usermod 命令最常用的功能就是修改用户所属组，例如：

```
[root@localhost ~]# usermod -G root user01            //把用户 user01 加入 root 组中
[root@localhost ~]# cat /etc/group | grep user01
root:x:0:user01
user01:x:1001:
[root@localhost ~]# usermod -c "manager user" user01  //修改用户说明信息
```

```
[root@localhost ~]# cat /etc/passwd | grep user01
user01:x:1001:1001:manager user:/home/user01:/bin/bash
```

4. 查看用户的 UID 和 GID

使用 id 命令可以查询用户的 UID、GID 和扩展组的信息。id 命令的语法格式如下：

```
[root@localhost ~]# id 用户名
```

例如，查看用户 user01 的 UID：

```
[root@localhost ~]# id user01
uid=1001(user01) gid=1001(user01) groups=1001(user01),0(root)
```

能看到 UID（用户 ID）、GID（基本组 ID），groups 是用户所在组，既可以看到基本组，又可以看到扩展组。

5. 删除账户

如果一个用户账户不再使用，那么可以从系统中删除。删除用户账户就是删除用户的相关数据。用户的相关数据包含如下几项。

- 用户的基本信息：保存在/etc/passwd 文件中。
- 用户的密码信息：保存在/etc/shadow 文件中。
- 用户组的基本信息：保存在/etc/group 文件中。
- 用户的个人文件：主目录默认位于/home/用户名，邮箱位于/var/spool/mail/用户名。

删除一个已有的用户账户可以使用 userdel 命令。只有 root 用户才能使用 userdel 命令。userdel 命令的功能很简单。其实，userdel 命令的作用就是删除以上文件中与指定用户有关的数据信息。userdel 命令的语法格式如下：

```
[root@localhost ~]# userdel -r 用户名
```

选项-r 表示在删除用户时删除用户的主目录。

需要注意的是，在删除用户的同时如果不删除用户的主目录，那么主目录就会变成没有属主和属组的目录，也就是垃圾文件。例如：

```
[root@localhost ~]# userdel -r user01
[root@localhost ~]# cat /etc/passwd /etc/shadow /etc/group | grep user01
[root@localhost ~]# ls -ld /home/user01
ls: cannot access /home/user01: No such file or directory
[root@localhost ~]# ls -ld /var/spool/mail/user01
ls: cannot access /var/spool/mail/user01: No such file or directory
```

6. 添加和删除用户组

（1）用来添加用户组的命令是 groupadd。该命令的语法格式如下：

```
[root@localhost ~]# groupadd [选项] 组名
```

groupadd 命令的常用选项如下。

- -g：指定 GID。
- -r：创建系统组。

使用 groupadd 命令创建新组非常简单，例如：

```
[root@localhost ~]# groupadd group1        //添加 group1 组
[root@localhost ~]# grep "group1" /etc/group
group1:x:1002:
```

（2）用来删除用户组的命令是 groupdel。该命令的语法格式如下：

```
[root@localhost ~]#groupdel 组名
```

其实，使用 groupdel 命令删除用户组，其实就是删除/etc/group 文件和/etc/gshadow 文件中有关目标组的数据信息。

例如，删除上面使用 groupadd 命令创建的 group1 组：

```
[root@localhost ~]# grep "group1" /etc/group
group1:x:1002:
[root@localhost ~]#groupdel group1
[root@localhost ~]# grep "group1" /etc/group | wc -l
0
[root@localhost ~]# useradd user01
[root@localhost ~]# groupdel user01
groupdel: cannot remove the primary group of user 'user01'
```

需要注意的是，不能使用 groupdel 命令随意删除用户组。groupdel 命令仅适用于删除那些"不是任何用户基本组"的组，换句话说，如果这个组是某用户的基本组，那么无法使用 groupdel 命令删除。

任务 5.2 用户切换和提权

普通用户之间的切换及由普通用户切换为 root 用户，都需要知晓对方的密码，只有正确输入密码，才能实现切换；由 root 用户切换为其他用户，无须知晓对方的密码就能切换成功。使用 su 命令便是为了解决切换用户身份而设计的。使用 su 命令可以让使用者在不注销的情况下顺畅地切换为其他用户。

1. su 命令

su 是最简单的用户切换命令。使用 su 命令可以实现任何身份的切换，包括由普通用户切换为 root 用户、由 root 用户切换为普通用户，以及普通用户之间的切换。

su 命令的语法格式如下：

```
[root@localhost ~]# su [选项] 用户名
```

su 命令的常用选项如下。

- -：当前用户不仅切换为指定用户的身份，同时所用的系统环境也切换为指定用户的环境（包括 PATH 变量、MAIL 变量等）。使用该选项可以省略用户名，默认会切换为 root 用户。
- -l：同"-"选项的使用类似，在切换用户身份的同时，完整切换系统环境，但后面需要添加欲切换的用户账户。
- -p：表示切换为指定用户的身份，但不改变当前的系统环境（不使用切换用户的配置文件）。

- -c：仅切换用户执行一次命令，执行完以后自动切换回来，该选项后面通常带有要执行的命令。

在使用 su 命令时，有"-"和没有"-"是完全不同的，有"-"表示在切换用户身份时，连当前使用的环境变量也要切换成指定用户的。环境变量是用来定义系统环境的，因此如果系统环境没有随用户身份切换，那么很多命令无法正确执行。例如：

```
[root@localhost ~]# su user01              //直接切换为用户 user01
[user01@localhost root]$ pwd
/root                                       //当前目录不变
[user01@localhost root]$ whoami            //当前用户为 user01
user01
[user01@localhost root]$ exit
exit
[root@localhost ~]# su - user01            //通过"-"切换为用户 user01
Last login: Sat Apr 16 12:44:42 CST 2022 on pts/1
[user01@localhost ~]$ who am i             //打印当前登录系统的用户依然是 root
root     pts/1        2022-04-16 10:28 (192.168.200.1)
[user01@localhost ~]$ pwd                  //当前目录切换至用户 user01 的主目录
/home/user01
```

可以看到，在不使用 su -的情况下，虽然用户身份切换成功，但环境变量用的依旧是原用户的，切换并不完整。

2. sudo 服务

在真正的工作生产环境中要对安全多一份敬畏之心，不要以 root 用户的身份做一切事情，因为一旦执行了错误的命令可能会直接导致系统崩溃。出于安全方面的考虑，Linux 系统中的许多命令和服务只有 root 用户才可以使用，这无疑让普通用户的权限受到了更多束缚，这就需要对普通用户进行提权。sudo 是一种权限管理机制，需要依赖配置文件/etc/sudoers，定义授权给哪个用户可以以管理员的身份执行什么命令。

sudo 命令的语法格式如下：

```
sudo -u USERNAME COMMAND
```

在默认情况下，系统中只有 root 用户可以执行 sudo 命令。对于普通用户来说，需要 root 用户使用 visudo 命令编辑 sudo 的配置文件/etc/sudoers，授权普通用户执行 sudo 命令。执行 sudo 命令的流程如下。

（1）当用户运行 sudo 命令时，系统在/etc/sudoers 文件中查找该用户是否具有执行 sudo 命令的权限。

（2）若用户有执行 sudo 命令的权限，则需要输入自己的登录密码。

（3）若密码正确，则执行 sudo 后面的命令（root 用户执行 sudo 命令不需要输入登录密码）。

3. sudo 配置管理

可以使用 visudo 命令编辑 sudo 命令的配置文件，其操作方法与使用 vim 编辑器一致。在配置文件的第 99 行（大约）添加以下信息：

```
[root@localhost ~]# visudo
## Allow root to run any commands anywhere
root      ALL=(ALL)      ALL
admin     ALL=(ALL)      ALL          //添加此行
```

添加的内容为"谁可以使用　允许使用的主机=（以谁的身份）　可执行命令的列表"。

在编辑完成后务必在末行模式下保存并退出（:wq），同时切换为指定的普通用户，此时就可以用 sudo -l 命令查询所有可执行的命令。需要注意的是，这里验证的是该普通用户的密码，而不是 root 用户的密码。例如：

```
[root@localhost ~]# su - admin
[admin@localhost ~]$ sudo -l
We trust you have received the usual lecture from the local System
Administrator. It usually boils down to these three things:

    #1) Respect the privacy of others.
    #2) Think before you type.
    #3) With great power comes great responsibility.
[sudo] password for admin:       //此处输入 admin 用户的密码
Matching Defaults entries for admin on #localhost:
    !visiblepw, always_set_home, match_group_by_gid, always_query_group_plugin, env_reset,
env_keep="COLORS DISPLAY HOSTNAME
    HISTSIZE KDEDIR LS_COLORS", env_keep+="MAIL PS1 PS2 QTDIR USERNAME LANG
LC_ADDRESS LC_CTYPE", env_keep+="LC_COLLATE
    LC_IDENTIFICATION LC_MEASUREMENT LC_MESSAGES", env_keep+="LC_MONETARY
LC_NAME LC_NUMERIC LC_PAPER LC_TELEPHONE",
    env_keep+="LC_TIME LC_ALL LANGUAGE LINGUAS _XKB_CHARSET XAUTHORITY",
secure_path=/sbin\:/bin\:/usr/sbin\:/usr/bin

User admin may run the following commands on #localhost:
    (ALL) ALL
```

普通用户是没有查看 root 用户家目录（/root）下文件信息的权限的，但是此时只需要在要执行的命令的前面加上 sudo 命令就可以。例如：

```
[admin@localhost ~]$ ls /root/
ls: cannot open directory /root/: Permission denied
[admin@localhost ~]$ sudo ls /root/
anaconda-ks.cfg   Desktop    Downloads   index.html   Music   Pictures   Videos   Documents
initial-setup-ks.cfg    Public    Templates
```

在生产环境中，不允许普通用户拥有系统所有命令的最高执行权限，需要根据工作需求赋予普通用户具体命令的执行权限，并对其进行必要的权限约束。下面对 admin 用户赋予执行 cat 命令的最高执行权限：

```
[root@localhost ~]# visudo
## Allow root to run any commands anywhere
root      ALL=(ALL)      ALL
admin     ALL=(ALL)      /user/bin/cat      //修改此处
```

在编辑好以后保存并退出，再次切换为指定的普通用户。当尝试正常查看/etc/shadow 文件中的内容时，提示没有权限。再次使用 sudo 命令就可以查看/etc/shadow 文件中的内容。例如：

```
[admin@localhost ~]$ cat /etc/shadow
cat: /etc/shadow: Permission denied
[admin@localhost ~]$ sudo cat /etc/shadow |head -5
root:$6$kyCOYuo8$qIk2fOBisp132b7XkT4WUan93rFc9s0TnXE8j8WXckI0lNL2N18oa2VS.tqpyLVClJf
KAfOkAPAsYkyGI10SD0:19093:0:99999:7:::
bin:*:17834:0:99999:7:::
daemon:*:17834:0:99999:7:::
adm:*:17834:0:99999:7:::
lp:*:17834:0:99999:7:::
```

任务 5.3 文件权限管理

首先需要搞清楚一个问题，Linux 系统中为什么需要设定不同的权限，所有用户都直接使用管理员（root）身份不可以吗？

在服务器上运行的数据越重要（如游戏数据），价值越高（如电子商城数据、银行数据），服务器对权限的设定就要越详细，用户的分级也要越明确。

Linux 系统为每个文件都添加了很多属性，最大的作用就是维护数据的安全。例如，在 Linux 系统中，和系统服务相关的文件通常只有 root 用户才能读或写。以/etc/shadow 文件为例，此文件记录了系统中所有用户的密码，非常重要，因此绝不能让任何人读取（否则密码会被窃取），只有 root 用户才有读权限。

例如，只有 root 用户才能做的开机/关机、ADSL 拨接程序，以及新增或删除用户等，一旦允许任何人都拥有这些权限，系统很可能经常莫名其妙地宕机。另外，万一 root 用户的密码被其他人获取，他们就可以登录这个系统执行一些只有 root 用户才能执行的操作，这是绝对不允许发生的。

因此，在服务器上，绝对不是所有用户都使用 root 身份登录，而是需要根据不同的工作需求和职位需求，合理分配用户等级和权限等级。

子任务 1 文件的基本权限

在 Linux 系统中，一切皆文件。通常使用不同的字符表示不同的文件类型，如文件详细列表的第一个字符代表这个文件是目录、文件或链接文件等。Linux 系统中常见的文件类型如表 5-4 所示。

表 5-4 Linux 系统中常见的文件类型

字符	文件类型
-	普通文件
d	目录文件
l	链接文件

续表

字符	文件类型
b	块设备文件
c	字符设备文件
p	管道文件

在 Linux 系统中,每个文件都有所有者和所属组,一般称为属主和属组,并且规定了文件的属主、属组,以及其他用户对文件所拥有的读(r)、写(w)、执行(x)等权限。

普通文件的权限如下。
- 读:表示能够读取文件中的内容。
- 写:表示能够新增、修改和删除文件中的内容。
- 执行:表示能够运行一个脚本程序。

目录文件的权限如下。
- 读:表示能够读取目录内的文件列表。
- 写:表示能够在目录内新增、删除和重命名文件。
- 执行:表示能够进入该目录。

文件的读、写、执行权限可以分别简写为 r、w、x,亦可分别用数字 4、2、1 来表示,文件所有者、所属组及其他用户权限之间无关联。文件权限的字符与数字表示如表 5-5 所示。

表 5-5 文件权限的字符与数字表示

权限分配	文件所有者			文件所属组			其他用户		
权限项	读	写	执行	读	写	执行	读	写	执行
字符表示	r	w	x	r	w	x	r	w	x
数字表示	4	2	1	4	2	1	4	2	1

文件权限的数字法表示基于字符表示(r、w、x)的权限计算,其目的是简化权限的表示。若某个文件的权限为 7(4+2+1),则代表可读、可写、可执行;若权限为 6(4+2),则代表可读、可写。

在 Linux 系统中,可以使用 ll 命令或 ls -l 命令来显示一个文件的属性及文件所属的用户和组,例如:

```
[root@localhost ~]# ls -l /etc/passwd
-rw-r--r--. 1 root root 2416 Apr 16 12:12 /etc/passwd
```

如图 5-1 所示,第一段表示的就是各文件针对不同用户设定的权限,一共 11 位,第一位表示文件类型,最后一位的"."表示此文件受 SELinux 的安全规则管理,不是本节要介绍的内容,但后续章节会详细介绍。

```
[root@#localhost ~]# ls -l /etc/passwd
-rw-r--r--. 1 root root 2416 Apr 16 12:12 /etc/passwd
```

文件类型 访问权限 所有者 所属组

图 5-1 文件属性信息

该文件就是普通文件，所有者和所属组均为 root 用户，所有者权限为可读、可写（rw-），所属组权限为可读（r--），除 root 用户外的其他用户只有可读权限（r--），文件占用 2416 字节，最近一次的修改时间为 4 月 16 日 12:12，文件名为/etc/passwd。因此，为文件设定不同用户的读、写、执行权限，仅涉及 9 位字符。

1. 修改文件和目录的所有者与所属组

1）chown 命令

chown（change owner 的缩写形式）命令主要用于修改文件（或目录）的所有者，除此之外，也可以用于修改文件（或目录）的所属组。

当只需要修改所有者时，可以使用如下所示的 chown 命令：

[root@localhost ~]# chown [-R] 所有者[:所属组] 文件或目录

- -R：表示连同子目录中的所有文件都更改所有者。
- 所有者：可以是用户名或 UID。
- 所属组：可以是组名或 GID。
- 文件：是以空格分开的要改变权限的文件列表，支持通配符。

需要注意的是，在 chown 命令中，"所有者"和"所属组"之间也可以使用"."，但会产生一个问题，如果用户在设定账户时加入了"."，就会造成系统误判。因此，建议使用":"连接"所有者"和"所属组"。

还需要注意的是，当使用 chown 命令修改文件或目录的所有者（或所属组）时，要保证使用者用户（或用户组）存在，否则该命令无法正确执行，会提示"invalid user"或"invalid group"。

例如，在 root 用户下创建 file.txt 文件，为了使 admin 用户能够写入或修改文件，需要把该文件的所有者或所属组设置为 admin：

```
[root@localhost ~]# touch /tmp/file.txt
[root@localhost ~]# ll /tmp/file.txt
-rw-r--r--. 1 root root 0 Apr 16 14:13 /tmp/file.txt
[root@localhost ~]# su - admin
Last login: Sat Apr 16 14:12:14 CST 2022 on pts/1
[admin@localhost ~]$ echo helloworld > /tmp/file.txt
-bash: /tmp/file.txt: Permission denied              //访问失败
[admin@localhost ~]$ exit
logout
[root@localhost ~]# chown admin:admin /tmp/file.txt  //修改所有者和所属组
[root@localhost ~]# su - admin
Last login: Sat Apr 16 14:13:38 CST 2022 on pts/1
[admin@localhost ~]$ echo helloworld > /tmp/file.txt //访问成功
[admin@localhost ~]$ cat /tmp/file.txt
helloworld
```

2）chgrp 命令

chgrp（change group 的缩写形式）命令用于修改文件（或目录）的所属组。

chgrp 命令的语法格式如下：

```
[root@localhost ~]# chgrp [-R] 所属组 文件名（目录名）
```

-R 选项的作用是更改目录的所属组，表示更改连同子目录下所有文件的所属组信息。

使用 chgrp 命令需要注意的是，要被改变的组名必须是真实存在的，否则命令无法正确执行，会提示"invalid group name"。

如果只改变/tmp/file.txt 文件的所属组，那么可以直接使用 chgrp 命令：

```
[root@localhost ~]# chgrp admin /tmp/file.txt
[root@localhost ~]# ll /tmp/file.txt
-rw-r--r--. 1 root admin 11 Apr 16 14:15 /tmp/file.txt
```

2. 修改文件或目录的权限

既然文件权限对于一个系统非常重要，并且每个文件都设定了针对不同用户的访问权限，那么是否可以手动修改文件的访问权限呢？

答案是肯定的，使用 chmod 命令即可。使用 chmod 命令修改文件权限的方式有两种，即使用数字或符号。

1）使用数字修改文件权限

在 Linux 系统中，文件的基本权限由 9 个字符组成。以 rwxrw-r-x 为例，可以使用数字来代表各个权限。由于这 9 个字符分属 3 类用户，因此每种用户身份包含 3 种权限（r、w、x），将 3 种权限对应的数字累加，最终得到的值即可作为每个用户所具有的权限。

使用数字修改文件权限的 chmod 命令的语法格式如下：

```
[root@localhost ~]# chmod [-R] 权限值 文件名
```

-R 选项：表示连同子目录中的所有文件一起修改设定的权限。

以 rwxrw-r-x 为例，所有者、所属组和其他用户对应的权限值如下。

- 所有者：rwx = 4+2+1 = 7。
- 所属组：rw- = 4+2 = 6。
- 其他人：r-x = 4+1 = 5。

例如，使用如下命令即可完成对/tmp/file.txt 文件的权限修改：

```
[root@localhost ~]# ll /tmp/file.txt
-rw-r--r--. 1 root admin 11 Apr 16 14:15 /tmp/file.txt
[root@localhost ~]# chmod 765 /tmp/file.txt
[root@localhost ~]# ll /tmp/file.txt
-rwxrw-r-x. 1 root admin 11 Apr 16 14:15 /tmp/file.txt
```

又如，在 vim 编辑器中编辑 Shell 文件后，文件权限通常是 rw-r--r--（644）。如果将该文件变成可执行文件，并且不让其他人修改此文件，那么只需将此文件的权限改为 rwxr-xr-x（755）即可。

2）使用字母修改文件权限

文件的基本权限就是 3 种用户身份（所有者、所属组和其他人）搭配 3 种权限（r、w、x）。在 chmod 命令中，用 u、g、o 分别代表 3 种身份，用 a（all 的缩写形式）表示全部的身份。另外，chmod 命令仍然使用 r、w、x 分别表示读、写、执行权限。

使用字母修改文件权限的 chmod 命令的语法格式如下：

```
[root@localhost ~]# chmod [-R] 权限 文件名
```

-R 选项：表示连同子目录中的所有文件都修改设定的权限。

如果要设定/tmp/file.txt 文件的权限为 rwxr-xr--，那么可以执行如下命令：

```
[root@localhost ~]# chmod u=rwx,g=rx,o=r /tmp/file.txt
[root@localhost ~]# ll /tmp/file.txt
-rwxr-xr--. 1 root admin 11 Apr 16 14:15 /tmp/file.txt
```

如果要设定/tmp/file.txt 文件的所有用户身份的读、写和执行权限，那么可以使用如下命令：

```
[root@localhost ~]# chmod a=rwx /tmp/file.txt
[root@localhost ~]# ll /tmp/file.txt
-rwxrwxrwx. 1 root admin 11 Apr 16 14:15 /tmp/file.txt
```

3. 文件和目录的默认权限

Linux 是注重安全性的系统，而安全的基础在于对权限的设定，不但所有已存在的文件和目录要设定必要的访问权限，而且在创建新的文件和目录时也要设定必要的初始权限。

在 Linux 系统中，新建的文件和目录使用 umask 默认权限赋予初始权限。那么，如何得知 umask 默认权限呢？直接使用 umask 命令即可：

```
[root@localhost ~]# umask
0022
#root 用户默认是 0022，普通用户默认是 0002
```

umask 默认权限其实由 4 个八进制数组成，第 1 个数代表的是文件具有的特殊权限（SetUID、SetGID、Sticky BIT），此部分内容在后续章节中讲解。也就是说，后 3 位数字 "022" 才是 umask 默认权限，将其转变为字母形式就是----w--w-。

虽然 umask 默认权限用来设定文件或目录的初始权限，但并不是直接将 umask 默认权限作为文件或目录的初始权限，文件和目录的初始权限可以通过以下方式计算得到：

文件（或目录）的初始权限 = 文件（或目录）的最大默认权限 - umask 默认权限

如果按照官方的标准算法，那么还需要将 umask 默认权限使用二进制数并经过逻辑与和逻辑非运算后，才能得到最终文件或目录的初始权限，计算过程比较复杂，并且容易出错。显然，如果想最终得到文件或目录的初始权限，那么还需要了解文件和目录的最大默认权限。在 Linux 系统中，文件和目录的最大默认权限是不一样的。

文件可拥有的最大默认权限是 666，即 rw-rw-rw-。也就是说，使用文件的任何用户都没有执行（x）权限。原因很简单，执行权限是文件的最高权限，在赋予时绝对要慎重，绝不能在新建文件时默认赋予，只能通过用户手动赋予。例如：

```
[root@localhost ~]# touch /tmp/file1.txt
[root@localhost ~]# su - admin
Last login: Sat Apr 16 14:15:01 CST 2022 on pts/1
[admin@localhost ~]$ touch /tmp/file2.txt
[admin@localhost ~]$ ll /tmp/file?.txt
-rw-r--r--. 1 root  root  0 Apr 16 14:54 /tmp/file1.txt   //权限为 644=666-022
-rw-rw-r--. 1 admin admin 0 Apr 16 14:54 /tmp/file2.txt //权限为 664=666-002
```

目录可拥有的最大默认权限是 777，即 rwxrwxrwx。例如：

```
[root@localhost ~]# mkdir /tmp/dir1
[root@localhost ~]# su - admin
Last login: Sat Apr 16 14:54:04 CST 2022 on pts/1
[admin@localhost ~]$ mkdir /tmp/dir2
[admin@localhost ~]$ ll -d /tmp/dir*
drwxr-xr-x. 2 root    root    6 Apr 16 16:30 /tmp/dir1    //权限为 755=777-022
drwxrwxr-x. 2 admin admin 6 Apr 16 16:30 /tmp/dir2    /////权限为 775=777-002
```

umask 默认权限可以通过如下命令直接修改：

```
[root@localhost ~]# umask 002
[root@localhost ~]# umask
0002
[root@localhost ~]# umask 033
[root@localhost ~]# umask
0033
```

采用这种方式修改的 umask 默认权限只是临时有效，一旦重启或重新登录系统就会失效。如果想让修改永久生效，就需要修改对应的环境变量配置文件/etc/profile。例如：

```
[root@localhost ~]# vim /etc/profile
……省略部分内容……
if [ $UID -gt 199 ]&&[ '"id -gn"' = '"id -un"' ]; then
    umask 002
    #若 UID 大于 199（普通用户），则使用此 umask 默认权限
else
    umask 022
    #若 UID 小于 199（超级用户），则使用此 umask 默认权限
fi
……省略部分内容……
```

这是一段 Shell 脚本程序，读者不懂也没有关系。读者只需要知道，普通用户的 umask 权限由 if 语句的第一段定义，而超级用户 root 的 umask 默认权限由 else 语句定义即可。若修改/etc/profile 文件，则 umask 默认权限永久生效。

子任务 2　文件的特殊权限

在复杂多变的生产环境中，单纯对文件设置读、写、执行权限肯定无法满足对安全、便捷工作的需求，因此便有了 SUID、SGID 与 SBIT 等特殊权限机制。特殊权限位是针对文件设置的一种特殊的功能，与一般的权限可以同时使用，用于弥补一般权限不能实现的功能。

1. SUID 权限

SetUID，简称 SUID，是对二进制程序设置的特殊权限。SUID 权限可以使二进制程序的执行者临时拥有所有者的权限，但仅对拥有执行权限的二进制程序有效。设置 SUID 权限的条件如下：

- 只有可执行的二进制程序才能设置 SUID 权限。
- 命令执行者必须对设置 SUID 权限的文件拥有可执行权限。
- 在命令执行过程中，其他用户获取所有者的身份。
- SUID 权限具有时间限制，身份改变只在程序执行过程中有效。

可以使用 chmod 命令添加或删除 SUID 权限。SUID 权限的字符形式的设置格式如下：

```
chmod    u+s   二进制程序文件名         #为二进制程序添加 SUID 权限
chmod    u-s   二进制程序文件名         #为二进制程序删除 SUID 权限
```

Linux 系统的所有用户的密码都记录在/etc/shadow 文件中，使用 ll /etc/shadow 命令可以看到。/etc/shadow 文件的权限是 0（---------），也就是说，普通用户对此文件没有任何操作权限。

这就会产生一个问题，为什么普通用户可以使用 passwd 命令修改自己的密码呢？

```
[root@localhost ~]# ll /usr/bin/passwd
-rwsr-xr-x. 1 root root 27832 Jun 10   2014 /usr/bin/passwd
```

可以看到，原本表示文件所有者权限中的 x 权限位出现了 s 权限，此种权限就是 SUID 权限。passwd 命令拥有 SUID 权限，并且其他人对此文件也有执行权限，这就意味着，任何一个用户都可以用文件所有者（也就是 root 用户）的身份执行 passwd 命令。

那么，普通用户可以使用 cat 命令查看/etc/shadow 文件吗？答案是否定的，因为 cat 命令不具有 SUID 权限，普通用户在执行 cat /etc/shadow 命令时，无法使用 root 用户的身份，只能使用普通用户的身份，因此无法成功读取。

例如：

```
[root@localhost ~]# ll /usr/bin/cat
-rwxr-xr-x. 1 root root 54160 Oct 31   2018 /usr/bin/cat
[root@localhost ~]# su - admin
Last login: Sat Apr 16 16:30:14 CST 2022 on pts/1
[admin@localhost ~]$ cat /etc/shadow              //普通用户查看/etc/shadow 文件被拒绝
cat: /etc/shadow: Permission denied
[admin@localhost ~]$ exit
Logout
[root@localhost ~]# chmod u+s /usr/bin/cat        //为 cat 命令添加 SUID 权限
[root@localhost ~]# su - admin
Last login: Sun Apr 17 21:15:01 CST 2022 on pts/1
[admin@localhost ~]$ ll /usr/bin/cat
-rwsr-xr-x. 1 root root 54160 Oct 31   2018 /usr/bin/cat
[admin@localhost ~]$ cat /etc/shadow | head -2    //普通用户可以查看/etc/shadow 文件
root:$6$kyCOYuo8$qIk2fOBisp132b7XkT4WUan93rFc9s0TnXE8j8WXckI0lNL2N18oa2VS.tqpyLVClJf
KAfOkAPAsYkyGI10SD0:19093:0:99999:7:::
bin:*:17834:0:99999:7:::
```

操作完成后，一定要把/usr/bin/cat 文件的 SUID 权限取消。

2. SGID 权限

当 s 权限位于所属组的 x 权限位时，就被称为 SetGID，简称 SGID。SUID 权限只作用于二进制程序，SGID 权限可以用于目录。SGID 权限主要用于实现以下两种功能。

（1）对拥有执行权限的二进制程序进行设置，让执行者临时拥有所属组的权限，SUID 权限标识符号 s 出现在文件所属组的 x 权限位上。

（2）对目录进行设置，在某个目录下创建的文件自动继承该目录用户组的权限。

SGID 权限针对文件的作用如下。

- 只有可执行的二进制程序才能设定 SGID 权限。
- 命令执行者（即所属组）对该程序拥有 x 权限。
- 当命令执行者执行该程序时，组身份升级为该程序的所属组。
- SGID 权限具有时间限制，身份改变只在程序执行过程中有效。

SGID 权限针对目录的作用如下。

- 普通用户必须对此目录拥有读和执行权限，才能进入此目录。
- 普通用户在此目录中的有效组会变成此目录的所属组。
- 若普通用户对此目录拥有写权限，则新建文件的默认所属组是该目录的所属组。

SGID 权限的设置与 SUID 权限的一样，使用 chmod 命令添加或删除。SGID 权限的字符形式的设置格式如下：

```
chmod   g+s 文件名         #为指定文件或目录添加 SGID 权限
chmod   g-s 文件名         #为指定文件或目录删除 SGID 权限
```

SGID 权限的第一种功能是参考 SUID 权限设计的，不同点在于，执行程序的用户获取的不再是文件所有者的临时权限，而是文件所属组的权限。

locate 命令用于在系统中按照文件名查找符合条件的文件。当执行搜索操作时，locate 命令会通过搜索/var/lib/mlocate/mlocate.db 数据库中的数据找到答案,此数据库的权限如下：

```
[root@localhost ~]# ll /var/lib/mlocate/mlocate.db
-rw-r-----. 1 root slocate 2925879 Apr 17 03:13 /var/lib/mlocate/mlocate.db
[root@localhost ~]# ll /usr/bin/locate
-rwx--s--x. 1 root slocate 40520 Apr 11  2018 /usr/bin/locate
```

可以看到，mlocate.db 文件的所属组为 slocate，虽然对文件只拥有读权限，但对于普通用户执行 locate 命令来说已经足够。一方面，普通用户对 locate 命令拥有执行权限；另一方面，locate 命令拥有 SGID 权限，普通用户在执行 locate 命令时，所属组身份会变为 slocate，而 slocate 对 mlocate.db 数据库文件拥有读权限，所以即便是普通用户，也可以成功执行 locate 命令。例如：

```
[admin@localhost ~]$ locate /etc/group
/etc/group
/etc/group-
[admin@localhost ~]$ exit
logout
[root@localhost ~]# chmod g-s /usr/bin/locate         //取消 locate 命令的 SGID 权限
[root@localhost ~]# ll /usr/bin/locate
-rwx--x--x. 1 root slocate 40520 Apr 11  2018 /usr/bin/locate
[root@localhost ~]# su - admin
Last login: Sun Apr 17 21:41:31 CST 2022 on pts/1
```

```
[admin@localhost ~]$ locate /etc/group              //查找失败
locate: can not stat () `/var/lib/mlocate/mlocate.db': Permission denied
```

当一个目录被赋予 SGID 权限后，进入此目录的普通用户的有效组会变为该目录的所属组，因此用户在创建文件（或目录）时，该文件（或目录）的所属组将不再是用户的所属组，而是目录的所属组。例如：

```
[root@localhost ~]# cd /tmp/
[root@localhost tmp]# chmod g+s,o+w dir1    //添加 SGID 权限及普通用户的写权限
[root@localhost tmp]# ll -d dir1
drwxr-srwx. 2 root root 6 Apr 16 16:30 dir1
[root@localhost tmp]# su - admin
Last login: Sun Apr 17 21:43:39 CST 2022 on pts/1
[admin@localhost ~]$ cd /tmp/dir1/
[admin@localhost dir1]$ touch file.txt
[admin@localhost dir1]$ mkdir dir_test
[admin@localhost dir1]$ ll
total 0
drwxrwsr-x. 2 admin root 6 Apr 17 21:54 dir_test
-rw-rw-r--. 1 admin root 0 Apr 17 21:53 file.txt
```

可以看到，虽然是 admin 用户创建了 file.txt 文件和/dir_test 目录，但它们的所属组都不是 admin（admin 用户的所属组），而是 root（dir1 目录的所属组）。

3. SBIT 权限

Sticky BIT，简称 SBIT，可译为黏着位、黏滞位、防删除位等。SBIT 权限仅对目录有效，一旦目录设定了 SBIT 权限，那么用户在此目录下创建的文件或目录，就只有自己和 root 用户才有权利修改或删除。

在 Linux 系统中，保存临时文件的/tmp 目录就设定了 SBIT 权限：

```
[root@localhost ~]# ll -d /tmp/
drwxrwxrwt. 49 root root 4096 Apr 17 22:10 /tmp/
```

可以看到，在其他人身份的权限设定中，原来的 x 权限位被 t 权限占用，这就表示此目录拥有 SBIT 权限。下面的一系列命令说明了 SBIT 权限对/tmp 目录的作用：

```
[root@localhost tmp]# ll file*
-rw-r--r--. 1 root    root    0 Apr 16 14:54 file1.txt
-rw-rw-r--. 1 admin  admin   0 Apr 16 14:54 file2.txt
-rwxrwxrwx. 1 root    admin  11 Apr 16 14:15 file.txt
[root@localhost tmp]# su - user01
Last login: Sat Apr 16 12:45:02 CST 2022 on pts/1
[user01@localhost ~]$ rm -f /tmp/file2.txt
rm: cannot remove '/tmp/file2.txt': Operation not permitted
```

可以看到，虽然/tmp 目录的权限设定是 777，但由于其具有 SBIT 权限，因此 admin 用户在此目录下创建文件 file2.txt 后通过用户 user01 删除失败。

子任务 3　文件的隐藏属性

Linux 系统中的文件除了具备一般权限和特殊权限，还具备隐藏权限。隐藏权限可能会导致用户拥有权限但无法删除文件，或者只能在日志文件中追加内容但不能修改或删除内容。虽然隐藏权限为用户带来了某些不便，但是也保障了 Linux 系统的安全性。

1. 修改文件或目录的权限

chattr 命令专门用来修改文件或目录的隐藏属性，只有 root 用户可以使用。该命令的语法格式如下：

```
[root@localhost ~]# chattr [+-=] [属性] 文件或目录名
```

- +：表示为文件或目录添加属性。
- -：表示移除文件或目录拥有的某些属性。
- =：表示为文件或目录设定一些属性。

常用的一些属性及功能如下。

- i：如果对文件设置 i 属性，那么不允许对文件进行删除、改名，也不能添加和修改数据；如果对目录设置 i 属性，那么只能修改目录下文件中的数据，不允许新建和删除文件。
- a：如果对文件设置 a 属性，那么只能在文件中增加数据，不能删除和修改数据；如果对目录设置 a 属性，那么只允许在目录下新建和修改文件，不允许删除文件。
- u：设置此属性的文件或目录，在删除时，其内容会被保存，以保证后期能够恢复，常用来防止意外删除文件或目录。
- s：和属性 u 相反，在删除文件或目录时，会被彻底删除（直接从硬盘中删除，并且用 0 填充所占用的区域），不可恢复。

例如，为文件赋予 i 属性：

```
[root@localhost ~]# touch file                          #建立测试文件
[root@localhost ~]# chattr +i file
[root@localhost ~]# rm -rf file
rm:cannot remove 'file':Operation not permitted         #无法删除"file"，操作不允许
[root@localhost ~]# echo helloworld  >>file
-bash:file:Permission denied                            #权限不够，不能修改文件中的数据
```

可以看到，设置了 i 属性的文件，即便是 root 用户，也无法删除和修改数据。

例如，为目录赋予 i 属性：

```
[root@localhost ~]# mkdir dir_test
[root@localhost ~]# touch dir_test/file1
[root@localhost ~]# chattr +i dir_test/
[root@localhost ~]# touch dir_test/file2
touch: cannot touch 'dir_test/file2': Permission denied
[root@localhost ~]# echo helloworld >> dir_test/file1        #可以写入文件
[root@localhost ~]# rm -fr dir_test/file1
rm: cannot remove 'dir_test/file1': Permission denied        #不可以删除
```

一旦为目录设置了 i 属性，即使是 root 用户，也无法在目录内部新建或删除文件，但可以修改文件内容。

例如，每天自动把服务器的日志备份到指定目录下，备份目录可设置 a 属性，变为只可创建文件不可删除文件：

```
[root@localhost ~]# mkdir -p /back/log
[root@localhost ~]# chattr +a /back/log
[root@localhost ~]# cp /var/log/messages /back/log          #可以复制文件
[root@localhost ~]# rm -fr /back/log/messages
rm: cannot remove '/back/log/messages': Operation not permitted   #不可删除文件
```

在通常情况下，不要使用 chattr 命令修改 /、/dev、/tmp 和 /var 等目录的隐藏属性，很容易导致系统无法启动。

2. 查看文件或目录的权限

chattr 命令常与 lsattr 命令合用。使用 chattr 命令修改文件或目录的隐藏属性后，可以使用 lsattr 命令查看是否修改成功。

lsattr 命令用于显示文件或目录的隐藏属性。该命令的语法格式如下：

```
[root@localhost ~]# lsattr [选项] 文件或目录名
```

lsattr 命令的常用选项如下。
- -a：后面不带文件名或目录名，表示显示所有文件和目录（包括隐藏文件和目录）。
- -d：如果目标是目录，那么只列出目录本身的隐藏属性，不列出所含文件或子目录的隐藏属性。
- -R：和选项 -d 恰好相反，当作用于目录时，会连同子目录隐藏的信息一并显示出来。

不使用任何选项，仅显示文件的隐藏信息（不适用于目录）：

```
[root@localhost ~]# lsattr file
----i---------- file
[root@localhost ~]# lsattr -ad file dir_test/
----i---------- file
----i---------- dir_test/
```

子任务 4　ACL 权限

Linux 系统传统的权限控制方式就是利用 3 种身份（文件所有者、所属组和其他用户），并且分别搭配 3 种权限（读、写和执行），但是无法单纯地针对某个用户或用户组分配特定的权限，此时就要使用 ACL。

在 Linux 系统中，ACL 可以针对指定用户或用户组、指定文件或目录更精确地控制权限的分配。若针对目录设置 ACL，则目录中的文件将继承其 ACL；若针对文件设置 ACL，则文件不再继承其所在目录的 ACL。

设定 ACL 权限，常用命令为 setfacl 和 getfacl，前者用于为指定文件或目录设定 ACL 权限，后者用于查看是否配置成功。

getfacl 命令用于查看文件或目录当前设定的 ACL 权限信息。该命令的语法格式如下：

```
[root@localhost ~]# getfacl 文件名
```

getfacl 命令的使用非常简单，并且常和 setfacl 命令一起搭配使用。使用 setfacl 命令可以直接设定用户或组对指定文件的访问权限。setfacl 命令的语法格式如下：

```
[root@localhost ~]# setfacl 选项 文件名
```

setfacl 命令可以使用的选项如下。
- -m：设定 ACL 权限。
- -x：删除指定用户。
- -b：删除所有的 ACL 权限。
- -d：设定默认的 ACL 权限，只对目录生效，指的是目录下新建的文件拥有此默认权限。
- -R：递归设定 ACL 权限，指的是设定的 ACL 权限会对目录下的所有子目录及文件生效。
- -k：删除默认的 ACL 权限。

使用 setfacl 命令为普通用户 admin 设置 ACL 权限，赋予 admin 用户对/root/目录的 rwx 权限：

```
[root@localhost ~]# setfacl -Rm u:admin:rwx /root/         #递归设置 admin 用户对/root/目录的权限
[root@localhost ~]# ll -d /root/  file
-rw-rwxr--+  1 root root       0 Apr 17 22:34 file
dr-xrwx---+ 18 root root 4096 Apr 17 22:36 /root/          #权限多了一个"+"
[root@localhost ~]# su - admin
Last login: Sun Apr 17 23:25:08 CST 2022 on pts/1
[admin@localhost ~]$ cd /root/
[admin@localhost root]$ su - user01
Password:
Last failed login: Sun Apr 17 23:24:43 CST 2022 on pts/1
There was 1 failed login attempt since the last successful login.
[user01@localhost ~]$ cd /root/
-bash: cd: /root/: Permission denied                       #user01 用户依然没有/root/目录的权限
```

使用 ls 命令查看/root/目录，文件权限后面的"+"表示该文件已经设置了 ACL 权限，但使用 ls 命令无法显示 ACL 信息。使用 getfacl 命令可以查看在 root 用户家目录下设置的所有 ACL 信息。例如：

```
[admin@localhost root]$ getfacl /root/
getfacl: Removing leading '/' from absolute path names
# file: root/
# owner: root
# group: root
user::r-x
user:admin:rwx
group::r-x
```

```
mask::rwx
other::---
```

可以看到，ACL 权限给出了 admin 用户单独对/root/目录的 rwx 权限。

项目实训

1. 假设你是系统管理员，需要增加一个新的用户账户 vuser1，为该用户设置初始密码 111111，锁定用户账户 user01，并删除用户账户 user02 及其主目录。

2. 创建用户账户 natasha，并设置密码为 111111，UID 为 2022，附属组为 gnatasha。

3. 创建用户账户 test01，设置该账户在系统中没有可交互的 Shell 脚本，执行 tail -1 /etc/passwd 命令查看用户信息。

4. 将/etc/fstab 文件复制到/var/tmp/fstab 文件中，并配置/var/tmp/fstab 文件的权限。

（1）/var/tmp/fstab 文件的默认拥有者是 root 用户，请修改为 natasha 用户。

（2）/var/tmp/fstab 文件属于 root 组，请修改为 gnatasha 组。

（3）/var/tmp/fstab 文件对任何人都增加可执行权限。

（4）使用 ls -l 命令查看/var/tmp/fstab 文件的属性。

5. 将/etc/shadow 文件复制到/home/vuser1/mytest 文件中，并保持原文件的属性。通过 vuser1 用户使用 cat 命令查看该文件，并尝试将该文件删除。

习题

一、选择题

1. 使用 useradd 命令创建用户时，如果要指定 UID，那么需要使用（　　）选项。

  A．-g   B．-d   C．-u   D．-s

2. 使用（　　）命令可以删除一个名为 user01 的用户，并且同时删除用户的主目录。

  A．rmuser -r user01   B．deluser -r user01

  C．userdel -r user01   D．usermgr -r user01

3. 使用（　　）命令可以在一个组中添加用户。

  A．groupadd   B．groupmod   C．passwd   D．usermod

4. 在默认情况下，一旦管理员创建了一个用户，就会在（　　）目录下创建一个用户主目录。

  A．/usr   B．/home   C．/root   D．/etc

5. 作为管理员，你希望在每个新用户的目录下保存一个.bashrc 文件，那么应该在（　　）目录下放这个文件，以便新用户在创建主目录时自动将这个文件复制到自己的目录下。

  A．/etc/skel   B．/etc/default   C．/etc/defaults   D．/etc/profile.d

6. 使用（　　）命令可以快速切换到用户 John 的主目录下。

  A．cd @John   B．cd #John   C．cd &John   D．cd ~John

7．对所有用户的变量设置，应当放在（　　）文件中。

　　A．/etc/bashrc　　　B．/etc/profile　　　C．~/.bash_profile　　D．/etc/skel/.bashrc

8．使用（　　）命令创建用户user02时将用户加入root组中。

　　A．useradd -g user02 root　　　　　B．useradd -r root user02

　　C．useradd -g root user02　　　　　D．useradd root user02

9．权限字符串-rwxr-xr--所对应的数字是（　　）。

　　A．754　　　　B．761　　　　C．366　　　　D．531

10．如果将umask默认权限设置为022，那么创建的文件的默认权限为（　　）。

　　A．----w--w-　　B．-w--w----　　C．r-xr-x---　　D．rw-r--r--

二、简答题

1．在/etc/passwd文件中，每行用户记录包括哪些信息？彼此是如何分开的？

2．当利用useradd命令新建用户账户时，将改变哪几个文件中的内容？

3．如果文件的所有者拥有文件的读、写、执行权限，其余人仅有读权限，那么用字母法和数字法应该如何表示？

4．如果希望用户在执行某条命令时临时拥有该命令所有者的权限，那么应该设置哪种特殊权限？

项目 6

存储结构与磁盘管理

项目引入

Linux 系统的运维工程师应熟练掌握文件的存储结构与管理磁盘的技巧。文件系统的使用、磁盘分区、格式化、挂载等是初学者必须学习的内容。另外，用户可能会动态调整存储资源，或者将磁盘阵列和逻辑卷结合，这样可以更直观地展现磁盘管理的强大效果。相信读者在学完本项目的内容之后，就可以在企业级生产环境中灵活运用磁盘阵列和逻辑卷管理器，以满足对存储资源的高级管理需求。

能力目标

- 了解 Linux 系统的磁盘存储结构和文件系统。
- 熟练掌握 Linux 系统的磁盘分区管理。
- 了解磁盘阵列管理和逻辑卷管理。
- 熟练掌握磁盘管理工具 mdadm 的用法。
- 熟练掌握物理卷、卷组和逻辑卷的创建过程。

任务 6.1 磁盘存储结构

子任务 1 硬盘结构

在 Linux 系统中，文件系统是创建在硬盘上的，因此，要想彻底搞清楚文件系统的管理机制，就要从了解硬盘开始。

硬盘是计算机主要的外部存储设备。计算机中的存储设备的种类非常多，常见的主要有光盘、硬盘、U 盘等，甚至还有网络存储设备 SAN、NAS 等，但使用最多的是硬盘。

如果根据存储数据的介质进行区分，那么可以将硬盘分为机械硬盘和固态硬盘。机械硬盘采用磁性碟片存储数据，固态硬盘通过闪存颗粒存储数据。

1. 机械硬盘

机械硬盘的结构如图 6-1 所示。

图 6-1 机械硬盘的结构

机械硬盘主要由盘片、磁头、主轴与传动轴等组成，数据就存储在盘片中。机械硬盘是上、下盘面同时进行数据读取的，并且机械硬盘的旋转速度较高。所以，机械硬盘在读取或写入数据时应避免晃动和磕碰。另外，因为机械硬盘的旋转速度较高，如果内部有灰尘，就会造成磁头或盘片损坏，所以机械硬盘内部是封闭的。如果不是在无尘环境下，那么禁止拆开机械硬盘。

1）盘面号

盘片一般用铝合金材料做基片，高速硬盘也可以用玻璃做基片。硬盘的每个盘片都有两个盘面（Side），每个盘面都可以用来存储数据，并且每个盘面都有一个盘面号（由上到下从 0 开始按顺序编号）。在硬盘系统中，盘面号又叫磁头号，因为每个有效盘面都有一个对应的读写磁头。硬盘的盘片组为 2~14 个盘片，通常为 2~3 个盘片，故盘面号为 0~3 或 0~5。

2）磁道

盘片在格式化时被划分成许多同心圆，这些同心圆的轨迹叫作磁道（Track）。磁道由外向内从 0 开始按顺序编号。硬盘的每个盘面有 300~1024 个磁道，新式大容量硬盘每个盘面的磁道更多。扇区从 1 开始按顺序编号，每个扇区中的数据作为一个单元同时读出或写入。

3）柱面

所有盘面上的同一磁道构成一个圆柱，通常称为柱面（Cylinder），每个圆柱上的磁头由上到下从 0 开始按顺序编号。一块硬盘的圆柱数（或每个盘面的磁道数）既取决于每个磁道的宽度，又取决于定位机构决定的磁道间步距的大小。

4）扇区

系统以扇区（Sector）将信息存储在硬盘上，每个扇区包括 512 字节的数据和一些其他信息。一个扇区有两个主要部分：存储数据位置的标识符和存储数据的数据段。

目前，常见的机械硬盘接口有以下几种。

（1）IDE（Integrated Drive Electronics，并口，即电子集成驱动器）接口也被称作 ATA 硬盘或 PATA 硬盘，是早期机械硬盘的主要接口。ATA133 硬盘的理论速度可以达到 133MB/s（此速度为理论平均值）。

（2）SATA（Serial ATA，串口）接口不仅具备更高的传输速度，还具备更强的纠错能力。目前已经推出 SATA 三代，理论传输速度可以达到 600MB/s（此速度为理论平均值）。

（3）SCSI 接口（Small Computer System Interface，小型计算机系统接口）广泛应用在服务器上，具有应用范围广、任务多、带宽大、CPU 占用率低及热插拔等优点，理论传输速度可以达到 320MB/s。

2．固态硬盘

固态硬盘和传统的机械硬盘最大的区别就是不再采用盘片进行数据存储，而是采用存储芯片进行数据存储。固态硬盘的存储芯片主要分为两种：一是采用闪存作为存储介质，二是采用 DRAM 作为存储介质。目前使用较多的主要是采用闪存作为存储介质的固态硬盘，其结构如图 6-2 所示。

图 6-2　固态硬盘的结构

固态硬盘和机械硬盘的对比如表 6-1 所示。

表 6-1　固态硬盘和机械硬盘的对比

对比项目	固态硬盘	机械硬盘
容量	较小	较大
读/写速度	极快	一般
写入次数	5000～100 000 次	没有限制
工作噪声	极低	较高
工作温度	极低	较高
防震	很好	怕震动
质量	小	大
价格	高	低

固态硬盘因为丢弃了机械硬盘的物理结构，所以相比机械硬盘具有低能耗、无噪声、抗震动、低散热、体积小和读/写速度快的优势。但固态硬盘的价格比机械硬盘的价格高，并且使用寿命有限。

子任务 2　文件存储结构

1．一切从"/"开始

在 Linux 系统中，目录、字符设备、块设备、套接字和打印机等都被抽象成文件，即 Linux 系统中的一切都是文件。Linux 系统中的一切文件都是从根目录"/"开始的，并且按照文件系统层次采用树形结构来存储文件，以及定义常见目录的用途。Linux 系统中的文件和目录名称是严格区分大小写的，并且文件名称中不得包含"/"。Linux 系统中的文件存储结构如图 6-3 所示。

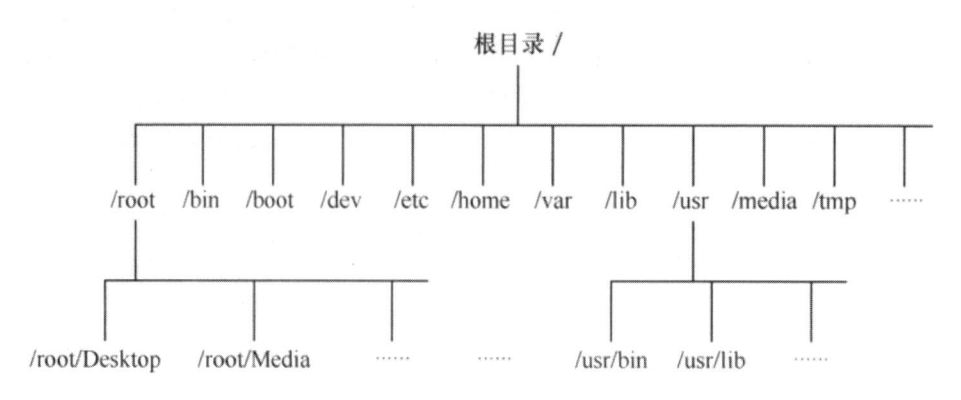

图 6-3 Linux 系统中的文件存储结构

Linux 系统中常见的目录及对应的存储内容如表 6-2 所示。

表 6-2 Linux 系统中常见的目录及对应的存储内容

目录名称	对应的存储内容
/boot	开机所需文件——内核、开机菜单及所需的配置文件等
/dev	以文件形式存储任何设备与接口
/etc	配置文件
/home	用户的家目录
/bin	存储单用户模式下还可以操作的命令
/lib	开机时用到的函数库，以及/bin 与/sbin 目录下的命令要调用的函数
/sbin	开机过程中需要的命令
/media	用于挂载设备文件的目录
/opt	放置第三方的软件
/root	系统管理员的家目录
/srv	一些网络服务的数据文件目录
/tmp	任何人均可使用的"共享"临时目录
/proc	虚拟文件系统，如系统内核、进程、外部设备及网络状态等
/usr/local	用户自行安装的软件
/usr/sbin	开机时不会使用的软件、命令和脚本
/usr/share	帮助与说明文件，也可放置共享文件
/var	主要存储经常变化的文件，如日志
/lost+found	当文件系统发生错误时，存储一些丢失的文件片段

2．文件路径

文件路径指的是如何定位到某个文件，分为绝对路径（Absolute Path）与相对路径（Relative Path）。绝对路径指的是文件或目录名称是从根目录开始的，相对路径指的是相对于当前路径的写法。

- 绝对路径：相对于根目录的而言的。其标志就是第一个字符永远是"/"。
- 相对路径：相对于所处的目录位置而言的。其第一个字符不是"/"。

3．文件系统

文件系统就是分区或硬盘上的所有文件的逻辑集合。文件系统不仅包含文件中的数据，还包含文件系统的结构，所有 Linux 用户和程序看到的文件、目录、软链接及文件保护信息等都存储在其中。用户在硬件存储设备中执行的文件建立、写入、读取、修改、转存与控制等操作也都是依靠文件系统来完成的。

（1）不同的 Linux 发行版本之间的文件系统的差别很小，文件目录结构基本上是一样的。
- Ext3：是日志文件系统，能够在系统异常宕机时避免文件系统资料丢失，并且能自动修复数据的不一致与错误。然而，当硬盘容量较大时，所需的修复时间也会很长，并且不能百分之百地保证资料不会丢失。它会把整个硬盘的每个写入操作的细节都预先记录下来，以便在发生异常宕机后能回溯追踪到被中断的部分，并且尝试修复。
- Ext4：Ext3 的改进版本，作为 RHEL/CentOS 6 系统中的默认文件管理系统，支持的存储容量高达 1EB（1EB=1 073 741 824GB），并且可以有无限多的子目录。另外，Ext4 文件系统能够批量分配 Block，从而极大地提高读/写效率。
- XFS：是一种高性能的日志文件系统，并且是 RHEL/CentOS 7 中默认的文件管理系统。XFS 的优势在发生意外宕机后尤其明显，即可以快速恢复可能被破坏的文件，并且强大的日志功能只用花费极低的计算和存储性能。XFS 最大可支持的存储容量为 18EB，这几乎可以满足所有需求。

（2）大部分的 Linux 文件系统规定，一个文件由目录项、inode 和数据块组成。
- 目录项：包括文件名和 inode 号。
- inode：又称为文件索引节点，包含文件的基础信息及数据块的指针。
- 数据块：包含文件的具体内容。

当存储文件数据时，必须找到一个区域存储文件的元信息，如文件的创建者、文件的创建时间和文件的大小等。这个区域就叫作 inode，里面记录了如下信息。
- 文件的访问权限（read、write、execute）。
- 文件的所有者与所属组（owner、group）。
- 文件的大小（size）。
- 文件的创建时间或内容修改的时间（ctime）。
- 最后一次访问文件的时间（atime）。
- 文件的修改时间（mtime）。
- 文件的特殊权限（SUID、SGID、SBIT）。
- 链接数，即有多少文件名指向这个 inode。
- 文件的真实数据地址（point）。

总之，除了文件名，其他文件信息都保存在 inode 中。当查看某个文件时，先从 inode 中查询文件属性及数据存放点，再从数据块中读取数据。因此，Linux 系统内部不使用文件名，而使用 inode 号来识别文件（在任务 6.5 中介绍）。

任务 6.2 硬盘分区管理

子任务 1 硬盘分区类型

1. 物理设备的命名规则

在 Linux 系统中，一切都是文件，硬件设备也不例外。既然是文件，就必须有文件名称。系统内核中的设备管理器会自动把硬件名称规范化,目的是让用户通过设备文件的名称可以得知设备大致的属性及分区信息等。另外,在 Linux 系统中,硬件设备相关的配置文件存储在/dev 目录下,设备管理器的服务会一直以守护进程的形式运行并侦听内核发出的信号来管理/dev 目录下的配置文件。Linux 系统中常见的硬件设备及其文件名称如表 6-3 所示。

表 6-3　Linux 系统中常见的硬件设备及其文件名称

硬件设备	文件名称
IDE 设备	/dev/hd[a-d]
SCSI、SATA 和 U 盘	/dev/sd[a-p]
软驱	/dev/fd[0-1]
打印机	/dev/lp[0-15]
光驱	/dev/cdrom
鼠标	/dev/mouse
磁带机	/dev/st0 或/dev/ht0

系统在读取硬盘时,不会逐个扇区读取,这样效率非常低。为了提升读取效率,系统会一次性连续读取多个扇区(一次性读取的多个扇区称为一个块)。由多个扇区组成的块是文件存取的最小单位。块的大小常见的是 1KB、2KB 和 4KB,在 Linux 系统中经常将块设置为 4KB,即连续 8 个扇区组成 1 个块。/boot 分区中块的大小一般为 1KB,而/data/分区或/分区中块的大小为 4KB。

一台主机上可以有多块硬盘,因此系统采用 a~p 来代表 16 块不同的硬盘(默认从 a 开始分配)。硬盘的主分区或扩展分区的编号从 1 开始,到 4 结束;逻辑分区的编号是从 5 开始的。

文件名称/dev/sda5 文件名称包含的信息如图 6-4 所示。

图 6-4　文件名称/dev/sda5 包含的信息

/dev 目录下保存的应当是硬件设备文件,sd 表示的是存储设备,a 表示系统中同类接口第一个被识别到的设备,5 表示这个设备是一个逻辑分区。/dev/sda5 表示的是"这是系统中第一个被识别到的硬件设备的分区编号为 5 的逻辑分区的设备文件"。

2. 硬盘分区

Linux 系统中主要有两种分区类型,分别为 MBR(Master Boot Record)和 GPT(GUID Partition Table),这是在硬盘上存储分区信息的两种不同方式。这些分区信息包含分区从哪里开始,这样系统才能知道哪个扇区是属于哪个分区的,以及哪个分区是可以启动的。在硬盘上创建分区时,必须在 MBR 和 GPT 之间做出选择。

1) MBR

MBR 的意思是"主引导记录",是存在于驱动器开始部分的一个特殊的启动扇区。这个扇区包含已安装的系统的启动加载器和驱动器的逻辑分区信息。MBR 最大支持容量为 2TB 的硬盘,无法处理容量大于 2TB 的硬盘。MBR 格式的硬盘分区主要分为基本分区(Primary Partion)和扩展分区(Extension Partion),以及扩展分区下的逻辑分区。主分区总数不能大于 4 个,扩展分区最多只能有 1 个。基本分区可以马上被挂载使用但不能再分区,扩展分区必须进行二次分区后才能挂载。扩展分区下的二次分区被称为逻辑分区,逻辑分区的数量限制根据硬盘类型而定。

MBR 的主分区号为 1~4,逻辑分区号是从 5 开始累加的,如图 6-5 所示。如果硬盘采用的是 SCSI 接口,那么最多只能有 15 个分区(其中扩展分区不能直接使用,所以不计算),其中主分区最多为 4 个,逻辑分区最多为 12 个。如果硬盘采用的是 IDE 接口,那么最多只能有 63 个分区,其中主分区最多为 4 个,逻辑分区最多为 60 个。

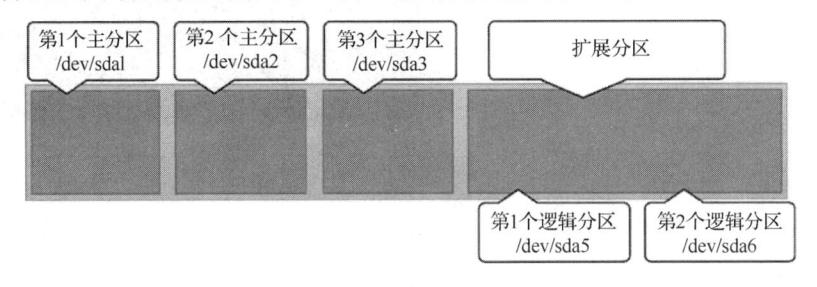

图 6-5 主分区和扩展分区

2) GPT

GPT 意为 GUID 分区表。驱动器上的每个分区都有一个全局唯一标识符(Globally Unique IDentifier,GUID)。GPT 最大支持容量为 18EB 的硬盘,并且没有主分区和逻辑分区之分,每块硬盘最多可以有 128 个分区,具有更强的健壮性与更大的兼容性,并且将逐步取代 MBR。GPT 的命名和 MBR 的命名类似,只不过没有主分区、扩展分区和逻辑分区之分,分区号直接从 1 开始,一直累加到 128。

子任务 2 分区工具的使用

在安装系统的过程中已经对系统硬盘进行了分区,但是如果新添加了一块硬盘,想要正常使用,那么是否需要重新安装系统才可以分区?

当然不是,Linux 系统中有专门的分区命令 fdisk 和 parted。其中,fdisk 命令较为常用,但不支持容量大于 2TB 的分区;如果需要支持容量大于 2TB 的分区,那么需要使用 parted 命令。当然,使用 parted 命令也能分配较小的分区。

1. fdisk 命令

fdisk 命令提供了集添加、删除和转换分区等功能于一身的"一站式分区服务"。该命令的语法格式如下:

[root@localhost ~]# fdisk　　[选项]　　[设备文件名]

fdisk 命令的常用选项如下。

- -b:指定每个分区的大小。

- -l：列出指定的外围设备的分区表状况。
- -s：将指定的分区大小输出到标准输出上，单位为区块。
- -u：搭配选项-l使用，会用分区数目取代柱面数目，以表示每个分区的起始地址。
- -v：显示版本信息。

需要注意的是，不要在当前的硬盘上尝试使用 fdisk 命令，因为这样会完整地删除整个系统，所以一定要再安装一块硬盘，或者使用虚拟机。

为 VMware 中的虚拟机添加 4 块硬盘，如图 6-6 所示。

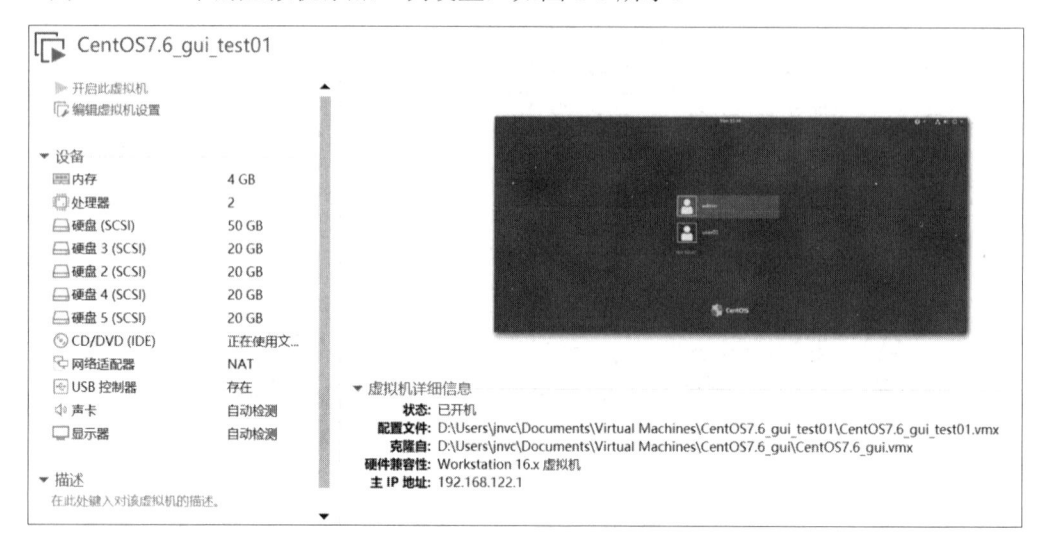

图 6-6　添加 4 块硬盘

使用 fdisk -l 命令可以查询到添加的 5 块硬盘（/dev/sda、/dev/sdb、/dev/sdc、/dev/sdd 和/dev/sde）的信息：

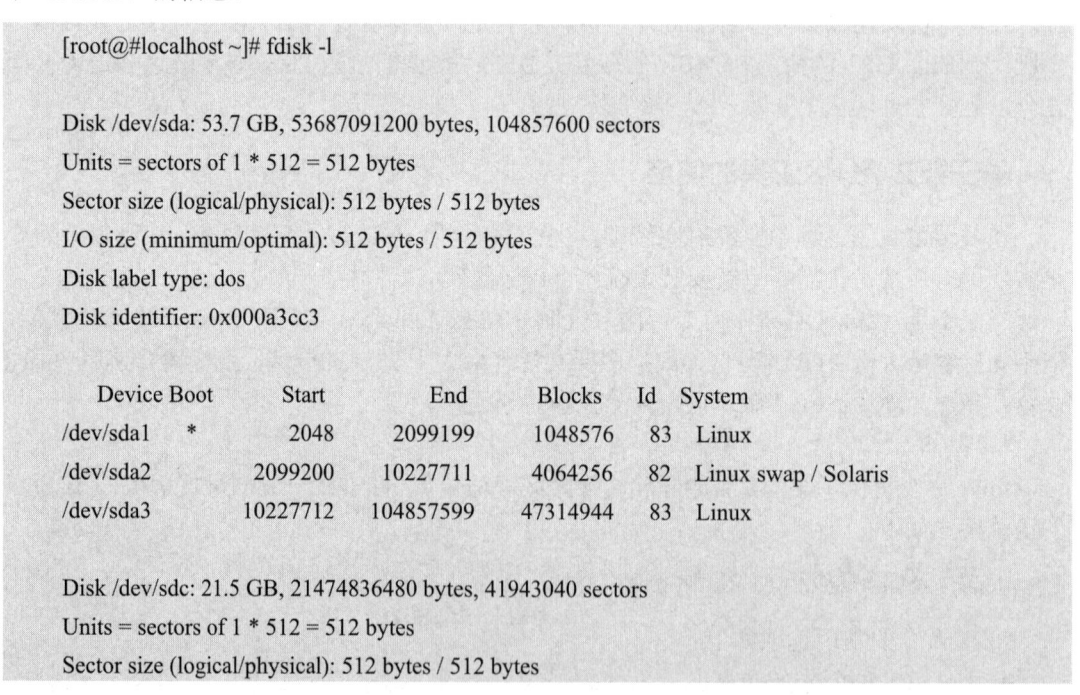

```
[root@#localhost ~]# fdisk -l

Disk /dev/sda: 53.7 GB, 53687091200 bytes, 104857600 sectors
Units = sectors of 1 * 512 = 512 bytes
Sector size (logical/physical): 512 bytes / 512 bytes
I/O size (minimum/optimal): 512 bytes / 512 bytes
Disk label type: dos
Disk identifier: 0x000a3cc3

   Device Boot      Start         End      Blocks   Id  System
/dev/sda1   *        2048     2099199     1048576   83  Linux
/dev/sda2         2099200    10227711     4064256   82  Linux swap / Solaris
/dev/sda3        10227712   104857599    47314944   83  Linux

Disk /dev/sdc: 21.5 GB, 21474836480 bytes, 41943040 sectors
Units = sectors of 1 * 512 = 512 bytes
Sector size (logical/physical): 512 bytes / 512 bytes
```

```
    I/O size (minimum/optimal): 512 bytes / 512 bytes

    Disk /dev/sdb: 21.5 GB, 21474836480 bytes, 41943040 sectors
    Units = sectors of 1 * 512 = 512 bytes
    Sector size (logical/physical): 512 bytes / 512 bytes
    I/O size (minimum/optimal): 512 bytes / 512 bytes

    Disk /dev/sdd: 21.5 GB, 21474836480 bytes, 41943040 sectors
    Units = sectors of 1 * 512 = 512 bytes
    Sector size (logical/physical): 512 bytes / 512 bytes
    I/O size (minimum/optimal): 512 bytes / 512 bytes

    Disk /dev/sde: 21.5 GB, 21474836480 bytes, 41943040 sectors
    Units = sectors of 1 * 512 = 512 bytes
    Sector size (logical/physical): 512 bytes / 512 bytes
    I/O size (minimum/optimal): 512 bytes / 512 bytes
```

以/dev/sda 为例,上半部分是硬盘的整体状态,硬盘总的容量为53.7GB,下半部分是分区信息,共7列,各列的含义如下。

- Device:分区的设备文件名。
- Boot:是否为启动引导分区,这里的/dev/sda1 为启动引导分区。
- Start:起始柱面,代表分区从哪里开始。
- End:终止柱面,代表分区到哪里结束。
- Blocks:分区的大小,单位是KB。
- Id:分区内文件系统的 ID,在 fdisk 命令中,可以使用参数 i 查看。
- System:分区内安装的是什么系统。

与前面讲解的命令不同,fdisk 命令是交互式的,因此,在管理硬盘设备时特别方便,可以根据需求进行动态调整,如表6-4 所示。

表6-4 fdisk 命令的参数

参数	作用
m	查看全部可用的参数
n	添加新的分区
d	删除某条分区信息
l	列出所有可用的分区类型
t	改变某个分区的类型
p	查看分区信息
w	保存并退出
q	不保存直接退出

使用 fdisk 命令管理/dev/sdb 硬盘设备,在看到提示信息后,输入参数 n 尝试添加新的分区,系统会继续输入参数 p 来创建主分区,以及输入参数 e 来创建扩展分区。先创建一个主分区,具体如下:

```
[root@#localhost ~]# fdisk /dev/sdb
Welcome to fdisk (util-linux 2.23.2).
Changes will remain in memory only, until you decide to write them.
Be careful before using the write command.
Device does not contain a recognized partition table
Building a new DOS disklabel with disk identifier 0x4b58ec50.

Command (m for help): n                                 #输入参数 n
Partition type:
    p   primary (0 primary, 0 extended, 4 free)
    e   extended
Select (default p):                                     #选择默认，p 就是主分区
Using default response p
Partition number (1-4, default 1):                      #选择默认，从 1 号分区开始
First sector (2048-41943039, default 2048):             #选择默认
Using default value 2048
#设置分区大小为 5GB
Last sector, +sectors or +size{K,M,G} (2048-41943039, default 41943039): +5G
Partition 1 of type Linux and of size 5 GiB is set
```

再次创建一个逻辑分区，在创建逻辑分区之前，需要先创建扩展分区，具体如下：

```
Command (m for help): n
Partition type:
    p   primary (1 primary, 0 extended, 3 free)
    e   extended
Select (default p): e                                                   #选择扩展分区 e
Partition number (2-4, default 2):                                      #选择默认
First sector (10487808-41943039, default 10487808):                     #选择默认
Using default value 10487808
Last sector, +sectors or +size{K,M,G} (10487808-41943039, default 41943039):  #选择默认
Using default value 41943039
Partition 2 of type Extended and of size 15 GiB is set
#上述操作将所有空余空间都分配给扩展分区
Command (m for help): n
Partition type:
    p   primary (1 primary, 1 extended, 2 free)
    l   logical (numbered from 5)
Select (default p): l          #选择 l，逻辑分区
Adding logical partition 5
First sector (10489856-41943039, default 10489856):
Using default value 10489856
```

```
Last sector, +sectors or +size{K,M,G} (10489856-41943039, default 41943039): +5G
Partition 5 of type Linux and of size 5 GiB is set
```

在创建完成后，输入参数 p 来查看硬盘设备内的分区信息，其中包括硬盘的容量和扇区个数等信息：

```
Command (m for help): p

Disk /dev/sdb: 21.5 GB, 21474836480 bytes, 41943040 sectors
Units = sectors of 1 * 512 = 512 bytes
Sector size (logical/physical): 512 bytes / 512 bytes
I/O size (minimum/optimal): 512 bytes / 512 bytes
Disk label type: dos
Disk identifier: 0x4b58ec50


   Device Boot      Start         End      Blocks   Id  System
/dev/sdb1            2048    10487807     5242880   83  Linux
/dev/sdb2        10487808    41943039    15727616    5  Extended
/dev/sdb5        10489856    20975615     5242880   83  Linux
Command (m for help): w
The partition table has been altered!

Calling ioctl() to re-read partition table.
Syncing disks.
```

通过参数 w 进行保存并退出，Linux 系统会自动把这个硬盘分区抽象成设备文件。可以再次使用 file 命令或 lsblk（list block 的简称）命令查看分区列表。lsblk 命令用于列出所有可用块设备的信息，以及显示它们之间的依赖关系，但是不会列出 RAM 的信息。例如：

```
[root@#localhost ~]# lsblk
NAME    MAJ:MIN RM   SIZE RO TYPE MOUNTPOINT
sda       8:0    0    50G  0 disk
├─sda1    8:1    0     1G  0 part /boot
├─sda2    8:2    0   3.9G  0 part [SWAP]
└─sda3    8:3    0  45.1G  0 part /
sdb       8:16   0    20G  0 disk
├─sdb1    8:17   0     5G  0 part       #主分区，大小为5GB
├─sdb2    8:18   0     1K  0 part       #扩展分区
└─sdb5    8:21   0     5G  0 part       #逻辑分区，大小为5GB
sdc       8:32   0    20G  0 disk
sdd       8:48   0    20G  0 disk
sde       8:64   0    20G  0 disk
sr0      11:0    1   4.3G  0 rom  /run/media/root/CentOS 7 x86_64
[root@#localhost ~]# file /dev/sdb1        #分区都属于块设备
/dev/sdb1: block special
```

```
[root@#localhost ~]# file /dev/sdb2
/dev/sdb2: block special
```

2. parted 命令

使用 parted 命令可以在命令行直接分区和格式化,但是 parted 交互模式更加常用。进入交互模式的方法如下:

```
[root@localhost ~]# parted  硬盘设备文件名
#进入交互模式
```

常见的 parted 命令如表 6-5 所示。

表 6-5 常见的 parted 命令

parted 命令	说明
check NUMBER	做一次简单的文件系统检测
cp [FROM-DEVICE] FROM-NUMBER TO-NUMBER	将文件系统复制到另一个分区中
help [COMMAND]	显示所有命令的帮助信息
mklabel,mktable LABEL-TYPE	创建新的硬盘卷标(分区表)
mkfs NUMBER FS-TYPE	在分区中建立文件系统
mkpart PART-TYPE [FS-TYPE] START END	创建分区
mkpartfs PART-TYPE FS-TYPE START END	创建分区,并建立文件系统
move NUMBER START END	移动分区
name NUMBER NAME	为分区命名
print [devices|free|list,all|NUMBER]	显示分区表、活动设备、空闲空间和所有分区
quit	退出
rescue START END	修复丢失的分区
resize NUMBER START END	修改分区的大小
rm NUMBER	删除分区
select DEVICE	选择需要编辑的设备
set NUMBER FLAG STATE	改变分区标记
toggle [NUMBER [FLAG]]	切换分区表的状态
unit UNIT	设置默认的单位
version	显示版本信息

例如,使用 parted 命令可以查看之前已经完成分区的/dev/sdb:

```
[root@#localhost ~]# parted /dev/sdb
GNU Parted 3.1
Using /dev/sdb
Welcome to GNU Parted! Type 'help' to view a list of commands.
(parted) print                    #输入 print 命令,可以看到分区结果
Model: VMware, VMware Virtual S (scsi)
Disk /dev/sdb: 21.5GB
Sector size (logical/physical): 512B/512B
Partition Table: msdos            #分区类型是 MBR
```

Disk Flags:

Number	Start	End	Size	Type	File system	Flags
1	1049kB	5370MB	5369MB	primary		
2	5370MB	21.5GB	16.1GB	extended		
5	5371MB	10.7GB	5369MB	logical		

使用 print 命令可以查看分区表信息，包括硬盘参数、硬盘容量、扇区大小、分区表类型和分区信息。分区信息共有 7 列，具体如下。

- Number：分区号，如 1 号代表/dec/sdb1。
- Start：分区的起始位置。这里不再像 fdisk 命令那样用柱面表示，而是使用字节表示，这样更加直观。
- End：分区的结束位置。
- Size：分区的大小。
- Type：分区类型，包括 primary、extended、logical 等类型。
- File system：文件系统的类型。
- Flags：分区的标记。

可以使用 parted 命令修改 GPT，例如：

```
(parted) mklabel gpt
Warning: The existing disk label on /dev/sdb will be destroyed and all data on this disk will be lost. Do you want to continue?                              #提示修改后数据会被清空
Yes/No? yes
(parted) print
Model: VMware, VMware Virtual S (scsi)
Disk /dev/sdb: 21.5GB
Sector size (logical/physical): 512B/512B
Partition Table: gpt                                         #分区类型改为 GPT
Disk Flags:
Number  Start  End  Size  File system  Name  Flags        #之前的分区信息被清空
(parted)
```

因为修改过分区表，所以/dev/sdb 硬盘中的所有数据都会消失，此时可以重新对这块硬盘分区。不过，在建立分区时，默认文件系统只能是 Ext2。

```
(parted) mkpart
Partition name?  []? sdb1                #分区的命名
File system type?  [ext2]? xfs           #文件系统的类型
Start? 1M                                #分区从 1MB 开始
End? 5G                                  #分区到 5GB 结束
(parted) print
Model: VMware, VMware Virtual S (scsi)
Disk /dev/sdb: 21.5GB
Sector size (logical/physical): 512B/512B
```

```
Partition Table: gpt
Disk Flags:


Number  Start    End      Size     File system  Name  Flags
 1      1049kB   5000MB   4999MB                sdb1

(parted) rm                           #删除分区
Partition number? 1
(parted) print
Model: VMware, VMware Virtual S (scsi)
Disk /dev/sdb: 21.5GB
Sector size (logical/physical): 512B/512B
Partition Table: gpt
Disk Flags:


Number  Start  End  Size  File system  Name  Flags
```

使用 print 命令查看的分区和第一次查看 MBR 时的分区有些不一样，少了 Type（分区类型）字段，多了 Name（分区名）字段。分区类型用于标识主分区、扩展分区和逻辑分区，这种标识只能在 MBR 中使用，现在已经变成 GPT，所以不再有 Type 字段。

需要注意的是，parted 命令中所有的操作都是立即生效的，没有保存生效的概念，这一点和 fdisk 命令明显不同，所以执行所有操作都需要特别注意。

子任务 3 分区格式化和挂载

1. 格式化

在分区完成后，如果没有对写入文件系统进行格式化，就不能正常使用。这就需要使用 mkfs 命令对硬盘分区进行格式化。

mkfs 命令的语法格式如下：

```
[root@localhost ~]# mkfs [-t 文件系统格式] 分区设备文件名
```

-t 文件系统格式：用于指定格式化的文件系统，如 Ext3、Ext4 和 XFS 等。

重新使用 fdisk 命令建立/dev/sdb1（主分区）、/dev/sdb2（扩展分区）、/dev/sdb5（逻辑分区）和/dev/sdb6（逻辑分区）这几个分区，其中的/dev/sdb2 不能被格式化。剩余的分区都需要在格式化之后使用，下面以格式化/dev/sdb5 进行演示（其他分区的格式化方法与此是一样的）：

```
[root@#localhost ~]# mkfs -t xfs /dev/sdb5
meta-data=/dev/sdb5              isize=512    agcount=4, agsize=327680 blks
         =                       sectsz=512   attr=2, projid32bit=1
         =                       crc=1        finobt=0, sparse=0
data     =                       bsize=4096   blocks=1310720, imaxpct=25
         =                       sunit=0      swidth=0 blks
naming   =version 2              bsize=4096   ascii-ci=0 ftype=1
log      =internal log           bsize=4096   blocks=2560, version=2
```

	=		sectsz=512	sunit=0 blks, lazy-count=1
realtime	=none		extsz=4096	blocks=0, rtextents=0

当然，也可以使用 mkfs.xfs /dev/sdb5 命令对磁盘分区进行格式化，效果是一样的。可以使用 parted 命令查看格式化的结果，也可以使用 dump2fs 命令观察文件系统的详细信息。例如：

```
[root@#localhost ~]# parted /dev/sdb
GNU Parted 3.1
Using /dev/sdb
Welcome to GNU Parted! Type 'help' to view a list of commands.
(parted) print
Model: VMware, VMware Virtual S (scsi)
Disk /dev/sdb: 21.5GB
Sector size (logical/physical): 512B/512B
Partition Table: msdos
Disk Flags:

Number  Start    End      Size     Type     File system  Flags
1       1049kB   5370MB   5369MB   primary  xfs
2       5370MB   21.5GB   16.1GB   extended
5       5371MB   10.7GB   5369MB   logical  xfs
```

2. 挂载文件系统

所有的硬件设备必须挂载之后才能使用，只不过有些硬件设备（如硬盘分区）在每次系统启动时会自动挂载，而有些硬件设备（如 U 盘、光盘）需要手动挂载。

通过学习 Linux 文件系统，我们可以对挂载的含义进行引申。挂载指的是将硬件设备的文件系统和 Linux 系统中的文件系统，通过指定的目录（作为挂载点）进行关联。而要将文件系统挂载到 Linux 系统上，就需要使用 mount 命令。

mount 命令常用的语法格式有以下几种。

第 1 种语法格式如下：

```
[root@localhost ~]# mount [-l]
```

单纯使用 mount 命令，显示系统中已挂载的设备信息。如果使用选项-l，那么额外显示卷标名称（读者可自行运行，并查看输出结果）。

第 2 种语法格式如下：

```
[root@localhost ~]# mount -a
```

选项-a 的含义是自动检查/etc/fstab 文件中有无遗漏被挂载的设备文件，如果有，那么自动挂载。

第 3 种语法格式如下：

```
[root@localhost ~]# mount [-t 系统类型] [-L 卷标名] [-o 特殊选项] [-n] 设备文件名 挂载点
```

各选项的含义如下。

- -t 系统类型：指定欲挂载的文件系统类型。Linux 系统支持的文件系统类型有 Ext2、Ext3、Ext4、XFS、iso9660（光盘格式）、vfat 和 reiserfs 等。如果不指定具体类型，那么在挂载时 Linux 系统会自动检测。
- -L 卷标名：除了使用设备文件名，还可以利用文件系统的卷标名进行挂载。
- -o 特殊选项：可以指定挂载的额外选项，如读/写权限、同步/异步等。如果不指定，那么使用默认值（defaults）。
- -n：在默认情况下，系统会将实际挂载的情况实时写入/etc/mtab 文件中，但在某些场景下，为了避免出现问题，会刻意不写入，此时就需要使用这个选项。

mount 命令的特殊选项如表 6-6 所示。

表 6-6 mount 命令的特殊选项

特殊选项	功能
rw/ro	是否对挂载的文件系统拥有读/写权限。rw 为默认值，表示拥有读/写权限；ro 表示拥有只读权限
async/sync	文件系统是否使用同步写入（sync）或异步（async）的内存机制，默认为异步
dev/nodev	是否允许从文件系统的块文件中提取数据，为了保证数据安全，默认是 nodev
auto/noauto	是否允许文件系统以 mount -a 方式自动挂载，默认是 auto
suid/nosuid	设定文件系统是否拥有 SetUID 权限和 SetGID 权限，默认是拥有
exec/noexec	设定在文件系统中是否允许执行可执行文件，默认是允许
user/nouser	设定文件系统是否允许普通用户使用 mount 命令实现挂载，默认是不允许（nouser），仅 root 用户允许使用 nouser 选项
defaults	定义默认值，相当于 rw、suid、dev、exec、auto、nouser 和 async 这 7 个选项
remount	重新挂载已挂载的文件系统，一般用于指定修改特殊权限

若要访问设备中的文件，则必须先将文件挂载到一个已存在的目录下，使该目录成为挂载点，再通过访问这个目录来访问存储设备。需要注意的是，挂载点必须是一个目录，这个目录可以不为空，但挂载后这个目录下以前的内容将不可用。例如：

```
[root@#localhost ~]# mkdir /data1
[root@#localhost ~]# mount /dev/sdb5 /data1/
[root@#localhost ~]# df -h    /data1      #使用 df 命令查看文件系统硬盘的使用情况
Filesystem        Size  Used  Avail  Use%  Mounted on
/dev/sdb5         5.0G  33M   5.0G   1%    /data1
```

如果要撤销挂载，直接使用 umount /data1 命令就可以完成操作。在执行 umount 命令之前，用户必须退出挂载目录，否则会报错。例如：

```
[root@#localhost data1]# umount /data1
umount: /data1: target is busy.
[root@#localhost data1]# cd ../
[root@#localhost /]# umount /data1      #卸载成功
```

这种操作方式只能使挂载临时生效，系统重启后，挂载信息会消失。为什么有的系统分区在系统启动时可以自动挂载成功呢？/etc/fstab 是自动挂载文件，系统在开机时会主动读取/etc/fstab 文件中的内容，并根据该文件的配置自动挂载指定的设备。例如：

```
[root@#localhost ~]# ll /etc/fstab
-rw-r--r--. 1 root root 501 Apr  9 14:07 /etc/fstab
#注意文件权限，可以看到只有 root 用户可以修改该文件
[root@#localhost ~]# cat /etc/fstab

#
# /etc/fstab
# Created by anaconda on Sat Apr  9 14:07:30 2022
#
# Accessible filesystems, by reference, are maintained under '/dev/disk'
# See man pages fstab(5), findfs(8), mount(8) and/or blkid(8) for more info
#
UUID=bf289792-628e-49bf-893b-09dde63387c3  /          xfs     defaults    0 0
UUID=7a842403-8197-4c60-b089-6d9207969b4c  /boot      xfs     defaults    0 0
UUID=de597049-4f0f-4c34-b12b-633723df669e  swap       swap    defaults    0 0
```

可以看到，只有 3 个分区的挂载信息被写入/etc/fstab 文件中。在 fstab 文件中，每行数据被分为 6 个字段，这 6 个字段的含义如下。

（1）用来挂载每个文件系统的分区设备文件名或 UUID（用于指代设备名）：UUID 即通用唯一标识符，是一个 128 位的数字，可以认为是硬盘的 ID。UUID 由系统自动生成和管理，使用 dumpe2fs 命令就可以查看。

（2）挂载点。

（3）文件系统的类型。

（4）各种挂载参数：和 mount 命令的挂载参数一致。

（5）指定分区是否被 dump 备份：0 代表不备份，1 代表备份，2 代表不定期备份。

（6）指定分区是否被 fsck 检测：0 代表不检测，其他数字代表检测的优先级，1 的优先级比 2 的优先级高。所以，先检测 1 的分区，再检测 2 的分区。一般分区的优先级是 1，其他分区的优先级是 2。

通过配置/etc/fstab 文件可以实现 mount /dev/sdb5 /data1/永久挂载，在文件的最后一行添加如下内容即可：

```
[root@#localhost ~]#  vim /etc/fstab
#最后一行添加如下内容
/dev/sdb5    /data1    xfs    defaults    0 0    #添加行
```

可以通过重新启动系统来测试/dev/sdb5 的自动挂载。需要注意的是，在修改/etc/fstab 文件之后，需要运行 mount -a 命令验证配置是否正确，否则会导致系统重启失败。

特别需要注意的是，在使用 VMware 虚拟机的过程中，我们经常像之前配置本地 yum 仓库一样，将 ISO 镜像通过光盘配置为自动挂载方式。但是这种方法存在不足之处，即光盘在系统重启时可能会连接失败，直接导致系统启动失败。针对这种情况，最稳妥的方法就是通过开机脚本进行自动挂载的配置。例如：

```
[root@#localhost ~]# echo "mount /dev/sr0 /opt/centos" >> /etc/rc.d/rc.local
[root@#localhost ~]# chmod +x /etc/rc.d/rc.local
```

这样就可以解决系统重启失败的问题。

任务 6.3 磁盘阵列管理

近年来，CPU 的处理性能保持高速增长，但是硬盘设备的性能提升不是很明显，因此逐渐成为制约当代计算机整体性能提升的因素。由于硬盘设备需要执行持续、频繁、大量的 I/O 操作，相较于其他设备，损坏概率也会大幅增加，因此重要数据丢失的概率也随之增加。

RAID（Redundant Arrays of Independent Disks，磁盘阵列）通过软件或硬件将多个容量较小的分区组合成一个容量较大的硬盘组。这个容量较大的硬盘组的读/写性能更好，更重要的是具有数据冗余功能。在 RAID 中，冗余是指由多块硬盘组成一个硬盘组，在这个硬盘组中，数据存储在多块硬盘的不同地方，这样即使某块硬盘出现问题，也不会丢失数据，也就是说，硬盘数据具有保护功能。

读者也可以这样理解，RAID 用于在多块硬盘上分散存储数据，并且能够"恰当"地重复存储数据，从而保证其中某块硬盘发生故障后，不至于影响整个系统的运转。RAID 将几块独立的硬盘组合在一起，形成逻辑上的 RAID 硬盘，在外界（用户、LVM 等）看来，该"硬盘"和真实的硬盘一样，没有任何区别。

子任务 1 磁盘阵列的实现

出于成本和技术方面的考虑，需要针对不同的需求在数据可靠性及读/写性能上进行权衡，制订满足各自需求的方案。目前，已有的 RAID 的方案至少有十几种，其中的 RAID 0、RAID 1、RAID 5 与 RAID 10 比较常见。

1. 软件 RAID

使用基于主机的软件提供 RAID 功能，是在系统中实现的。与硬件 RAID 相比，软件 RAID 具有成本低廉和简单直观的优点。但是，软件 RAID 有以下几点不足之处。

- 性能：软件 RAID 会影响系统的整体性能，这是因为软件 RAID 需要使用 CPU 来执行 RAID 计算。
- 功能：软件 RAID 支持有限的 RAID 级别。
- 兼容性：软件 RAID 与主机系统绑定，因此需要对软件 RAID 或系统升级进行兼容性验证，只有当软件 RAID 和系统兼容时，才能对其进行升级，这会降低数据处理环境的灵活性。

2. 硬件 RAID

硬件 RAID 包括基于主机的硬件 RAID 和基于阵列的硬件 RAID。基于主机的硬件 RAID 通常将专用 RAID 控制器安装在主机上，并且所有硬盘驱动器都与主机相连，有的制造商将 RAID 控制器集成到主板上。基于主机的硬件 RAID 控制器在包含大量主机的数据中心环境下不是高效的解决方案。基于阵列的硬件 RAID 使用外部硬件 RAID 控制器，充当主机与硬盘之间的接口，将存储卷呈现给主机，主机将这些卷作为物理驱动器进行管理。

硬件 RAID 具有如下特点。

- 管理与控制硬盘聚合。

- 转换逻辑硬盘和物理硬盘之间的 I/O 请求。
- 在硬盘出现故障时重新生成数据。

3. RAID 级别

1) RAID 0

RAID 0 也叫 Stripe 或 Striping（带区卷），是出现最早的 RAID 模式，即 Data Striping（数据分条）技术。RAID 0 是组建 RAID 中最简单的形式，只需要两块或两块以上的硬盘即可，成本低，可以提高整个硬盘的性能和吞吐量。RAID 0 没有提供冗余或错误修复能力，但实现成本是最低的。RAID 0 最好由容量相同的两块或两块以上的硬盘组成。如果组成 RAID 0 的两块硬盘的容量不同，就会影响 RAID 0 的性能。

在这种模式下会先把硬盘分隔为大小相等的区块，当有数据需要写入硬盘中时，先把数据也切割成大小相同的区块，再分别写入各块硬盘中。这就相当于把一个文件分成几个部分同时写入不同的硬盘中，数据的读/写速度也就非常快，并且容量为所有硬盘的容量之和。RAID 0 的示意图如图 6-7 所示。

2) RAID 1

RAID 1 也叫 Mirror 或 Mirroring（镜像卷），是把一块硬盘的数据写入另一块硬盘中，也就是说，数据在写入一块硬盘中时，会在另一块闲置的硬盘上生成镜像文件。例如，两块硬盘组成 RAID 1，当有数据写入时，相同的数据既写入硬盘 1 中，又写入硬盘 2 中。这相当于将数据做了备份，所以任何一块硬盘损坏，数据都可以在另一块硬盘中找回。

在不影响性能的情况下，应最大限度地保证数据的可靠性和可修复性。当一块硬盘失效时，系统会忽略该硬盘，转而使用剩余的镜像盘读/写数据（一半写数据，另一半用来作为备份）。RAID 1 的示意图如图 6-8 所示。

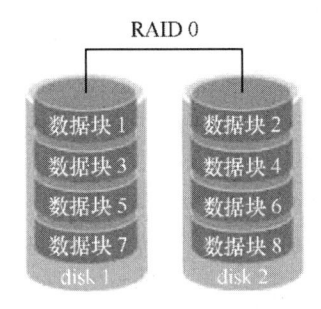

图 6-7 RAID 0 的示意图

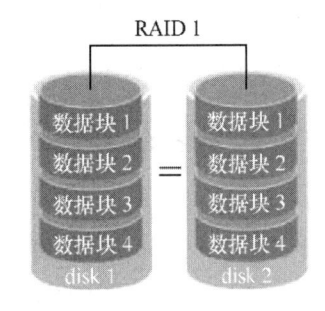

图 6-8 RAID 1 的示意图

3) RAID 5

RAID 5 也叫分布式奇偶校验的独立硬盘结构。采用奇偶校验，可靠性强，硬盘校验和被散列到不同的硬盘中，提高了读/写速率。只有当两块硬盘同时丢失时，数据才无法恢复。至少有 3 块硬盘且硬盘的容量相同才能组成 RAID 5。由图 6-9 可知，奇偶校验码存在于所有硬盘上，其中的 parity 代表奇偶校验值。因为奇偶校验码在不同的硬盘上，所以提高了可靠性，容量为所有硬盘的容量之和减去其中一块硬盘的容量，被减去的容量被分配到 3 块硬盘的不同区域来存储数据校验信息。

4) RAID 10

从名称就可以看出 RAID 10 是 RAID 0 与 RAID 1 的结合体。虽然 RAID 0 的数据读/

写性能非常好，但是没有数据冗余功能；RAID 1 虽然具有数据冗余功能，但是数据写入速度非常慢（尤其是软件 RAID）。为了解决这个问题，把 RAID 0 和 RAID 1 结合起来，所以被称为 RAID 10。数据除了分布在多块硬盘上，每块硬盘都有其物理镜像盘，用来提供全冗余功能，允许一块硬盘发生故障，而不影响数据可用性，并且具有快速读/写能力，磁盘阵列的总容量为所有硬盘的容量之和的一半（一半写数据，另一半用来备份数据）。RAID 10 在硬盘镜像中至少需要 4 块硬盘。RAID 10 的示意图如图 6-10 所示。

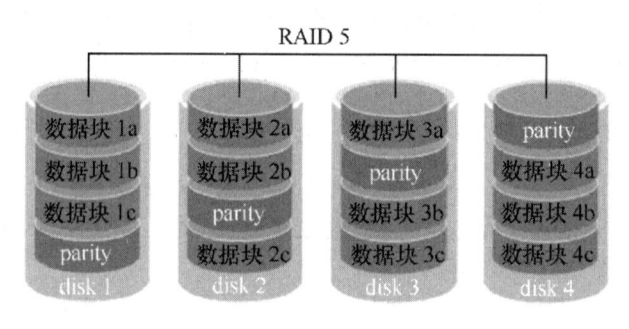

图 6-9　RAID 5 的示意图

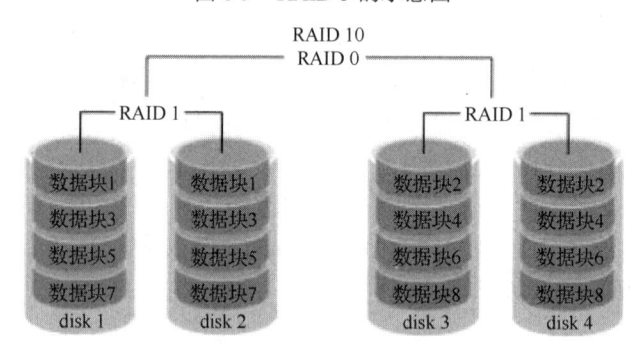

图 6-10　RAID 10 的示意图

子任务 2　部署磁盘阵列

mdadm 是 Linux 系统中用于创建和管理软件 RAID 的命令，并且是模式化命令。但由于现在的服务器一般都带有 RAID 阵列卡，并且 RAID 阵列卡也很廉价，以及软件 RAID 自身存在不足之处（既不能用作启动分区，又不能使用 CPU 实现，降低了 CPU 利用率），因此在生产环境下并不使用。但为了帮助读者学习和了解 RAID 的原理与管理，下面介绍 RAID 的部署。

使用 mdadm 命令创建 RAID 的语法格式如下：

mdadm [模式] <RAID 设备名称> [选项] [成员设备名称]

mdadm 命令的常用选项如下。
- -C：创建 RAID 设备，把 RAID 信息写入每个 RAID 成员超级块中。
- -v：显示 RAID 创建过程中的详细信息。
- -l：指定 RAID 的级别。
- -n：指定 RAID 中活动设备的数目。

- -a：向 RAID 设备中添加一个成员。
- -c：指定 chunk 的大小，创建一个 RAID 设备时默认为 512KB。
- -x：指定初始 RAID 设备的备用成员的数量。
- -f：把 RAID 成员设为故障盘，以便移除该成员。
- -D：显示 RAID 设备的详细信息。
- --zero-superblock：如果 RAID 设备包含一个有效的超级块，那么该块使用 0 覆盖。

需要注意的是，在创建阵列时，阵列所需硬盘数为选项-n 和-x 的个数和。

1. 创建 RAID

使用 mdadm 命令创建 RAID 5，名称为/dev/md5，成员包括/dev/sdb、/dev/sdc、/dev/sdd，以及热备盘/dev/sde。如果默认没有安装 mdadm 工具，就需要手动安装。例如：

```
[root@#localhost ~]# yum -y install mdadm
[root@#localhost ~]# mdadm -Cv /dev/md5 -l 5 -n 3  /dev/sd{b,c,d} -x 1 /dev/sde
mdadm: layout defaults to left-symmetric
mdadm: layout defaults to left-symmetric
mdadm: chunk size defaults to 512K
mdadm: partition table exists on /dev/sdb
mdadm: partition table exists on /dev/sdb but will be lost or
       meaningless after creating array
mdadm: size set to 20954112K
Continue creating array? yes                          #输入"yes"
mdadm: Defaulting to version 1.2 metadata
mdadm: array /dev/md5 started.
```

查看/dev/md5 的详细信息，具体如下：

```
[root@#localhost ~]# mdadm -D /dev/md5
/dev/md5:
           Version : 1.2
     Creation Time : Thu Apr 21 23:10:18 2022
        Raid Level : raid5                            #RAID 的级别为 5
        Array Size : 41908224 (39.97 GiB 42.91 GB)
     Used Dev Size : 20954112 (19.98 GiB 21.46 GB)
      Raid Devices : 3
     Total Devices : 4
       Persistence : Superblock is persistent

       Update Time : Thu Apr 21 23:11:02 2022
             State : clean
    Active Devices : 3                                #活动设备为 3 个
   Working Devices : 4
    Failed Devices : 0
     Spare Devices : 1                                #热备盘为 1 个
```

```
                    Layout : left-symmetric
                 Chunk Size : 512K

          Consistency Policy : resync

                      Name : #localhost.localdomain:5    (local to host #localhost. localdomain)
                      UUID : 862b0859:25a5da8f:017a479a:d652143b
                    Events : 18

          Number   Major   Minor   RaidDevice State
             0        8      16         0       active sync    /dev/sdb
             1        8      32         1       active sync    /dev/sdc
             4        8      48         2       active sync    /dev/sdd

             3        8      64         -       spare          /dev/sde        #热备盘
[root@#localhost ~]# mdadm -Ds /dev/md5
ARRAY /dev/md5 metadata=1.2 spares=1 name=#localhost.localdomain:5
UUID=862b0859:25a5da8f:017a479a:d652143b
```

根据之前的内容介绍可知，必须先对设备进行格式化和挂载才可以将数据存储到其中。例如，把制作好的 RAID 格式化为 XFS 格式，创建挂载点/raid5，并把硬盘设备进行挂载：

```
[root@#localhost ~]# mkfs.xfs /dev/md5
[root@#localhost ~]# mkdir /raid5
[root@#localhost ~]# mount -t xfs /dev/md5 /raid5/
[root@#localhost ~]# df -h /raid5/
Filesystem      Size   Used Avail Use% Mounted on
/dev/md5        40G    33M   40G   1%  /raid5
```

挂载成功后可以看到可用空间为 40GB，把挂载信息写入配置文件中，使开机自动挂载永久生效：

```
[root@#localhost ~]# blkid /dev/md5
/dev/md5: UUID="5116203e-b0b9-49f4-8ce0-dcc295f09be3" TYPE="xfs"
[root@#localhost ~]# echo "UUID=5116203e-b0b9-49f4-8ce0-dcc295f09be3 /raid5 xfs defaults 0 0" >> /etc/fstab
```

2. RAID 的运维

1）模拟故障盘

假设在运行过程中 md5 的成员硬盘/dev/sdb 出现故障，可以通过 mdadm -D 命令查看硬盘的重建过程：

```
[root@#localhost ~]# mdadm -f /dev/md5 /dev/sdb                    #模拟故障
mdadm: set /dev/sdb faulty in /dev/md5
```

```
[root@#localhost ~]# mdadm -D /dev/md5
/dev/md5:
           Version : 1.2
     Creation Time : Thu Apr 21 23:10:18 2022
        Raid Level : raid5
        Array Size : 41908224 (39.97 GiB 42.91 GB)
     Used Dev Size : 20954112 (19.98 GiB 21.46 GB)
      Raid Devices : 3
     Total Devices : 4
       Persistence : Superblock is persistent

       Update Time : Thu Apr 21 23:19:27 2022
             State : clean, degraded, recovering
    Active Devices : 2
   Working Devices : 3
    Failed Devices : 1
     Spare Devices : 1

            Layout : left-symmetric
        Chunk Size : 512K

Consistency Policy : resync

    Rebuild Status : 43% complete                               #重建过程

              Name : #localhost.localdomain:5  (local to host #localhost. localdomain)
              UUID : 862b0859:25a5da8f:017a479a:d652143b
            Events : 26

    Number   Major   Minor   RaidDevice State
       3       8       64        0      spare rebuilding   /dev/sde    #参与重建
       1       8       32        1      active sync        /dev/sdc
       4       8       48        2      active sync        /dev/sdd

       0       8       16        -      faulty             /dev/sdb    #故障盘
```

由以上结果可以发现，原来的热备盘/dev/sde 正在参与 RAID 5 的重建，而原来的/dev/sdb 变成故障盘。

在重建完成之后，就可以热移除故障盘，具体如下：

```
[root@#localhost ~]# mdadm -r /dev/md5 /dev/sdb
mdadm: hot removed /dev/sdb from /dev/md5
[root@#localhost ~]# mdadm -D /dev/md5 | tail -4
    Number   Major   Minor   RaidDevice State
```

3	8	64	0	active sync	/dev/sde
1	8	32	1	active sync	/dev/sdc
4	8	48	2	active sync	/dev/sdd

可以看出，/dev/md5 重建完成，故障盘/dev/sdb 已经被移除。为了保证/dev/md5 的可靠性，再次为其添加一块热备盘，具体如下：

```
[root@#localhost ~]# mdadm -a /dev/md5 /dev/sdb
mdadm: added /dev/sdb
[root@#localhost ~]# mdadm -D /dev/md5 | tail -6
```

Number	Major	Minor	RaidDevice	State	
3	8	64	0	active sync	/dev/sde
1	8	32	1	active sync	/dev/sdc
4	8	48	2	active sync	/dev/sdd
5	8	16	-	spare	/dev/sdb

2）删除 RAID

因为某种原因，需要将运行中的 RAID 删除，具体过程如下：

```
[root@#localhost ~]# vim /etc/fstab
UUID=5116203e-b0b9-49f4-8ce0-dcc295f09be3 /raid5 xfs defaults 0 0    #删除该行
[root@#localhost ~]# umount /raid5/
[root@#localhost ~]# mdadm -S /dev/md5
mdadm: stopped /dev/md5
[root@#localhost ~]# mdadm --zero-superblock /dev/sd{b,c,d,e}
```

任务 6.4 逻辑卷管理

在实际使用 Linux 服务器时，随着业务的增加，文件系统负载会越来越大，在硬盘分好区或部署为 RAID 之后，当空间不足时，再修改硬盘分区的大小就很难，又不可能将现有的所有分区全部删除，所以需要有一种管理机制来动态地管理存储，逻辑卷管理器（Logical Volume Manager，LVM）就提供了这种功能。LVM 最大的好处就是可以随时调整分区的大小，分区中的现有数据不会丢失，并且不需要卸载分区、停止服务。

LVM 允许用户对硬盘资源进行动态调整，是 Linux 系统对硬盘分区进行管理的一种机制。LVM 适用于管理大存储设备，并且允许用户动态调整文件系统的大小。使用 LVM 的快照功能可以快速备份数据。另外，LVM 还提供了逻辑概念上的硬盘，使文件系统不再关心底层物理硬盘的概念。

LVM 在硬盘分区上建立了一个逻辑层，这个逻辑层让多块硬盘或多个分区看起来像一块逻辑硬盘。通常将这块逻辑硬盘分成逻辑卷之后再使用，这样可以大大提高分区的灵活性。把真实的物理硬盘或分区称作物理卷（Physical Volume，PV）；将由多个物理卷组成的一块大的逻辑硬盘称作卷组（Volume Group，VG）；可以将卷组划分成多个可以使用的分区，这些分区叫作逻辑卷（Logical Volume，LV）。在 LVM 中，最小的存储单位不再是块，而是物理扩展块（Physical Extend，PE）。这些概念之间的关系如图 6-11 所示。

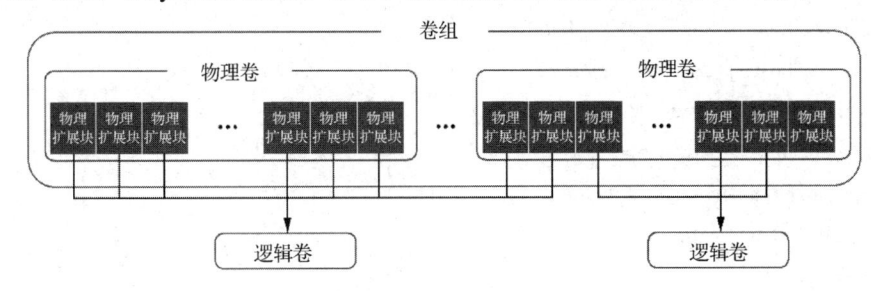

图 6-11 LVM 的技术架构

- 物理卷：就是真正的物理硬盘或分区。
- 卷组：将多个物理卷合起来就组成了卷组。组成同一个卷组的物理卷可以是同一块硬盘的不同分区，也可以是不同硬盘上的不同分区。可以把卷组想象为一块逻辑硬盘。
- 逻辑卷：卷组是一块逻辑硬盘，硬盘必须分区之后才能使用，把这个分区称作逻辑卷。逻辑卷可以被格式化和写入数据。
- 物理扩展块：用来保存数据的最小单元，数据实际上都是写入物理扩展块中的。物理扩展块的大小是可以配置的，默认为 4MB。
- 逻辑块：逻辑卷也被划分为被称为逻辑块的可被寻址的基本单位。在同一个卷组中，逻辑块的大小和物理扩展块的大小是相同的，并且一一对应，设置特定的逻辑卷选项将更改此对应关系。

子任务 1　部署逻辑卷

部署逻辑卷的过程大致如下：多块硬盘/多个分区/多个 RAID→创建多个物理卷→合成卷组→从卷组中划分出逻辑卷→对逻辑卷进行格式化→挂载使用。常用的部署命令如表 6-7 所示，所有的命令都来自 LVM2 软件工具包，可以通过 yum 仓库安装。

表 6-7　常用的部署命令

命令	物理卷管理	卷组管理	逻辑卷管理
scan	pvscan	vgscan	lvscan
create	pvcreate	vgcreate	lvcreate
display	pvdisplay	vgdisplay	lvdisplay
remove	pvremove	vgremove	lvremove
extend		vgextend	lvextend
reduce		vgreduce	lvreduce

LVM 是软件的卷管理方式，RAID 是管理硬盘的方法。对于重要的数据，使用 RAID 保护物理硬盘不会因为故障而中断业务，使用 LVM 可以实现对卷的良性管理，由此可以更好地利用硬盘资源。

1. 创建物理卷

在创建物理卷时，既可以把整块硬盘都创建成物理卷，又可以把某个分区创建成物理卷，或者直接利用任务 6.3 中创建的 RAID 5 来部署逻辑卷都是可以的。例如：

```
[root@#localhost ~]# mdadm -Cv /dev/md5 -l 5 -n 3   /dev/sd{b,c,d} -x 1 /dev/sde
[root@#localhost ~]# yum -y install lvm2
[root@#localhost ~]# pvcreate /dev/md5
Physical volume "/dev/md5" successfully created.
  [root@#localhost ~]# pvdisplay
  "/dev/md5" is a new physical volume of "<39.97 GiB"
  --- NEW Physical volume ---
  PV Name                 /dev/md5
  VG Name
  PV Size                 <39.97 GiB
  Allocatable             NO
  PE Size                 0
  Total PE                0
  Free PE                 0
  Allocated PE            0
  PV UUID                 qVhymB-KEKO-jV8k-8p81-mElL-esum-bfK0OX
[root@#localhost ~]# pvs                             #使用 pvs 命令查看简要信息
  PV          VG Fmt  Attr PSize   PFree
  /dev/md5       lvm2 ---  <39.97g <39.97g
```

2. 创建卷组

虽然默认物理扩展块的大小为 4MB，但是可以使用选项 -s 指定物理扩展块（逻辑块）的大小，也就是物理卷池化的过程。通过查询卷组状态和物理卷状态，可以得知卷组及物理卷的详细信息。例如：

```
[root@#localhost ~]# vgcreate myvg /dev/md5
  Volume group "myvg" successfully created
[root@#localhost ~]# vgs
  VG   #PV #LV #SN Attr   VSize  VFree
  myvg   1   0   0 wz--n- 39.96g 39.96g
[root@#localhost ~]# pvs
  PV        VG   Fmt  Attr PSize  PFree
  /dev/md5  myvg lvm2 a--  39.96g 39.96g
```

3. 创建逻辑卷

创建一个大小为 5GB 的逻辑卷。在对逻辑卷进行切割时有两种计量单位：一是以容量为单位，使用参数 -L lvsize(M，G)；二是以基本单元的个数为单位，使用参数 -l LEnumber。例如：

```
[root@#localhost ~]# lvcreate -L 5G -n mylv myvg
  Logical volume "mylv" created.
[root@#localhost ~]# lvs
```

```
LV    VG    Attr        LSize Pool Origin Data%  Meta%  Move Log Cpy%Sync Convert
mylv  myvg  -wi-a----- 5.00g
```

4. 逻辑卷的格式化及永久挂载

Linux 系统会把 LVM 中的逻辑卷设备保存在/dev 设备目录下（实际上是做了一个软链接），同时会以卷组的名称来建立一个目录，其中保存了逻辑卷设备的映射文件（即/dev/卷组名称/逻辑卷名称）。例如：

```
[root@#localhost ~]# ll /dev/myvg/mylv
lrwxrwxrwx. 1 root root 7 Apr 22 00:55 /dev/myvg/mylv -> ../dm-0
[root@#localhost ~]# ll /dev/dm-0
brw-rw----. 1 root disk 253, 0 Apr 22 00:55 /dev/dm-0
[root@#localhost ~]# mkfs.xfs /dev/myvg/mylv
[root@#localhost ~]# mkdir /mylvm
[root@#localhost ~]# blkid /dev/myvg/mylv
/dev/myvg/mylv: UUID="de15fc73-4e63-409b-9430-a77b6b8176e2" TYPE="xfs"
[root@#localhost ~]# echo "/dev/myvg/mylv  /mylvm    xfs defaults 0 0" >> /etc/fstab
[root@#localhost ~]# mount -a
[root@#localhost ~]# df -h /mylvm/
Filesystem              Size  Used Avail Use% Mounted on
/dev/mapper/myvg-mylv   5.0G   33M  5.0G   1% /mylvm
```

至此，逻辑卷部署成功，可以在/mylvm 中存储数据。

子任务 2　动态调整逻辑卷

逻辑卷的大小是可以调整的。一般不推荐减小逻辑卷的空间，因为这样容易丢失逻辑卷中的文件系统的数据，所以除非已经备份了逻辑卷中的文件系统的数据，否则不要减小逻辑卷的空间。

首先需要确认是否有可用的扩容空间，逻辑卷是在卷组中创建的，所以在逻辑卷扩容前需要查看卷组的空间的使用情况。如果卷组的空间被占满，就需要先添加物理存储设备执行逻辑化操作，生成新的物理卷，再将物理卷加入卷组中，实现卷组的扩容。

在确认卷组有多余空间的情况下，使用 lvextend 命令的选项-L 可以调整逻辑卷的大小，下面将逻辑卷扩容为 10GB：

```
[root@#localhost ~]# lvextend -L +5G /dev/myvg/mylv
    Size of logical volume myvg/mylv changed from 5.00 GiB (1280 extents) to 10.00 GiB (2560 extents).
    Logical volume myvg/mylv successfully resized.
[root@#localhost ~]# lvs
    LV    VG    Attr        LSize Pool Origin Data%  Meta%  Move Log Cpy%Sync Convert
    mylv  myvg  -wi-ao---- 10.00g
[root@#localhost ~]# df -h /mylvm/
Filesystem              Size  Used Avail Use% Mounted on
/dev/mapper/myvg-mylv   5.0G   33M  5.0G   1% /mylvm
```

当使用 lvs 命令查看逻辑卷的状态时，发现逻辑卷已经扩容到 10GB。但是当使用 df 命令查看时，发现文件系统并没有扩展，这是因为文件系统也需要扩容。Ext4 文件系统的扩容使用 "resize2fs [逻辑卷名称]"，XFS 文件系统的扩容使用 "xfs_growfs 挂载点"。例如：

```
[root@#localhost ~]# xfs_growfs /dev/myvg/mylv
meta-data=/dev/mapper/myvg-mylv   isize=512    agcount=8, agsize=163712 blks
         =                        sectsz=512   attr=2, projid32bit=1
         =                        crc=1        finobt=0 spinodes=0
data     =                        bsize=4096   blocks=1309696, imaxpct=25
         =                        sunit=128    swidth=256 blks
naming   =version 2               bsize=4096   ascii-ci=0 ftype=1
log      =internal                bsize=4096   blocks=2560, version=2
         =                        sectsz=512   sunit=8 blks, lazy-count=1
realtime =none                    extsz=4096   blocks=0, rtextents=0
data blocks changed from 1309696 to 2621440
[root@#localhost ~]# df -h /mylvm/
Filesystem              Size  Used Avail Use% Mounted on
/dev/mapper/myvg-mylv   10G   33M   10G   1% /mylvm
```

还可以使用 lvextend 命令的选项 -r 实现文件系统的自动扩容，下面继续对逻辑卷进行扩容：

```
[root@#localhost ~]# lvextend -L +2G -r /dev/myvg/mylv
   Size of logical volume myvg/mylv changed from 10.00 GiB (2560 extents) to 12.00 GiB (3072 extents).
   Logical volume myvg/mylv successfully resized.
[root@#localhost ~]# df -h /mylvm/
Filesystem              Size  Used Avail Use% Mounted on
/dev/mapper/myvg-mylv   12G   33M   12G   1% /mylvm
```

子任务 3　删除逻辑卷

如果想在生产环境中重新部署 LVM，或者不再需要使用 LVM，那么可以执行 LVM 的删除操作。为此，需要提前备份好重要的数据信息，并依次删除逻辑卷、卷组和物理卷，该顺序不可颠倒。

（1）取消逻辑卷与目录的挂载关联，删除配置文件中永久生效的设备参数：

```
[root@#localhost ~]# vim /etc/fstab
/dev/myvg/mylv /mylvm    xfs defaults 0 0           #删除该行
[root@#localhost ~]# umount /mylvm/
```

（2）删除逻辑卷，需要输入 "y" 来确认操作：

```
[root@#localhost ~]# lvremove /dev/myvg/mylv
Do you really want to remove active logical volume myvg/mylv? [y/n]: y
   Logical volume "mylv" successfully removed
```

（3）删除卷组，此处只使用卷组名称即可，不需要使用设备的绝对路径：

```
[root@#localhost ~]# vgremove myvg
  Volume group "myvg" successfully removed
```

（4）删除物理卷：

```
[root@#localhost ~]# pvremove /dev/md5
  Labels on physical volume "/dev/md5" successfully wiped.
```

当执行完上述操作之后，再次执行 lvdisplay 命令、vgdisplay 命令和 pvdisplay 命令等查看 LVM 的详细信息时，逻辑卷、卷组及物理卷都已经被删除。

任务 6.5 软链接和硬链接

在 Windows 系统中，快捷方式就是指向原始文件的一个链接文件，可以让用户从不同的位置来访问原始文件。当原始文件一旦被删除或剪切到其他地方后，就会导致链接文件失效。但是，这个看似简单的东西在 Linux 系统中不太一样。

1. inode

当系统读取硬盘时，不会一个扇区一个扇区地读取，这样效率太低，而是一次性连续读取多个扇区，即一次性读取一个块。这种由多个扇区组成的块，是文件存取的最小单位。最常见的块的大小是 4KB，即连续 8 个扇区组成 1 个块。

每个文件都有对应的 inode，其中包含与该文件有关的一些信息，如文件的字数、文件的属主（UID）、文件的属组（GID）、文件的权限、文件最后一次改变（属性）的时间、最后一次访问文件的时间和最后一次修改（内容）文件的时间等。

在系统中，表面上是通过文件名打开文件的。打开文件的步骤如下。

（1）查找文件名对应的 inode 号。

（2）通过 inode 号获取 inode 信息。

（3）根据 inode 信息找到文件数据所在的块，并读取数据。

先在 /tmp 目录下创建 dir_test 目录和 file.txt 文件，再使用 ls -l 命令查看并对比它们之间的节点数：

```
[root@#localhost ~]# mkdir /tmp/dir_test
[root@#localhost ~]# touch /tmp/file.txt
[root@#localhost ~]# ls -ld /tmp/dir_test /tmp/file.txt
drwxr-xr-x.  2 root root     6 Apr 18 20:35 /tmp/dir_test   #占两个 inode
-rwxrwxrwx. 1 root admin 11 Apr 18 20:35 /tmp/file.txt     #占一个 inode
[root@#localhost ~]# ls -al /tmp/dir_test/
total 12
drwxr-xr-x.  2 root root     6 Apr 18 20:35 .              #"."代表目录本身
drwxrwxrwt. 58 root root 8192 Apr 18 20:38 ..
```

查看 inode 号可以使用 ls -i 命令和 "stat 要查看的文件" 命令。使用 ls -i 命令只能单独查看文件的 inode 号；使用 "stat 要查看的文件" 命令不仅可以查看 inode 号，还可以查看文件的其他信息。例如：

```
[root@#localhost ~]# ls -id /tmp/dir_test/ file.txt
67156642 file.txt    34465816 /tmp/dir_test/
[root@#localhost ~]# stat /tmp/file.txt
  File: '/tmp/file.txt'
  Size: 11            Blocks: 8          IO Block: 4096   regular file
Device: 803h/2051d    Inode: 33563676    Links: 1
Access: (0777/-rwxrwxrwx)  Uid: (    0/    root)   Gid: ( 1000/   admin)
Context: unconfined_u:object_r:user_tmp_t:s0
Access: 2022-04-18 20:35:32.997848591 +0800
Modify: 2022-04-18 20:35:32.997848591 +0800
Change: 2022-04-18 20:35:32.997848591 +0800
 Birth: -
```

为文件创建一个硬链接后，虽然二者在目录中分别属于两个文件，但是共享同一个 inode 号：

```
[root@#localhost ~]# ln /tmp/file.txt /tmp/file_2.txt
[root@#localhost ~]# ls -li /tmp/file.txt /tmp/file_2.txt
33563676 -rwxrwxrwx. 2 root admin 11 Apr 18 20:35 /tmp/file_2.txt
33563676 -rwxrwxrwx. 2 root admin 11 Apr 18 20:35 /tmp/file.txt
```

上面介绍了如何查看文件的 inode 号，下面介绍磁盘的节点的数目。此时磁盘 sdb5 共有 2621440 个节点，并且只使用了 3 个，接下来进入目录 abc 并在其中创建 10 万个空文件：

```
[root@#localhost ~]# df -i /data1
Filesystem       Inodes  IUsed    IFree   IUse% Mounted on
/dev/sdb5       2621440      3  2621437     1% /data1
[root@#localhost data1]# touch {1..100000}.txt
[root@#localhost data1]# df -i /data1/
Filesystem       Inodes   IUsed    IFree  IUse% Mounted on
/dev/sdb5       2621440  100003  2521437     4% /data1
[root@#localhost data1]# df -h /data1/
Filesystem       Size  Used Avail Use% Mounted on
/dev/sdb5        5.0G   85M  5.0G   2% /data1
```

一个文件占 1 个节点，所以此时的磁盘 sdb5 已经使用了 10 万个节点，约占总节点数的 4%，但内存只占了 85MB，与节点数并不成正比，这是实际情况中的一种。一旦使用空文件占满其他磁盘的节点，虽然还剩余很多磁盘空间但已经写不进东西了。

2. 链接文件

Linux 系统中存在硬链接和软链接两种文件。

（1）硬链接：可以将它理解为一个"指向原始文件 inode 的指针"，系统不为它分配独立的 inode 和文件。所以，硬链接文件与原始文件其实是同一个文件，只是名称不同。每添加一个硬链接，该文件的 inode 连接数就会增加 1。只有当该文件的 inode 连接数为 0 时，才算彻底将它删除。换言之，由于硬链接实际上是指向原始文件 inode 的指针，因此即使原始文件被删除，也可以通过硬链接文件进行访问。

由于硬链接是具有相同 inode 号仅文件名不同的文件，因此硬链接存在以下几方面特点。

- 文件有相同的 inode 及数据块。
- 只能对已存在的文件创建硬链接。
- 不能交叉文件系统进行硬链接的创建。
- 不能对目录创建硬链接，只可对文件创建硬链接。
- 删除一个硬链接文件并不影响其他有相同 inode 号的文件。

（2）软链接（也称为符号链接）：仅包含所链接文件的路径名，因此能链接目录文件，也可以跨越文件系统进行链接。但是，当原始文件被删除后，链接文件也将失效，这一点与 Windows 系统中的"快捷方式"是一样的。

若文件用户数据块中存储的内容是另一个文件的路径名的指向，则该文件就是软链接。软链接就是一个普通文件，只是数据块中的内容比较特殊。软链接有其 inode 号及用户数据块。因此，软链接的创建与使用没有类似硬链接的诸多限制。

- 软链接有自己的文件属性及权限等。
- 可以对不存在的文件或目录创建软链接。
- 软链接可交叉文件系统。
- 可以对已存在的文件或目录创建软链接。
- 在创建软链接时，链接计数 i_nlink 不会增加。
- 删除软链接并不影响被指向的文件，但若被指向的原始文件被删除，则相关软链接被称为死链接（若重新创建被指向路径文件，则死链接可以恢复为正常的软链接）。

ln 命令的语法格式如下：

ln [选项] 目标

ln 命令用于创建链接文件，可用的参数如表 6-8 所示。在使用 ln 命令时，根据是否添加-s 参数，可以创建出性质不同的两种"快捷方式"。因此，如果用户没有扎实的理论知识和实践经验作为铺垫，那么尽管能够成功完成实验，但是永远不会明白为什么会成功。

表 6-8　ln 命令可用的参数

参数	作用
-s	创建符号链接（如果不带-s 参数，那么默认创建硬链接）
-f	强制创建文件或目录的链接
-i	在覆盖前先查询
-v	显示创建链接的过程

为了更好地理解软链接、硬链接的不同性质，接下来创建一个类似于 Windows 系统中的"快捷方式"的软链接：

[root@#localhost ~]# echo 'this is a new page!' >index.html
[root@#localhost ~]# cat index.html
this is a new page!
[root@#localhost ~]# ln -s index.html index.php

```
[root@#localhost ~]# cat index.php
this is a new page!
```

下面针对原始文件创建一个硬链接,即相当于针对原始文件的硬盘存储位置创建一个指针,新创建的这个硬链接就不再依赖原始文件的名称等信息。在创建硬链接后,原始文件的硬链接数量变为 2 个:

```
[root@#localhost ~]# ln   index.html   index.jsp
[root@#localhost ~]# cat index.jsp
this is a new page!
[root@#localhost ~]# ll -i index.html   index.php     index.jsp
67353304 -rw-r--r--. 2 root root 20 Apr 22 01:51 index.html
67353304 -rw-r--r--. 2 root root 20 Apr 22 01:51 index.jsp
67353303 lrwxrwxrwx. 1 root root 10 Apr 22 01:47 index.php -> index.html
```

当原始文件被删除后,就无法读取新创建的软链接文件,同时,硬链接文件不会因为原始文件的删除而无法读取。例如:

```
[root@#localhost ~]# rm -f index.html
[root@#localhost ~]# ll -i    index.php    index.jsp
67353304 -rw-r--r--. 1 root root 20 Apr 22 01:51 index.jsp
67353303 lrwxrwxrwx. 1 root root 10 Apr 22 01:47 index.php -> index.html
[root@#localhost ~]# cat index.php
cat: index.php: No such file or directory
[root@#localhost ~]# cat index.jsp
this is a new page!
```

由此,读者就可以了解原始文件与链接文件的关系。

项目实训

1. 存储结构与文件系统

(1)列出系统中"/"下所有的目录,并且查看指定目录(如/home)下的详细信息。

(2)若在系统中插入光盘,则先通过命令找到光盘文件,并查看其详细信息,再列出/dev 目录下所有光盘镜像文件的块设备文件。

(3)查看/etc/passwd 文件的 inode 值。

(4)查看/etc/shadow 文件的 inode 值。

(5)查看每个硬盘分区的 inode 总数和已经使用的数量。

(6)为了能够非常方便地读取光盘数据,请将光盘挂载到/media 的某个目录下,如 cdrom,并且要让其在系统重启后可以自动挂载到指定目录下。

2. 为系统增加一块硬盘(容量为 50GB)

(1)将该硬盘划分为 3 个主分区和 3 个逻辑分区,主分区的大小均为 5GB,逻辑分区的大小均为 3GB。

（2）将 3 个主分区格式化为 XFS，分别挂载到/mnt/disk1 目录、/mnt/disk2 目录、/mnt/disk3 目录下。

（3）配置开机启动自动挂载。

（4）使用 fdisk -l 命令查看硬盘的分区情况，使用 df -Th 命令查看主分区的挂载情况。

3. 配置 RAID

（1）在已有分区上配置 RAID 5，设备名为/dev/md/raid5。

（2）至少配置一个热备分区。

（3）执行 mdadm -D 命令查看 RAID。

（4）配置开机启动挂载。

（5）模拟 RAID 5 故障盘及故障切换。

4. 配置逻辑卷

（1）利用已有存储创建逻辑卷/dev/vg/mylv，容量为 8.5GB。

（2）将其格式化为 Ext4，并挂载到/mnt/mylv 目录下，实现系统的自动挂载。使用 df -Th 命令查看逻辑卷的挂载情况。

（3）将逻辑卷扩容至 12GB，并查询扩容后的状态。

习题

一、选择题

1. Linux 文件系统的文件都按其作用分门别类地放在相关目录下，外部设备文件一般放在（　　）目录下。

　　A．/bin　　　　　B．/etc　　　　　C．/dev　　　　　D．/lib

2. 当使用 mount 命令进行设备或文件系统挂载时，需要使用的设备位于（　　）目录下。

　　A．/home　　　　B．/bin　　　　　C．/etc　　　　　D．/dev

3. 第 2 个 SCSI 接口主硬盘的第 1 个分区的标识为（　　）。

　　A．/dev/sdb1　　B．/dev/hda1　　　C．/dev/hdc1　　　D．/dev/sdc5

4. 已知 Linux 系统中的唯一一块硬盘是第 1 个 SCSI 接口的 master 设备，该硬盘按顺序有 3 个主分区和 1 个扩展分区，这个扩展分区又划分为 3 个逻辑分区，则该硬盘上的第 2 个逻辑分区在 Linux 系统中的设备名称是（　　）。

　　A．/dev/sda2　　B．/dev/sda5　　　C．/dev/sda6　　　D．/dev/sda6

5. 在 Linux 系统中，使用（　　）可以标识在 IDE0 上的 slave 硬盘的第 2 个扩展分区。

　　A．/dev/hdb2　　B．/dev/hd1b2　　　C．/dev/hdb6　　　D．/dev/hd1b6

6. 用于统计硬盘或文件系统的使用情况的命令是（　　）。

　　A．df　　　　　B．dd　　　　　　C．du　　　　　　D．fdisk

7. 在 CentOS 系统中，（　　）命令可以用于将分区挂载到目录下。

　　A．fdisk　　　　B．mkfs　　　　　C．tune2fs　　　　D．mount

8. Linux 交换分区的格式为（　　）。

　　A．Ext2　　　　B．Ext3　　　　　C．FAT　　　　　D．Swap

9. 若一台计算机的内存为 2GB，则交换分区的大小通常是（　　）。
   A．1GB   B．2GB   C．4GB   D．8GB
10. 假设用户所使用的计算机系统有 2 块 IDE 硬盘，Linux 系统位于第 1 块硬盘上，用于查询第 2 块硬盘的分区情况的命令是（　　）。
   A．fdisk -l /dev/hda1   B．fdisk -l /dev/hdb2
   C．fdisk -l /dev/hdb   D．fdisk -l /dev/had

二、简答题

1. 假设 Linux 系统分配给光驱的设备名是/dev/cdrom，简述 Linux 系统是如何在该光驱上使用光盘的。
2. 如何统计系统中硬盘的使用情况和空闲情况？
3. 常见的分区类型有哪些？
4. 简述不同类型的硬盘的命名规则。

项目 7

网络服务与系统安全的管理

项目引入

网络服务是 Linux 工程师必须掌握的内容，是从事运维工作的基础。通过学习 NetworkManager、Network 及 SSH 服务，读者可以在不同的工作场景中快速切换网络运行参数，对 Linux 系统进行远程管理，以及基于密码与密钥验证实现远程访问。保障数据的安全性是保障数据的可用性之后最重要的一项内容。SELinux 针对特定的进程与指定的文件资源进行权限控制，而防火墙作为公网与内网之间的保护屏障，在保障数据的安全性方面起着至关重要的作用。

能力目标

- ➢ 了解系统服务和网络服务。
- ➢ 掌握 nmcli 命令的用法。
- ➢ 掌握 SSHD 服务的配置。
- ➢ 熟练掌握防火墙的配置管理。

任务 7.1　网络服务的管理

子任务 1　系统服务

系统服务是在后台运行的应用程序，可以提供一些本地系统或网络的功能。把这些应用程序称作服务，也就是 Service。也有人将系统服务称为 Daemon。Daemon 的英文原意是"守护神"，在这里是"守护进程"的意思。

那么，什么是守护进程？它和服务之间又有什么关系呢？守护进程就是用于实现服务、功能的进程。例如，Apache 服务就是服务（Service），它是用来实现 Web 服务的。那么，启动 Apache 服务的是哪个进程呢？其实就是 httpd 进程。也就是说，守护进程就是服务在后台运行的真实进程。

即使分不清服务和守护进程，其实也没有关系，可以把服务与守护进程等同起来。在 Linux 系统中就是通过启动 httpd 进程来启用 Apache 服务的。可以把 httpd 进程当作 Apache 服务的别名来理解。

Linux 系统中的服务按照安装方法不同可以分为 rpm 软件包默认安装的服务和源码包安装的服务两大类。rpm 软件包是经过编译的软件包，安装快速，并且不易报错，但不再是开源的。源码包是开源的，自定义性强，通过编译安装更加适合系统，但是安装速度比较慢，编译时容易报错。二者最主要的区别就是安装位置不同：rpm 软件包安装在系统的默认位置，可以被服务管理命令识别，源码包安装在手动指定的位置，虽然无法被服务管理命令识别，但是可以手动修改为被服务管理命令识别。

1. systemd

systemd 是一系列工具的集合。使用 systemd 不仅可以启动系统，还可以接管系统服务的启动、结束、状态查询和日志归档等，并且支持通过特定事件（如插入特定 USB 设备）和特定端口数据触发的 On-demand（按需）任务。

systemd 的后台服务还有一个特殊的身份——它是系统中 PID 值为 1 的进程。systemd 提供了服务按需启动的能力，使特定的服务只有在真正被请求时才启动。

在 SysV-init 时代，按照每个服务项目编号依次启动脚本。systemd 通过 Socket 缓存、DBus 缓存和建立临时挂载点等方法进一步解决了启动进程之间的依赖，做到了所有系统服务并发启动。对于用户自定义的服务，systemd 允许配置启动依赖项目，从而确保服务按照必要的顺序运行。

2. 单元

在 systemd 中，将服务、挂载等资源统一称为单元，所以 systemd 中有许多单元类型。服务单元文件的扩展名是 .service，与脚本的功能相似。例如，systemctl 命令有查看、启动、停止、重启或禁止服务的参数。

systemd 中的单元文件可以放置在如下位置。

- /usr/lib/systemd/system：默认的单元文件的安装目录，启动服务的脚本的路径。
- /run/systemd/system：在单元运行时创建，这个目录优先于安装目录。
- /etc/systemd/system：由系统管理员创建和管理的单元目录，优先级最高。
- /etc/systemd/system/multi-user.target.wants：开机自启服务存放的路径。
- /etc/systemd/system/default.target：默认运行级别的配置文件。

3. systemd 的服务管理

使用 systemctl 命令可以控制服务。虽然 service 命令和 chkconfig 命令依然可以使用，但是出于兼容性方面的考虑，应该尽量避免使用。

当使用 systemctl 命令控制单元时，通常需要使用单元文件的全名，包括扩展名（如 sshd.service），但是有些单元可以使用简写方式。systemctl 命令如表 7-1 所示。

表 7-1 systemctl 命令

命令	作用
systemctl enable httpd.service	使服务自动启动
systemctl disable httpd.service	使服务不自动启动

续表

命令	作用
systemctl status httpd.service	检查服务状态和服务的详细信息
systemctl is-active httpd.service	仅显示是否 active
systemctl list-units --type=service	显示所有已启动的服务
systemctl start httpd.service	启动服务
systemctl stop httpd.service	停止服务
systemctl restart httpd.service	重启服务

子任务 2 网络服务

1. network 服务

network.service 是 RHEL 7/CentOS 7 系统提供的服务之一，用于兼容遗留的网络功能。该服务的运行也由 systemctl 命令管理。systemctl 命令的语法格式如下：

```
systemctl start|stop|restart|status network
```

控制脚本在/etc/init.d/network 文件中，所以可以在这个文件的后面加上下面的参数来操作网络服务及/sbin/目录下的文件，例如：

```
[root@localhost ~]# /etc/init.d/network
Usage: /etc/init.d/network {start|stop|status|restart|force-reload}
[root@localhost ~]# /etc/init.d/network start
Starting network (via systemctl):                          [  OK  ]
[root@localhost ~]# ll /sbin/if*
-rwxr-xr-x. 1 root root   3056 Apr 11  2018 /sbin/ifcfg
-rwxr-xr-x. 1 root root  82056 Oct 31  2018 /sbin/ifconfig
-rwxr-xr-x. 1 root root   1651 Aug 24  2018 /sbin/ifdown
-rwxr-xr-x. 1 root root  20216 Aug  4  2017 /sbin/ifenslave
-rwxr-xr-x. 1 root root  41568 Apr 11  2018 /sbin/ifstat
-rwxr-xr-x. 1 root root   5010 Aug 24  2018 /sbin/ifup
```

同样，也可以用 systemctl 命令来操作 network 服务，例如：

```
[root@localhost ~]# systemctl start network
[root@localhost ~]# systemctl restart network
```

使用 network 服务修改网络接口配置信息后，网络服务必须重新启动，以激活新的网络配置，从而使配置生效。这部分操作对服务而言和重新启动系统的作用是一样的。

2. 网络配置文件

在 Linux 系统中，与网络相关的配置文件主要有以下几个。

- /etc/hosts：配置主机名（域名）和 IP 地址的对应。
- /etc/sysconfig/network-scripts/ifcfg-<interface-name>：网络接口配置文件。
- /etc/resolv.conf：配置 DNS 客户端（关于使用哪个 DNS 配置）。

1）/etc/hosts

当机器启动时，在可以查询 DNS 以前，需要先查询一些主机名到 IP 地址的匹配信息，这些匹配信息保存在/etc/hosts 文件中。在没有域名服务器的情况下，系统中的所有网络程序都通过查询该文件来解析对应某个主机名的 IP 地址。例如：

```
[root@localhost ~]# echo "192.168.200.128 myserver" >> /etc/hosts
[root@localhost ~]# cat /etc/hosts
127.0.0.1       localhost localhost.localdomain localhost4 localhost4.localdomain4
::1             localhost localhost.localdomain localhost6 localhost6.localdomain6
192.168.200.128 myserver
[root@localhost ~]# ping -c 1 myserver
PING myserver (192.168.200.128) 56(84) bytes of data.
64 bytes from myserver (192.168.200.128): icmp_seq=1 ttl=64 time=0.024 ms
```

2）/etc/sysconfig/network-scripts/ifcfg-<interface-name>

系统网络设备的配置文件保存在/etc/sysconfig/network-scripts 目录下。ifcfg-<interface-name>文件中包含网卡的配置信息，在启动时，系统通过读取这个配置文件来决定某网卡是否启动和如何配置。手动修改网络地址或增加新的网络连接，可以通过修改对应的文件 ifcfg-<interface-name>或创建新的文件来实现。

- TYPE-Ethernet：网卡类型为以太网。
- DEVICE=<name>：<name>表示物理设备的名称或网卡接口的名称。
- IPADDR=<address>：<address>表示赋给该网卡的 IP 地址。
- NETMASK=<mask>：<mask>表示子网掩码。
- BROADCAST=<address>：<address>表示广播地址。
- ONBOOT=yes/no：启动时是否激活网卡。
- BOOTPROTO=none/bootp/dhcp：若取值为 none，则表示无须启动协议；若取值为 bootp，则表示使用 BOOTP 协议；若取值为 dhcp，则表示使用 DHCP 协议。
- GATEWAY=<address>：<address>表示默认网关。
- MACADDR=<MAC-address>：<MAC-address>表示指定一个 MAC 地址。
- USERCTL=yes/no：是否允许非 root 用户控制设备。
- DNS1=<address>：设置主 DNS。
- DNS2=<address>：设置备 DNS。

例如，手动修改服务器的网络接口地址：

```
[root@localhost ~]# cat /etc/sysconfig/network-scripts/ifcfg-ens33
TYPE="Ethernet"
BOOTPROTO="static"
NAME="ens33"
DEVICE="ens33"
ONBOOT="yes"
IPADDR=192.168.200.128
NETMASK=255.255.255.0
GATEWAY=192.168.200.2
DNS1=8.8.8.8
[root@localhost ~]# systemctl restart network
```

当手动修改完成后，必须重启 network 服务或系统才可以生效。

3）/etc/resolv.conf

使用/etc/resolv.conf 文件可以配置 DNS 客户端，包含 DNS 服务器地址和域名搜索的配置，每行应包含一个关键字和一个或多个由空格隔开的参数，如下所示：

```
[root@localhost ~]# cat /etc/resolv.conf
nameserver 8.8.8.8
```

3. NetworkManager 服务

从 RHEL 7/CentOS 7 系统开始，网络功能默认由 NetworkManager 以服务的形式提供。NetworkManager 是一个能够动态控制和配置网络的守护进程，用于管理网络服务和网络连接，对应 NetworkManager.service 服务。该服务的配置文件为/etc/NetworkManager/NetworkManager.conf（默认为空，不需要任何配置）。

NetworkManager 最显著的特征：命令行工具命令，一个 NetworkManager 的命令行接口。NetworkManager 的 CLI 工具是 nmcli 命令。nmcli 命令可以用来查询和管理网络连接的状态，也可以用来管理。使用该命令不仅可以完成网卡上所有的配置工作，还可以写入配置文件，永久生效。

nmcli 命令的用法主要包含以下几点。

- 查看接口信息。
- 查看网络连接信息。
- 启动或停止接口。
- 创建网络连接。
- 修改 IP 地址。
- 修改网络连接是否为自动启动。
- 删除网络连接。
- 配置网络连接的 DNS。

（1）显示所有连接及设备的列表，命令的选项和参数都可以简写：

```
[root@localhost ~]# nmcli connection show        #显示详细信息
NAME      UUID                                   TYPE      DEVICE
ens33     31114403-d97b-41f7-bbb0-dc7418ced2d1   ethernet  ens33
virbr0    4f93c5dd-d911-4e6e-9e5e-aa77376b4890   bridge    virbr0
[root@localhost ~]# nmcli device status          #显示简略信息
DEVICE       TYPE      STATE        CONNECTION
ens33        ethernet  connected    ens33
virbr0       bridge    connected    virbr0
ens36        ethernet  disconnected --
lo           loopback  unmanaged    --
virbr0-nic   tun       unmanaged    --
```

（2）启动或停止网络连接：

```
[root@localhost ~]# nmcli connection up ens33
Connection successfully activated (D-Bus active path: /org/freedesktop /NetworkManager/ActiveConnection/5)
[root@localhost ~]# nmcli connection down ens33
```

(3) 创建网络连接:

```
[root@localhost ~]# nmcli connection add con-name ens36 ifname ens36 type ethernet ipv4.addresses 192.168.100.100/24 ipv4.gateway 192.168.100.1 ipv4.dns 8.8.8.8    ipv4.method manual autoconnect yes
Connection 'ens36' (7e24eafb-03b2-4d0b-8bc5-602206f195bb) successfully added.
[root@localhost ~]# nmcli connection show
NAME      UUID                                      TYPE         DEVICE
ens33     31114403-d97b-41f7-bbb0-dc7418ced2d1      ethernet     ens33
ens36     fe9218d2-a613-4d93-b8cd-65c003d88546      ethernet     ens36
[root@localhost ~]# cat /etc/sysconfig/network-scripts/ifcfg-ens36
TYPE=Ethernet
BOOTPROTO=none
IPADDR=192.168.100.100
PREFIX=24
GATEWAY=192.168.100.1
DNS1=8.8.8.8
NAME=ens36
UUID=7e24eafb-03b2-4d0b-8bc5-602206f195bb
DEVICE=ens36
ONBOOT=yes
```

创建网络连接相当于在/etc/sysconfig/network-scripts/目录下创建一个 ifcfg-${con-name} 文件。如果创建多个网络连接，就会同时创建多个文件。

当然，上述操作也可以分步完成，先创建网络连接，再修改网络连接的 IP 地址、网关、DNS、自动启动等参数。

(4) 删除网络连接:

```
[root@localhost ~]# nmcli connection delete ens36
Connection 'ens36' (fe9218d2-a613-4d93-b8cd-65c003d88546) successfully deleted.
```

子任务 3 NetTools

NetTools 是功能非常强大的网络工具，集合了各种常用的网络监测和扫描工具。NetTools 的程序界面友好，并且操作简单直观，普通用户和网络管理员都能运用自如。

可以使用如下命令安装 NetTools:

```
[root@localhost ~]# yum -y install net-tools
```

NetTools 提供了很多网络命令，不仅可以用于自动检测系统网络数据，还可以用于查询端口和远程地址等数据信息。

- 查看本地主机的 IP 地址、网卡地址及 Winsocket 的信息。
- 查看所有 TCP 连接信息（本地地址、端口、远程地址、端口、状态）、地址解析、Trace route，以及 IP、ICMP、UDP、TCP 数据包的统计数据和收发电子邮件等。

1. ifconfig 命令

ifconfig 命令可以用来临时配置和显示 Linux 内核中的网络接口。当使用 ifconfig 命令配置了网络信息，并且重启系统后，配置就不存在了。

ifconfig 命令的语法格式如下：

ifconfig [选项] [参数]

ifconfig 命令的常用选项如下。
- add <地址>：设置网络设备 IPv6 的 IP 地址。
- del <地址>：删除网络设备 IPv6 的 IP 地址。
- down：关闭指定的网络设备。
- up：启动指定的网络设备。
- IP 地址：指定网络设备的 IP 地址。

（1）显示网络设备的信息：

```
[root@localhost ~]# ifconfig ens33
ens33: flags=4163<UP,BROADCAST,RUNNING,MULTICAST>   mtu 1500
        inet 192.168.200.128   netmask 255.255.255.0   broadcast 192.168.200.255
        inet6 fe80::80ff:f982:f011:af10   prefixlen 64   scopeid 0x20<link>
        ether 00:0c:29:d2:1f:69   txqueuelen 1000   (Ethernet)
        RX packets 250391   bytes 365464685 (348.5 MiB)
        RX errors 0   dropped 0   overruns 0   frame 0
        TX packets 33788   bytes 2397648 (2.2 MiB)
        TX errors 0   dropped 0 overruns 0   carrier 0   collisions 0
```

（2）启动/关闭指定的网卡：

```
[root@localhost ~]# ifconfig ens36 up
[root@localhost ~]# ifconfig ens36 down
```

（3）配置 IP 地址：

```
[root@localhost ~]# ifconfig ens36 192.168.100.10
[root@localhost ~]# ifconfig ens36
ens36: flags=4163<UP,BROADCAST,RUNNING,MULTICAST>   mtu 1500
        inet 192.168.100.10   netmask 255.255.255.0   broadcast 192.168.100.255
        inet6 fe80::7607:26b3:5222:d672   prefixlen 64   scopeid 0x20<link>
        ether 00:0c:29:d2:1f:73   txqueuelen 1000   (Ethernet)
        RX packets 36   bytes 3520 (3.4 KiB)
        RX errors 0   dropped 0   overruns 0   frame 0
        TX packets 63   bytes 11744 (11.4 KiB)
        TX errors 0   dropped 0 overruns 0   carrier 0   collisions 0
```

2. arp 命令

arp（address resolution protocol 的简写形式）命令不仅可以用来操作主机的 ARP 缓存，还可以用来显示 ARP 缓存中的所有条目、删除指定的条目或添加静态 IP 地址与 MAC 地址的对应关系。

arp 命令的语法格式如下：

arp [选项] [IP]

arp 命令的常用选项如下。
- -a：显示 ARP 缓存中的所有条目，主机为可选参数。
- -H：指定 arp 命令使用的地址类型。
- -d：从 ARP 缓存中删除指定主机的 ARP 条目。
- -D：使用指定接口的硬件地址。
- -e：以 Linux 系统的显示风格显示 ARP 缓存中的条目。
- -i：指定要操作 ARP 缓存的网络接口。
- -n：以数字方式显示 ARP 缓存中的条目。
- -v：显示详细的 ARP 缓存中的条目，包括缓存条目的统计信息。
- -f：设置指定主机的 IP 地址与 MAC 地址的静态映射。

（1）显示本地主机 ARP 缓存中的所有记录：

```
[root@localhost ~]# arp
Address            HWtype    HWaddress           Flags Mask          Iface
gateway            ether     00:50:56:e5:f2:4c   C                   ens33
192.168.200.1      ether     00:50:56:c0:00:08   C                   ens33
```

（2）以数字方式显示指定主机 ARP 缓存中的条目：

```
[root@localhost ~]# arp -n 192.168.200.2
Address            HWtype    HWaddress           lags Mask           Iface
192.168.200.2      ether     00:50:56:e5:f2:4c   C                   ens33
```

3. netstat 命令

netstat 命令用于显示各种网络相关信息，如网络连接、路由表、接口状态（Interface Statistics）、masquerade 连接和多播成员（Multicast Memberships）等。

从整体上来看，netstat 命令的输出结果可以分为两个部分：一是 Active Internet Connections，称为有源 TCP 连接。其中，Recv-Q 和 Send-Q 分别表示接收队列和发送队列，用数字表示（这些数字一般都应该是 0）。如果不是 0，就表示软件包正在队列中堆积，这种情况非常少见。二是 Active UNIX Domain Sockets，称为有源 UNIX 域套接口（和网络套接字一样，但是只能用于本地主机通信，性能可以提高 1 倍）。

netstat 命令的语法格式如下：

```
netstat [选项]
```

netstat 命令的常用选项如下。
- -a：显示所有连接中的 Socket。
- -p：显示正在使用的 Socket 的程序识别码和程序名称。
- -t：显示 TCP 协议的连接。
- -u：显示 UDP 协议的连接。
- -l：列出正在监听的套接字。
- -n：直接使用 IP 地址，不通过域名服务器。

（1）netstat 命令最常用的方式就是把各选项合并在一起，并且结合管道命令进行指定查询。例如：

```
[root@localhost ~]# netstat -ntpl
Active Internet connections (only servers)
Proto Recv-Q Send-Q Local Address        Foreign Address      State       PID/Program name
tcp        0      0 0.0.0.0:111          0.0.0.0:*            LISTEN      1/systemd
tcp        0      0 0.0.0.0:6000         0.0.0.0:*            LISTEN      9113/X
tcp        0      0 192.168.122.1:53     0.0.0.0:*            LISTEN      9331/dnsmasq
tcp        0      0 0.0.0.0:22           0.0.0.0:*            LISTEN      8800/sshd
tcp        0      0 127.0.0.1:631        0.0.0.0:*            LISTEN      8797/cupsd
tcp        0      0 127.0.0.1:25         0.0.0.0:*            LISTEN      9266/master
tcp6       0      0 :::111               :::*                 LISTEN      1/systemd
tcp6       0      0 :::6000              :::*                 LISTEN      9113/X
tcp6       0      0 :::22                :::*                 LISTEN      8800/sshd
tcp6       0      0 ::1:631              :::*                 LISTEN      8797/cupsd
tcp6       0      0 ::1:25               :::*                 LISTEN      9266/master
tcp6       0      0 :::9090              :::*                 LISTEN      1/systemd
```

或者查询 sshd 是否正在运行相关信息。例如：

```
[root@localhost ~]# netstat -ntpl | grep sshd
tcp        0      0 0.0.0.0:22           0.0.0.0:*            LISTEN      8800/sshd
tcp6       0      0 :::22                :::*                 LISTEN      8800/sshd
```

（2）使用 netstat 命令可以显示内核路由信息。

使用选项-r 可以打印内核路由信息，并且打印出来的信息与 route 命令输出的信息一样，也可以使用选项-n 禁止域名解析。例如：

```
[root@localhost ~]# netstat -rn
Kernel IP routing table
Destination     Gateway         Genmask         Flags   MSS Window  irtt Iface
0.0.0.0         192.168.200.2   0.0.0.0         UG       0 0           0 ens33
192.168.100.0   0.0.0.0         255.255.255.0   U        0 0           0 ens36
192.168.100.0   0.0.0.0         255.255.255.0   U        0 0           0 ens36
192.168.122.0   0.0.0.0         255.255.255.0   U        0 0           0 virbr0
192.168.200.0   0.0.0.0         255.255.255.0   U        0 0           0 ens33
```

（3）使用 netstat 命令可以打印网络接口的信息。

使用选项-i 可以打印网络接口的信息。将选项-e 和-i 搭配使用，可以输出用户友好的信息，并且该信息与使用 ifconfig 命令输出的信息是一样的。例如：

```
[root@localhost ~]# netstat -ie
Kernel Interface table
ens33: flags=4163<UP,BROADCAST,RUNNING,MULTICAST>  mtu 1500
        inet 192.168.200.128  netmask 255.255.255.0  broadcast 192.168.200.255
        inet6 fe80::80ff:f982:f011:af10  prefixlen 64  scopeid 0x20<link>
        ether 00:0c:29:d2:1f:69  txqueuelen 1000  (Ethernet)
        RX packets 1230  bytes 120436 (117.6 KiB)
        RX errors 0  dropped 0  overruns 0  frame 0
```

```
TX packets 529    bytes 99437 (97.1 KiB)
TX errors 0   dropped 0 overruns 0   carrier 0   collisions 0
```

iproute2 是另一个系列的网络配置工具，旨在取代 NetTools 的功能。NetTools 可以通过调用 procfs（/proc）和 ioctl 来访问与更改内核网络配置，iproute2 则通过网络链路套接字接口与内核进行联系。另外，iproute2 的用户界面比 NetTools 的用户界面更直观。NetTools 与 iproute2 的对比如图 7-1 所示。

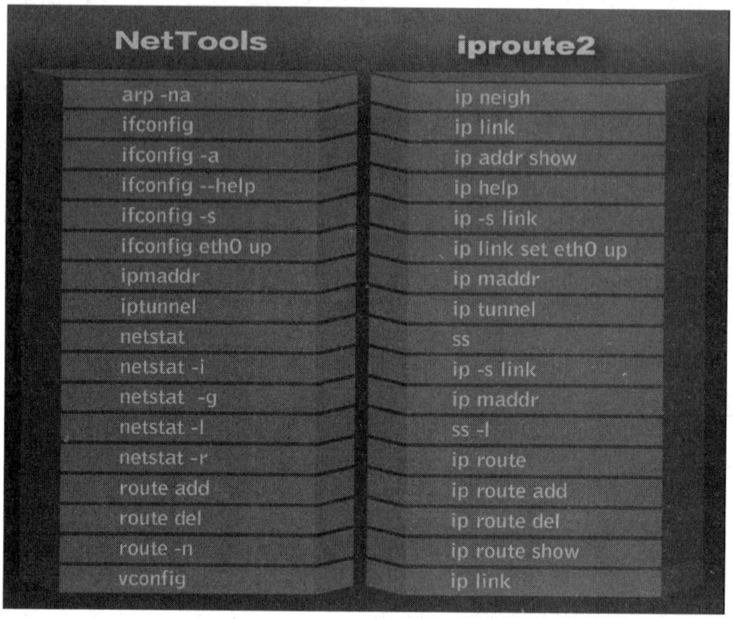

NetTools	iproute2
arp -na	ip neigh
ifconfig	ip link
ifconfig -a	ip addr show
ifconfig --help	ip help
ifconfig -s	ip -s link
ifconfig eth0 up	ip link set eth0 up
ipmaddr	ip maddr
iptunnel	ip tunnel
netstat	ss
netstat -i	ip -s link
netstat -g	ip maddr
netstat -l	ss -l
netstat -r	ip route
route add	ip route add
route del	ip route del
route -n	ip route show
vconfig	ip link

图 7-1　NetTools 与 iproute2 的对比

任务 7.2　远程控制服务

SSH 是一种能够以安全的方式提供远程登录的协议，也是目前远程管理 Linux 系统的首选方式。SSH 服务是一个守护进程，在后台监听客户端的连接。SSH 服务器端的进程名为 sshd，负责实时监听客户端的请求（IP 22 端口），包括公共密钥等信息。

服务器在启动时会产生一个密钥（768 位的公钥）。本地的 SSH 客户端将连接请求发送给 SSH 服务器端，SSH 服务器端检查 SSH 客户端发送的数据和 IP 地址，确认合法后将密钥发送（768 位）给 SSH 客户端，此时 SSH 客户端将本地私钥（256 位）和 SSH 服务器端的公钥（768 位）结合成密钥对（1024 位），发送给 SSH 服务器端，建立通过 key-pair 传输数据的连接。

SSH 服务器端由两部分组成。
- openssh：提供 SSH 服务。
- openssl：提供加密的程序。

SSH 客户端可以使用 XShell、SecureCRT 和 MobaXterm 等工具进行连接。

SSHD 服务能够提供两种安全验证的方法。
- 基于密码的验证：使用账户和密码进行验证及登录。

- 基于密钥的验证：需要先在本地生成密钥对，再把密钥对中的公钥上传至服务器中，并与服务器中的公钥进行比较。该方法更安全。

子任务 1　配置 SSHD 服务

在 Linux 系统中修改服务程序的运行参数，实际上就是修改服务程序的配置文件。SSHD 服务的配置信息保存在/etc/ssh/sshd_config 文件中。通常把保存主要配置信息的文件称为主配置文件，而配置文件中有许多以"#"开头的注释行，要想让这些配置参数生效，需要在修改配置参数后删除前面的"#"。

SSHD 服务的配置文件中包含的参数如表 7-2 所示。

表 7-2　SSHD 服务的配置文件中包含的参数

参数	作用
Port 22	默认的 SSHD 服务的端口
ListenAddress 0.0.0.0	设定 SSHD 服务器端监听的 IP 地址
Protocol 2	SSH 协议的版本号
HostKey /etc/ssh/ssh_host_key	当 SSH 协议的版本号为 1 时，DES 私钥存储的位置
HostKey /etc/ssh/ssh_host_rsa_key	当 SSH 协议的版本号为 2 时，RSA 私钥存储的位置
HostKey /etc/ssh/ssh_host_dsa_key	当 SSH 协议的版本号为 2 时，DSA 私钥存储的位置
PermitRootLogin yes	设定是否允许 root 用户直接登录
StrictModes yes	当远程用户的私钥改变时直接拒绝连接
MaxAuthTries 6	密码尝试的最大次数
MaxSessions 10	最大终端数
PasswordAuthentication yes	是否允许进行密码验证
PermitEmptyPasswords no	是否允许空密码登录（很不安全）

SSHD 服务基于密码的验证过程如下。
- 远程服务器端收到客户端的登录请求，服务器把自己的公钥发送给客户端。
- 客户端使用这个公钥将密码加密。
- 客户端将加密的密码发送给远程服务器端。
- 远程服务器端先用自己的私钥解密登录密码，再验证其合法性。
- 若验证通过，则发送给客户端相应的响应。

在 RHEL 7/CentOS 7 系统中，已经默认安装并启用了 SSHD 服务程序。ssh 命令的语法格式如下：

```
ssh [选项] [用户@]主机 IP 地址
```

如果要退出登录，那么执行 exit 命令。
下面使用 ssh 命令进行远程连接：

```
[root@localhost ~]# ssh root@192.168.200.128
The authenticity of host '192.168.200.128 (192.168.200.128)' can't be established.ECDSA key fingerprint is HA256:4PIAE1xwjwLEjiTpe4oOWjMSLoDNSMSTgLfW2O1nYac.
ECDSA key fingerprint is MD5:26:01:9b:80:b1:d4:5a:08:bd:d7:93:38:ef:f1:2c:20.
Are you sure you want to continue connecting (yes/no)? yes        #输入"yes"
Warning: Permanently added '192.168.200.128' (ECDSA) to the list of known hosts.
```

```
root@192.168.200.128's password:                    #输入密码
Last login: Fri Apr 29 09:30:41 2022 from 192.168.200.1    #登录成功
[root@localhost ~]# exit
logout
Connection to 192.168.200.128 closed.               #退出登录
```

客户端在首次登录服务器端时，会接收到服务器端的公钥，并保存到/root/.ssh/known_hosts 文件中：

```
[root@localhost ~]# cat .ssh/known_hosts
192.168.200.128 ecdsa-sha2-nistp256
AAAAE2VjZHNhLXNoYTItbmlzdHAyNTYAAAAIbmlzdHAyNTYAAABBBAbPJyFI5uyOBmljiUC9hegLxlG
bNppkz1ReYq419e2+1ttsK5hhuhpq+fHnlsuvDVtHJNg1rRfh4pV6Cb7L1Yw=
```

如果禁止以 root 用户的身份远程登录服务器，就可以大大降低被黑客暴力破解密码的概率（通过修改 SSHD 服务的主配置文件的 PermitRootLogin 参数即可禁止 root 用户的参数）。一般的服务程序并不会在配置文件修改之后立即获得最新的参数，需要手动重启相应的服务程序。例如：

```
[root@localhost ~]# vim /etc/ssh/sshd_config
38    PermitRootLogin no                            #修改第 38 行
[root@localhost ~]# systemctl restart sshd          #重启 SSHD 服务，参数生效
```

子任务 2 配置安全密钥验证

基于密钥的验证过程如下。
- 客户端将自己的公钥存储在服务器端，并且追加到文件 authorized_keys 中。
- 服务器端接收到客户端的连接请求后，会在 authorized_keys 文件中匹配到客户端的公钥 pubKey，并生成随机数 R，先用客户端的公钥对该随机数进行加密得到 pubKey(R)，再将加密后的信息发送给客户端。
- 客户端先通过私钥进行解密得到随机数 R，再对随机数 R 和本次会话的 SessionKey 利用 MD5 生成摘要 Digest1，并发送给服务器端。
- 服务器端会对随机数 R 和 SessionKey 利用同样的摘要算法生成 Digest2。
- 服务器端会最后比较 Digest1 和 Digest2 是否相同，并完成认证过程。

在本地生成密钥对，公钥和私钥会保存到/root/.ssh 目录下：

```
[root@localhost ~]# ssh-keygen
Generating public/private rsa key pair.
Enter file in which to save the key (/root/.ssh/id_rsa):    #私钥默认文件名
Enter passphrase (empty for no passphrase):                 #此处默认为空
Enter same passphrase again:
Your identification has been saved in /root/.ssh/id_rsa.
Your public key has been saved in /root/.ssh/id_rsa.pub.
The key fingerprint is:
SHA256:bYPDSzmsPkNNty0r3Wgm10BPMnw4TXbNvLR74MSTfpU root@localhost.localdomain
The key's randomart image is:
```

```
+---[RSA 2048]----+
|               +|
|             o..+|
|           .=o..+|
|         o.+O+*E.|
|        oSo+X + oo|
|        .o.=+.o o.|
|        ...B  ..|
|       .o o B o  |
|       .o *      |
+----[SHA256]----+
```
[root@localhost ~]# ll .ssh/
total 12
-rw-------. 1 root root 1675 Apr 29 11:31 id_rsa   #客户端私钥
-rw-r--r--. 1 root root 409 Apr 29 11:31 id_rsa.pub   #客户端公钥
-rw-r--r--. 1 root root 177 Apr 29 10:58 known_hosts   #服务器端公钥

客户端通过 ssh 命令向服务器端上传公钥/root/.ssh/id_rsa.pub，公钥文件将被追加到服务器端的/root/.ssh/authorized_keys 文件中：

[root@localhost ~]# ssh-copy-id 192.168.200.129
/usr/bin/ssh-copy-id: INFO: Source of key(s) to be installed: "/root/.ssh/id_rsa.pub"
/usr/bin/ssh-copy-id: INFO: attempting to log in with the new key(s), to filter out any that are already installed
/usr/bin/ssh-copy-id: INFO: 1 key(s) remain to be installed -- if you are prompted now it is to install the new keys
root@192.168.200.129's password:
Number of key(s) added: 1
Now try logging into the machine, with: "ssh '192.168.200.129'"
and check to make sure that only the key(s) you wanted were added.

在客户端尝试远程登录服务器，此时不再需要输入密码，可以直接登录：

[root@localhost ~]# ssh 192.168.200.129
Last login: Fri Apr 29 11:08:10 2022 from 192.168.200.1
[root@localhost ~]# ll .ssh/authorized_keys
-rw-------. 1 root root 409 Apr 29 11:41 .ssh/authorized_keys
[root@localhost ~]# cat .ssh/authorized_keys
ssh-rsa
AAAAB3NzaC1yc2EAAAADAQABAAABAQDejr+QfsXPKidcrGs5/RoUhT3xcW6JdZ4gFmVO6KLpfR+ovJ
NlgaY2sJd/ujIJ866SPY1+iT1dkI9ceLu2OsqbwC/D+z8G2klgnzWEpjf8idVEJoBfcZQBO2hrjHeXOxK8G98VX
GKhteWXzO+mcxe5FNwOcYanzjePDswmQxGi8T5mDUH3bTDfxGDVc3pX6a2ewMpfcCq7rXTyozFubI0tqA
gA+/dTAt/BVorP/5tD6Tap75k7w2B5R6EDZBGCIuORAyD7QpRl7OR5nwsrdUDmA2mJPhoJL9FByf7oOtoe/c
zqRYX9F3Ab+PC3aiQoTDIXFkSbCu06l5IRUW+DommR root@localhost.localdomain

由此可知，采用密钥验证的方式既方便又安全，达到了免密远程登录的效果。为了使系统安全可靠，可以通过修改主配置文件的方式取消密码验证。在生产环境中，部署应用服务集群通常会利用服务器之间的双向免密来优化配置流程。

子任务 3　远程传输

scp（secure copy 的简写形式）是基于 SSH 协议在网络之间进行安全传输的命令。该命令的语法格式如下：

scp [选项] 本地文件 远程账户@远程 IP 地址:远程目录

使用 cp 命令只能在本地硬盘中进行文件复制，而使用 scp 命令不仅可以在 Linux 服务器之间复制文件和目录，还可以对所有的数据进行加密处理。

scp 命令的常用选项如下。
- -C：使用压缩。
- -F：指定 SSH 配置文件。
- -l：指定宽带限制。
- -o：指定使用的 ssh 命令的选项。
- -P：指定远程主机的端口号。
- -p：保留文件最后的修改时间、最后的访问时间和权限模式。
- -q：不显示复制进度。
- -r：以递归方式复制。
- -v：显示详细的连接进度。

当使用 scp 命令在本地主机与远程主机之间复制文件时，需要先以绝对路径标清楚本地文件的存放位置。例如：

```
[root@localhost ~]# scp /etc/hosts 192.168.200.129:/etc/hosts
hosts                                100%    183    67.2KB/s    00:00
```

可以看到，本地主机的 hosts 文件被复制到远程主机 192.168.200.129 中，并且基于之前的密钥验证，文件直接被复制成功。当然，在基于密码验证的过程中，远程传输只需要单独输入密码就可以。

任务 7.3　防火墙的配置管理

防火墙是通过结合各类用于安全管理与筛选的软件设备和硬件设备，在公网与内网之间构建一道相对隔绝的保护屏障，以保护用户资料与信息安全的一种技术，如图 7-2 所示。防火墙策略可以基于流量的源和目的地址、端口号、协议、应用等信息来定制。防火墙使用预先定制的策略规则监控出入的流量，若流量与某条策略规则相匹配，则执行相应的处理，反之则丢弃。

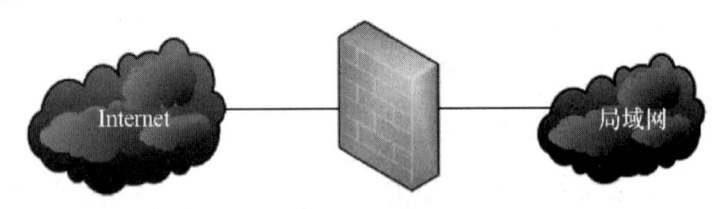

图 7-2　公网与内网之间的防火墙

Linux 防火墙是由 Netfilter 提供的。Netfilter 工作在内核空间，集成在 Linux 内核中，不依靠 Daemon。

Netfilter 是 Linux 2.4.x 之后新一代的 Linux 防火墙机制，是 Linux 内核的一个子系统。Netfilter 采用模块化设计，具有良好的可扩充性，提供扩展各种网络服务的结构化底层框架。Netfilter 可以与 IP 协议栈无缝契合，并且允许对数据报进行过滤、地址转换和处理等。

Linux 系统中的 iptables 和 firewalld 都不是真正的防火墙，只是用来定义防火墙策略的防火墙管理工具而已。或者说，iptables 和 firewalld 只是一种服务。在 RHEL 7/CentOS 7 系统中，firewalld 防火墙取代了 iptables 防火墙。iptables 服务会把配置好的防火墙策略交由内核层面的 Netfilter 网络过滤器来处理，而 firewalld 服务则是把配置好的防火墙策略交由内核层面的 nftables 包过滤框架来处理。

子任务 1　配置管理 iptables

iptables 是用户空间命令行程序，用于配置 Linux 2.4.x 及更高版本的包过滤规则集，并且是面向系统管理员的。网络地址转换也是通过包过滤规则集配置的，因此 iptables 的包装还包括 ip6tables（ip6tables 用于配置 IPv6 包过滤器）。

iptables 采用数据包过滤机制工作，所以会对请求的数据包的包头进行分析，并根据预先设定的规则进行匹配来决定是否可以进入主机。

数据包的包头在传输数据时经过 OSI 模型的各层，各层根据遵循的协议对数据进行层层打包，如图 7-3 所示。

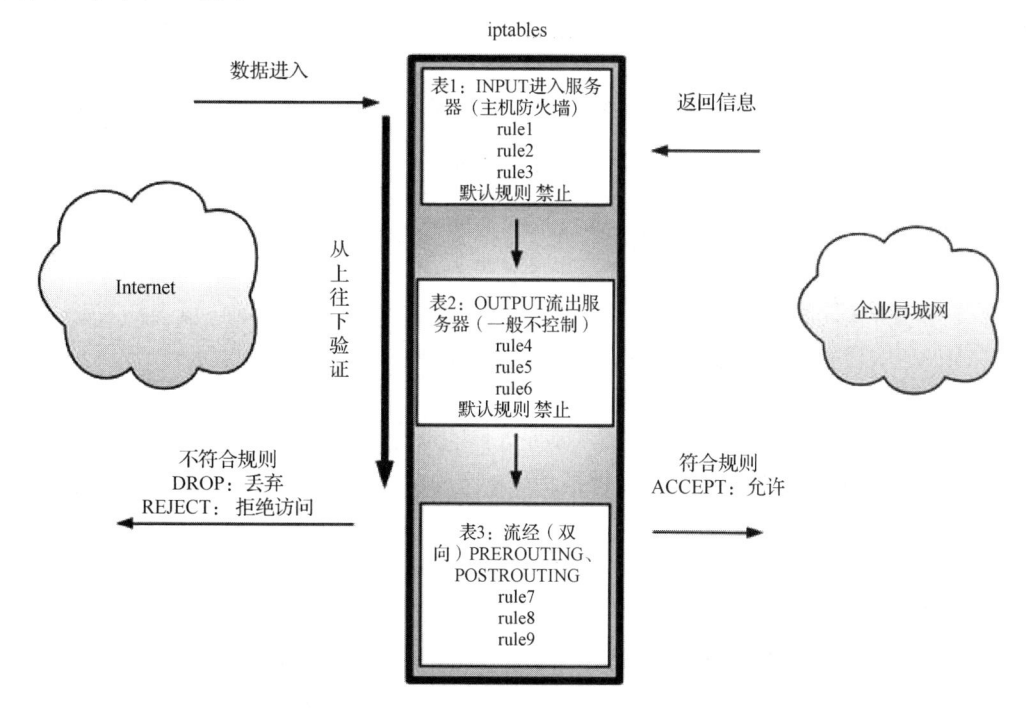

图 7-3　iptables 的工作流程

1. 四表五链

根据 iptables 的内部结构可以细化为表（以功能进行区分）和链（以 iptables 动作进行区分），其中包含的关系为 iptables（用户空间）→Netfilter（内核空间）→tables（四表）→chains（五链）→policy（规则）。

iptables 的四表的作用如表 7-3 所示，五链的作用如表 7-4 所示。

表 7-3 iptables 的四表的作用

表	作用
filter	主机防火墙，对主机的数据包进出进行控制，主要是 iptables 默认的表，表中包含的对应的链有 INPUT（流入）、OUTPUT（流出）和 FORWARD（流经、转发）
nat	用于端口或 IP 地址映射或共享上网，表中包含的链有 POSTROUTING（流出主机后路由）、PREROUTING（进入主机前路由）和 OUTPUT（流出主机）
mangle	用于配置路由标记，表中包含的链有 INPUT、OUTPUT、FORWARD、POSTROUTING 和 PREROUTING
raw	关闭 nat 表启用的连接追踪机制，表中包含的链有 OUTPUT 和 PREROUTING

表 7-4 iptables 的五链的作用

规则链	作用
INPUT	流入主机的数据包，主机防火墙最关键的链（filter 表的 INPUT 链）
OUTPUT	流出主机的数据包
FORWARD	流经主机的数据包
PREROUTING	流入服务器最先经过的链，NAT 端口或 IP 地址映射（导向）（nat 表的 PREROUTING 链）
POSTROUTING	流出服务器最后经过的链，NAT 共享上网（nat 表的 POSTROUTING 链）

内核中数据包的传输过程如下。

（1）当一个数据包进入网卡时，数据包先进入 PREROUTING 链，内核再根据数据包目的 IP 地址判断是否需要转发出去。

（2）如果数据包是进入本地主机的，数据包就会沿着图向下移动，到达 INPUT 链。数据包到达 INPUT 链后，任何进程都会收到它。本地主机上运行的程序可以发送数据包，这些数据包先经过 OUTPUT 链，再到达目标主机。

（3）如果数据包是要转发出去的，并且内核允许转发，那么数据包就会向右移动，先经过 FORWARD 链，再到达 POSTROUTING 链并输出。

2. iptables 命令

使用 iptables 命令可以根据流量的源地址、目的地址、传输协议和服务类型等信息进行匹配，一旦匹配成功，就会根据策略规则预设的动作来处理这些流量。

- ACCEPT：允许流量通过。
- LOG：允许流量通过，并记录相关信息。
- REJECT：拒绝流量通过（并回复"拒绝"）。
- DROP：拒绝流量通过（忽视）。

iptables 命令的语法格式如下：

iptables [-t 表名] <-A|I|D|R> 链名[规则编号] [-i|o 网卡名称] [-p 协议类型] [-s 源 IP 地址 | 源子网] [--sport 源端口号] [-d 目标 IP 地址 | 目标子网] [--dport 目标端口号] <-j 动作 >

iptables 命令的常用选项如表 7-5 所示。

表 7-5 iptables 命令的常用选项

选项	作用
-P	设置默认策略
-F	清空规则链
-X	删除自定义链
-Z	将表中的数据包计数器和流量计数器归零
-L	查看规则链
-A	在规则链的末尾加入新规则
-I num	在规则链的头部加入新规则
-D num	删除某条规则
-s	匹配来源地址 IP/MASK，加叹号 "!" 表示除这个 IP 地址外
-d	匹配目标地址
-i 网卡名称	匹配从这块网卡流入的数据
-o 网卡名称	匹配从这块网卡流出的数据
-p	匹配协议，如 TCP 协议、UDP 协议和 ICMP 协议
--dport num	匹配目标端口号
--sport num	匹配来源端口号

（1）在 iptables 命令的后面使用选项-L 可以查看已有的防火墙规则链：

```
[root@localhost ~]# iptables -L
Chain INPUT (policy ACCEPT)
target       prot opt source              destination
ACCEPT       udp  --  anywhere            anywhere             udp dpt:domain
ACCEPT       tcp  --  anywhere            anywhere             tcp dpt:domain
ACCEPT       udp  --  anywhere            anywhere             udp dpt:bootps
ACCEPT       tcp  --  anywhere            anywhere             tcp dpt:bootps

Chain FORWARD (policy ACCEPT)
target       prot opt source              destination
ACCEPT       all  --  anywhere            192.168.122.0/24     ctstate RELATED,ESTABLISHED
ACCEPT       all  --  192.168.122.0/24    anywhere
ACCEPT       all  --  anywhere            anywhere
REJECT       all  --  anywhere            anywhere             reject-with icmp-port-unreachable
REJECT       all  --  anywhere            anywhere             reject-with icmp-port-unreachable

Chain OUTPUT (policy ACCEPT)
target       prot opt source              destination
ACCEPT       udp  --  anywhere            anywhere             udp dpt:bootpc
```

（2）在 iptables 命令的后面使用选项-F 可以清空已有的防火墙规则链：

```
[root@localhost ~]# iptables -F
[root@localhost ~]# iptables -L
```

```
Chain INPUT (policy ACCEPT)
target     prot opt source                destination

Chain FORWARD (policy ACCEPT)
target     prot opt source                destination

Chain OUTPUT (policy ACCEPT)
target     prot opt source                destination
```

(3) 将 INPUT 链设置为只允许指定网段的主机访问本地主机的 22 端口，拒绝来自其他所有主机的流量：

```
[root@localhost ~]# iptables -I INPUT -p tcp --dport 22 -s 192.168.200.0/24 -j ACCEPT
[root@localhost ~]# iptables -A INPUT -p tcp --dport 22 -j REJECT
[root@localhost ~]# iptables -L INPUT
Chain INPUT (policy ACCEPT)
target     prot opt source              destination
ACCEPT     tcp  --  192.168.200.0/26    anywhere            tcp dpt:ssh
REJECT     tcp  --  anywhere            anywhere            tcp dpt:ssh reject-with icmp-port-unreachable
```

可以看到，在 INPUT 链中，对于 SSH 来说，允许流入的范围是 192.168.200.0/26，而其他范围将被拒绝。用一台 IP 地址为 192.168.200.128 的节点远程登录服务器，结果如下：

```
[root@localhost ~]# ssh 192.168.200.128
ssh: connect to host 192.168.200.128 port 22: Connection refused
```

需要注意的是，使用 iptables 命令配置的防火墙规则默认会在系统下一次重启时失效，如果想让配置的防火墙策略永久生效，那么还需要执行保存命令：

```
[root@localhost ~]# iptables-save
```

子任务 2　配置管理 firewalld

firewalld 是 RHEL 7/CentOS 7 系统用来管理 Netfilter 的用户空间软件工具，是配置和监控防火墙规则的系统守护进程。firewalld 是用于 Linux 系统的防火墙管理工具，通过名为 nftables 的用户空间工具为 Linux 内核的 Netfilter 框架充当前端管理工具，提供防火墙特性。firewalld 的名称遵循 UNIX 为系统守护进程命名的惯例，并且附加了字母"d"。

1. 防火墙区域

firewalld 支持划分区域，每个区域可以设置独立的防火墙规则。简单来说，区域就是 firewalld 预先准备了几套防火墙策略集合（策略模板），用户可以根据不同的生产场景选择合适的策略集合，从而实现防火墙策略之间的快速切换。firewalld 中常用的区域（默认为 public）如表 7-6 所示。

表 7-6 firewalld 中常用的区域

区域	默认策略规则
trusted	允许所有的数据包
home	拒绝流入的流量，除非与流出的流量相关；若流量与 SSH、mdns、ipp-client、amba-client 和 dhcpv6-client 服务相关，则允许流量流入
internal	等同于 home 区域
work	拒绝流入的流量，除非与流出的流量相关；若流量与 SSH、ipp-client 和 dhcpv6-client 服务相关，则允许流量流入
public	拒绝流入的流量，除非与流出的流量相关；若流量与 SSH 和 dhcpv6-client 服务相关，则允许流量流入
external	拒绝流入的流量，除非与流出的流量相关；若流量与 SSH 服务相关，则允许流量流入
dmz	拒绝流入的流量，除非与流出的流量相关；若流量与 SSH 服务相关，则允许流量流入
block	拒绝流入的流量，除非与流出的流量相关
drop	拒绝流入的流量，除非与流出的流量相关

2. firewall-cmd 命令

firewall-cmd 提供了动态管理的防火墙，支持网络/防火墙区域定义的网络连接或接口的信任级别。它支持 IPv4、IPv6 防火墙设置和以太网网桥，并将运行时和永久配置选项分开。它还支持服务或应用程序直接添加防火墙规则的接口。

使用 firewalld 的好处是可以在运行时环境中立即更改，不需要重新启动服务或守护进程；使用 firewalld D-Bus 接口服务，应用程序和用户都可以轻松调整防火墙设置，界面完整。

firewall-cmd 命令的语法格式如下：

```
firewall-cmd [选项]
```

命令行终端是一种极富效率的工作方式，firewall-cmd 是 firewalld 防火墙配置管理工具的 CLI（命令行界面）版本。firewall-cmd 命令的选项一般都是以"长格式"来提供的。除了能用 Tab 键自动补齐命令或文件名等内容，还可以用 Tab 键来补齐长格式选项。

firewall-cmd 命令的常用选项如下。

- --get-zones：列出所有可用区域。
- --get-default-zone：查询默认区域。
- --set-default-zone=：设置默认区域。
- --get-active-zones：列出当前正在使用的区域。
- --add-source= [--zone=]：将源地址的流量添加到指定区域中。
- --remove-source= [--zone=]：从指定区域中删除源地址的流量。
- --add-interface= [--zone=]：将来自指定接口的流量添加到特定区域中。
- --change-interface= [--zone=]：将指定接口改至新的区域中。
- --add-service= [--zone=]：允许服务的流量通过。
- --add-port=<PORT/PROTOCOL> [--zone=]：允许指定端口和协议的流量。
- --remove-service= [--zone=]：从区域中删除指定服务，禁止该服务的流量。

- --remove-port=<PORT/PROTOCOL> [--zone=]：从区域中删除指定端口和协议，禁止该端口的流量。
- --reload：删除当前运行时配置，应用加载永久配置。
- --permanent：使后续配置永久生效（默认重启后生效），但配置不会立刻生效（默认是立刻生效），可以通过--reload重读配置文件，这样永久配置可以立刻生效。
- --list-services：查看开放的服务。
- --list-ports：查看开放的端口。
- --list-all [--zone=]：列出指定区域的所有配置信息，包括接口、源地址、端口和服务等。

（1）启动 firewalld 服务，并查询 firewalld 默认的运行信息：

```
[root@localhost ~]# systemctl start firewalld
[root@localhost ~]# systemctl enable firewalld
Created symlink from /etc/systemd/system/dbus-org.fedoraproject.FirewallD1.service to /usr/lib/systemd/system/firewalld.service.
Created symlink from /etc/systemd/system/multi-user.target.wants/firewalld.service to /usr/lib/systemd/system/firewalld.service.
[root@localhost ~]# firewall-cmd --state
running
[root@localhost ~]# firewall-cmd --get-zones
block dmz drop external home internal public trusted work
[root@localhost ~]# firewall-cmd --list-all
public (active)
  target: default
  icmp-block-inversion: no
  interfaces: ens33 ens36
  sources:
  services: ssh dhcpv6-client
  ports:
  protocols:
  masquerade: no
  forward-ports:
  source-ports:
  icmp-blocks:
  rich rules:
```

SSH 协议是 firewalld 的默认配置，这主要是为了在系统安装完成后，使用户可以直接基于网络远程管理服务器。其他协议如果希望可以提供外部访问，就必须通过专门的配置管理才可以实现。

（2）设置 firewalld 服务的 public 中允许 HTTP 服务的流量，并立即生效：

```
[root@localhost ~]# firewall-cmd --permanent --add-service=http
success
[root@localhost ~]# firewall-cmd --reload
success
```

```
[root@localhost ~]# firewall-cmd --list-services
ssh dhcpv6-client http          #查询 HTTP 服务是否已经生效
```

也可以通过添加端口号来实现以上功能，具体如下：

```
[root@localhost ~]# firewall-cmd --permanent --add-port=8081-8088/tcp
success
[root@localhost ~]# firewall-cmd --reload
success
[root@localhost ~]# firewall-cmd --list-ports
8081-8088/tcp
```

当然，如果只是在实验环境中，那么可以通过停止 firewalld 服务来放行所有的协议和端口以达到实验目的（但是在生产环境中不可以停止 firewalld 服务）。

（3）rich 规则。

使用 rich 规则可以实现比基本 firewalld 语法更强的功能。rich 规则不仅可以实现允许/拒绝，还可以实现日志 syslog 和 auditd，也可以实现端口转发、伪装和限制速率等。

rich 规则的实施顺序如下。

- 该区域的端口转发和规则伪装。
- 该区域的日志规则。
- 该区域的允许规则。
- 该区域的拒绝规则。

拒绝来自 192.168.0.11 节点的所有流量，当 address 选项使用 source 或 destination 时，必须用"family= ipv4|ipv6"。例如：

```
[root@localhost ~]# firewall-cmd --permanent --zone=public --add-rich-rule='rule family=ipv4 source address=192.168.0.11/32 reject'
success
[root@localhost ~]# firewall-cmd --reload
success
[root@localhost ~]# firewall-cmd --list-rich-rules
rule family="ipv4" source address="192.168.0.11/32" reject
```

如果转发来自 192.168.0.0/24，那么将 TCP 80 端口的流量发送到防火墙的 TCP 8080 端口，具体如下：

```
[root@localhost ~]# firewall-cmd --permanent --add-rich-rule='rule family=ipv4 source address=192.168.0.0/24 forward-port port=80 protocol=tcp to-port=8080'
success
[root@localhost ~]# firewall-cmd --reload
success
[root@localhost ~]# firewall-cmd --list-rich-rules
rule family="ipv4" source address="192.168.0.11/32" reject
rule family="ipv4" source address="192.168.0.0/24" forward-port port="80" protocol="tcp" to-port="8080"
```

任务 7.4　SELinux 管理

SELinux（Security Enhanced Linux，安全强化的 Linux）是由美国国家安全局开发的，整合在 Linux 内核中，旨在增强传统 Linux 系统的安全性，解决传统 Linux 系统中自主访问控制系统中的各种权限问题（如 root 用户权限过高等）。即使是 root 用户，也必须遵守 SELinux 的规则，才能正确访问系统资源，这样可以有效地防止 root 用户的误操作（当然，root 用户可以修改 SELinux 的规则）。

需要注意的是，系统的默认权限还是会生效的，也就是说，用户既要满足系统的读、写、执行权限的要求，又要遵守 SELinux 的规则，才能正确地访问系统资源。

SELinux 项目在 2000 年以 GPL 协议的形式开源，当 Red Hat 公司在其 Linux 发行版本中包括 SELinux 之后，SELinux 才逐步变得流行起来。现在，SELinux 已经被许多组织广泛使用，并且几乎所有的 Linux 内核 2.6 及以上版本都集成了 SELinux 功能。

SELinux 采用的是强制访问控制系统，也就是控制一个进程对具体文件系统的文件或目录是否拥有访问权限。而判断进程是否可以访问文件或目录取决于 SELinux 中设定的规则。这样一来，SELinux 控制的就不单单只是用户及权限，还有进程。每个进程能够访问哪些文件资源，以及每个文件资源可以被哪些进程访问，都是由 SELinux 的规则确定的。

假设 Apache 服务存在一个漏洞，使某个远程用户可以访问系统的敏感文件（如 /etc/shadow）。如果 Linux 系统启用了 SELinux，因为 Apache 服务的进程并不具备访问 /etc/shadow 文件的权限，所以这个远程用户通过 Apache 服务访问 /etc/shadow 文件就会被 SELinux 阻挡，起保护 Linux 系统的作用。因此，即使 firewalld 中添加了放行 HTTP 服务的规则，用户依然无法访问 Web，这是因为 SELinux 起了作用，这里不再详述，后续会详细介绍。

1. SELinux 的工作模式

在介绍 SELinux 的工作模式之前，下面先介绍几个概念。

（1）主体（Subject）：就是想要访问文件或目录资源的进程。在自主访问控制系统中，靠权限控制的主体是用户；而在强制访问控制系统（如 SELinux）中，靠策略规则控制的主体是进程。

（2）目标（Object）：这个概念比较明确，就是需要访问的文件或目录资源。

（3）策略（Policy）：SELinux 默认定义了两个策略，具体的规则都已经在这两个策略中确定好了，默认只要调用策略就可以正常使用。这两个默认策略如下。

- -targeted：SELinux 的默认策略，这个策略主要用于限制网络服务，对本地主机系统的限制极少，一般使用这个策略就已经足够。
- -mls：多级安全保护策略，这个策略的限制更严格。

（4）安全上下文（Security Context）：每个进程、文件和目录都有其安全上下文，进程是否能够访问文件或目录，主要的依据是安全上下文是否匹配。

SELinux 的工作模式的相关概念如图 7-4 所示。

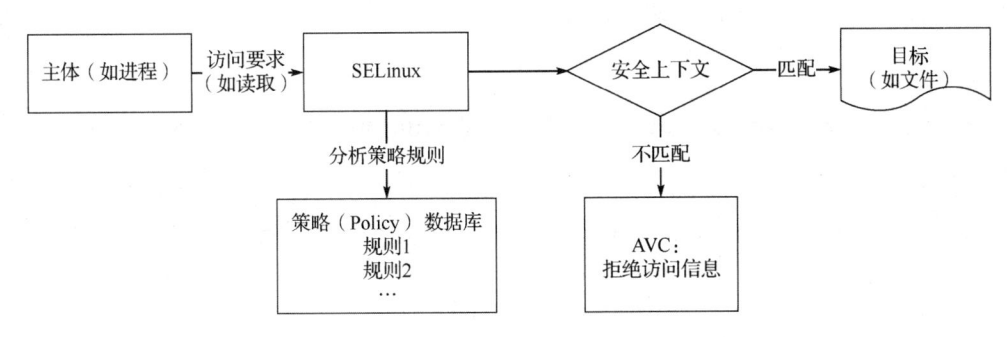

图 7-4 SELinux 的工作模式的相关概念

在进行 SELinux 管理时，一般只修改文件或目录的安全上下文，使其和访问进程的安全上下文匹配或不匹配，从而控制进程是否可以访问文件或目录资源。

SELinux 提供了 3 种工作模式，分别为 Disabled、Permissive 和 Enforcing，这 3 种工作模式为 Linux 系统安全提供了不同的好处。

（1）Disabled 工作模式（关闭模式）：SELinux 被关闭，默认使用自主访问控制方式。对于那些不需要增强安全性的环境来说，这种工作模式是非常有用的。

（2）Permissive 工作模式（宽容模式）：SELinux 被启用，但没有强制执行安全策略规则。当安全策略规则应该拒绝访问时，访问仍然被允许。但是，此时会向日志文件发送一条消息，表示该访问应该被拒绝。

（3）Enforcing 工作模式（强制模式）：从其名称就可以看出，在这种工作模式下，SELinux 被启动，并强制执行所有的安全策略规则。

要修改 SELinux 的工作模式，只需要编辑配置文件/etc/selinux/config，并修改该配置文件中的 SELINUX 参数后重启系统就可以。例如：

```
[root@localhost ~]# vim /etc/selinux/config
SELINUX=enforcing          #根据需要设置为 Enforcing、Permissive 或 Disabled 模式即可
```

临时修改 SELinux 的工作模式的方式也很简单，具体如下：

```
[root@localhost ~]# setenforce 0
[root@localhost ~]# getenforce
Permissive
[root@localhost ~]# setenforce 1
[root@localhost ~]# getenforce
Enforcing
```

2. SELinux 的安全上下文

在 SELinux 管理过程中，进程是否可以正确访问文件资源，取决于它们的安全上下文。进程和文件都有其安全上下文，SELinux 会为进程和文件添加安全信息标签，如 SELinux 用户、角色、类型和类别等。当运行 SELinux 之后，这些信息都将作为访问控制的依据。

下面通过一个实例来介绍如何查看文件和目录的安全上下文。查看文件的安全上下文非常简单，使用 ls -Z 命令就可以。例如：

```
[root@localhost ~]# ls -Z anaconda-ks.cfg
```

输出结果如下：

```
-rw-------. root root system_u:object_r:admin_home_t:s0 anaconda-ks.cfg
```

或者：

```
[root@localhost ~]# ls -Zd /var/www/html/
```

输出结果如下：

```
drwxr-xr-x. root root system_u:object_r:httpd_sys_content_t:s0 /var/www/html/
```

查看进程的安全上下文需要使用 ps 命令。例如：

```
[root@localhost ~]# ps auxZ | grep httpd
system_u:system_r:httpd_t:s0    root    22780  0.3  0.1 224072  5052 ?    Ss    20:55    0:00 /usr/sbin/httpd -DFOREGROUND
```

也就是说，只要进程和文件的安全上下文匹配，该进程就可以访问该文件资源。安全上下文看起来比较复杂，使用":"分隔为 4 个字段，其实共有 5 个字段，只是最后一个字段"类别"是可选的。例如：

```
system_u:object_r:httpd_sys_content_t:s0:[类别]
#身份字段  角色字段  类型字段           灵敏度字段[类别]
```

1）身份字段

身份字段用于标识该数据被哪个身份所拥有，相当于权限中的用户身份。这个字段并没有特别的作用。常见的身份类型有以下 3 种。

- - root：表示安全上下文的身份是 root 用户。
- - system_u：表示系统用户的身份，其中的"_u"代表 user。
- - user_u：表示与一般用户账户相关的身份，其中的"_u"代表 user。

身份字段只用于标识数据或进程被哪个身份所拥有。一般系统数据的身份字段就是 system_u，而用户数据的身份字段是 user_u。

2）角色字段

角色字段主要用来表示此数据是进程还是文件或目录。这个字段在实际使用时也不需要修改，所以读者了解即可。常见的角色有以下两种。

- - object_r：代表该数据是文件或目录，其中的"_r"代表 role。
- - system_r：代表该数据是进程，其中的"_r"代表 role。

3）类型字段

类型字段是安全上下文中最重要的字段。进程是否可以访问文件，主要就是确定进程的安全上下文的类型字段是否和文件的安全上下文的类型字段相匹配，若匹配则可以访问。

需要注意的是，类型字段在文件或目录的安全上下文中被称作类型（Type），但是在进程的安全上下文中被称作域（Domain）。也就是说，在主体的安全上下文中这个字段被称为域，在目标的安全上下文中这个字段被称为类型。域和类型需要匹配（进程的类型要和文件的类型相匹配），才能正确访问。

4）灵敏度字段

灵敏度一般是用 s0、s1 和 s2 来命名的，数字代表灵敏度的级别。数字越大，代表灵敏度越高。

5）类别字段

类别字段不是必须有的，所以在使用 ls 命令和 ps 命令查询时并没有看到类别字段。那么，默认安全上下文应该如何查询和修改呢？这就需要使用 semanage 命令。semanage 命令的语法格式如下：

```
[root@localhost ~]# semanage [login|user|port|interface|fcontext|translation] -l
```

其中，fcontext 主要用于安全上下文方面，-l 是查询的意思。semanage 命令的常用选项如表 7-7 所示。

表 7-7　semanage 命令的常用选项

选项	作用
-a	添加默认安全上下文配置
-d	删除指定的默认安全上下文
-m	修改指定的默认安全上下文
-t	设定默认安全上下文的类型

查询/var/www/目录下所有内容的默认安全上下文：

```
[root@localhost ~]# semanage fcontext -l | grep "/var/www(/.*)?"
/var/www(/.*)?          all files           system_u:object_r:httpd_sys_content_t:s0
#能够看到/var/www/目录下所有内容的默认安全上下文都是 httpd_sys_content_t
```

所以，一旦对/var/www/目录下文件的安全上下文进行修改，就可以使用 restorecon 命令进行恢复，因为默认安全上下文已经明确定义了。例如：

```
[root@localhost ~]# mkdir /www
#新建/www/目录，并将其作为 Apache 的网页主目录，不再使用/var/www/html/目录
[root@localhost ~]# ls -Zd /www/
drwxr-xr-x. root root unconfined_u: object_r: default_t: s0 /www/
#这个目录的安全上下文的类型是 default_t，因此 Apache 进程不能访问和使用/www/目录
```

这时可以直接设置/www/目录的安全上下文的类型为 httpd_sys_content_t，但是为了以后方便管理，可以修改/www/目录的默认安全上下文的类型。先查询/www/目录的默认安全上下文的类型：

```
[root@localhost ~]# semanage fcontext -l | grep -E "^/www"
```

可以看出，/www/目录并没有默认安全上下文。因为/www/目录是手动建立的，并不是系统默认目录，所以并没有默认安全上下文，需要手动设定。具体如下：

```
[root@localhost ~]# semanage fcontext -a -t httpd_sys_content_t "/www(/.*)?"
[root@localhost ~]# semanage fcontext -l | grep -E "^/www"
/www(/.*)?              all files          system_u:object_r:httpd_sys_content_t:s0
```

```
[root@localhost ~]# ls -Zd /www/
drwxr-xr-x. root root unconfined_u: object_r: default_t: s0 /www/
```

此时查询发现/www/目录的安全上下文并没有进行修改，这是因为它只修改了默认安全上下文，而没有修改目录的当前安全上下文。例如：

```
[root@localhost ~]# restorecon -Rv /www/
restorecon reset /www context
unconfined_u: object_r: default_t: s0->unconfined_u: object_r: httpd_sys_content_t: s0
```

恢复/www/目录的默认安全上下文，发现其类型已经被修改为 httpd_sys_content_t，此时尝试访问/www/目录下的 Web 站点就没有问题。

项目实训

1. 配置网络参数

（1）查询系统的 IP 地址、网关地址和 DNS 地址。

（2）通过配置文件修改网卡参数，为系统添加 IP 地址、子网掩码、网关地址、DNS 地址，并通过 ping 命令测试配置结果是否已生效。

（3）通过 nmcli 会话命令查询系统网络连接的状态信息。

（4）通过 nmcli 会话命令查询系统物理网络设备的状态信息。

（5）通过 nmcli 会话命令为 ens33 创建第一个连接 eth0，网络类型为 Ethernet，自动连接，IP 地址为 192.168.200.10，子网掩码为 255.255.255.0，网关地址为 192.168.200.2。

（6）通过 nmcli 会话命令为 ens33 创建第二个连接 eth1，非自动连接，自动获取 IP 地址，手动启用该连接并查询结果。

2. 配置远程控制

（1）部署两个节点，主机名分别配置为 node1 和 node2。

（2）配置 node1 和 node2 的双向免密，要求免密过程中不得使用 IP 地址。

（3）禁止两个节点使用密码进行远程登录。

（4）将 node1 节点的/etc/hosts 文件复制到 node2 节点中。

3. 配置防火墙

（1）查看 firewalld 服务当前使用的区域。

（2）查询网卡在 firewalld 服务中的区域。

（3）查询 public 区域是否允许请求 SSH 协议和 HTTP 协议的流量。

（4）把在 firewalld 服务中请求 HTTP 协议的流量设置为永久允许，并且立即生效。

（5）把在 firewalld 服务中访问 8080 端口和 8081 端口的流量策略设置为允许，并且永久生效。

（6）为了防止出现 icmp 攻击，通过防火墙过滤外来的 ping 包。

（7）配置 firewalld 服务，使其拒绝 192.168.100.0/24 网段的所有用户访问本地主机的 SSH 服务（22 端口）。

（8）查询 firewalld 服务的运行状态、默认当前使用的区域、系统默认活动区域的名称和关联的网卡、所有可用区域、默认区域设置。

项目 7 网络服务与系统安全的管理

习题

一、选择题

1. 一台本地主机要通过局域网与另一个局域网实现通信，需要做的是（　　）。
   A．配置域名服务器
   B．定义一条本地主机指向所在网络的路由
   C．定义一条本地主机指向所在网络网关的路由
   D．定义一条本地主机指向目标网络网关的路由

2. 包含主机名到 IP 地址的映射关系的文件是（　　）。
   A．/etc/HOSTNAME　　　　　　　B．/etc/hosts
   C．/etc/resolv.conf　　　　　　　D．/etc/networks

3. 存储网络接口 ens33 的 IP 地址的配置信息的配置文件是（　　）。
   A．/etc/network
   B．/etc/sysconfig/network-scripts/ifcfg-ens33
   C．/etc/hosts
   D．/etc/resolv.conf

4. 在 Linux 系统中，可以用来显示和设置网络接口的配置信息的是（　　）。
   A．ipconfig　　　B．ifconfig　　　C．route　　　D．nslookup

5. 在配置网卡时，一般不需要配置（　　）。
   A．IP 地址　　　B．子网掩码　　　C．默认网关地址　　　D．MAC 地址

6. 在修改网卡的配置文件后，使用（　　）命令可以使修改的配置生效。
   A．systemctl restart network　　　　B．systemctl stop network
   C．systemctl enable network　　　　D．systemctl is-enabled network

7. 若要查看当前主机的路由表信息，则可以使用（　　）命令。
   A．nslookup　　　B．router　　　C．route　　　D．traceroute

8. 不属于 iptables 操作的是（　　）。
   A．ACCEPT　　　　　　　　　B．DROP 或 REJECT
   C．LOG　　　　　　　　　　D．KILL

9. 假设要控制来自 IP 地址的 ping 命令，可以使用的 iptables 命令为（　　）。
   A．iptables -a lNPUT -s -p icmp -j DROP
   B．iptables -A INPUT -s -p icmp -j DROP
   C．iptables -A input -s -p icmp -j DROP
   D．iptables -A input -S -P icmp -J DROP

10. 如果想要防止/24 网络用 TCP 分组连接 21 端口，那么可以使用的 iptables 命令为（　　）。
    A．iptables -A FORWARD -s /24 -p tcp--dport 21 -j REJECT
    B．iptables -A FORWARD -s /24 -p tcp -dport 21 -j REJECT

C. iptables -a forward -s /24 -p tcp --dport 21 -j REJECT
D. iptables -A FORWARD -s /24 -p tcp -dport 21 -j DROP

二、简答题

1．手动配置 IP 地址需要修改哪个配置文件？更改默认的配置文件需要更改哪些地方？需要增加哪几行？

2．重启网络服务的命令是什么？

3．如何临时关闭 SELinux？如何永久关闭 SELinux？

项目 8

Web 服务器的配置与管理

项目引入

Web 服务是一种被动访问的服务程序，即只有接收到互联网中其他计算机发出的请求后才会响应，最终 Web 服务器会通过 HTTP 协议或 HTTPS 协议把指定文件传送到客户端的浏览器上。Web 服务器的安装和部署已成为当下业务系统上线最常见的解决方案，无论是个人站点还是比较复杂的 Web 系统，几乎都是通过 Web 服务器进行发布与访问的。通过学习本项目，Linux 工程师可以提升系统运维实践能力，为后续复杂系统的维护提供帮助。

能力目标

- 认识 Web 服务程序。
- 了解常用的 Web 服务的安装与启动方法。
- 掌握 Web 服务器的主配置文件。
- 掌握虚拟主机的配置方法。
- 掌握 Web 服务器的访问控制。

任务 8.1　Web 服务

子任务 1　认识 Web 服务器

1. WWW 简介

WWW 是 World Wide Web 的缩写，也可以简称为 Web，中文名称为"万维网"。它起源于 1989 年 3 月，是由欧洲量子物理实验室 CERN 发展出来的主从结构分布式超媒体系统。通过万维网，使用简单的方法就可以迅速且方便地取得丰富的信息资料。由于用户在通过 Web 浏览器访问信息资源的过程中，无须关心一些技术性的细节，并且界面非常友好，因此 Web 在 Internet 上一推出就得到了广泛应用，并且呈爆炸式发展。Web 采用的是浏览器/服务器结构，可以用于整理和存储各种 Web 资源，以及响应客户端软件的请求，把客户所需的资源发送到 Windows、UNIX 或 Linux 等平台上。

2. Web 服务器

Web 服务器也称为 WWW 服务器，主要的功能是提供网上信息浏览服务。Web 服务器是可以向发出请求的浏览器提供文档的程序，如图 8-1 所示。

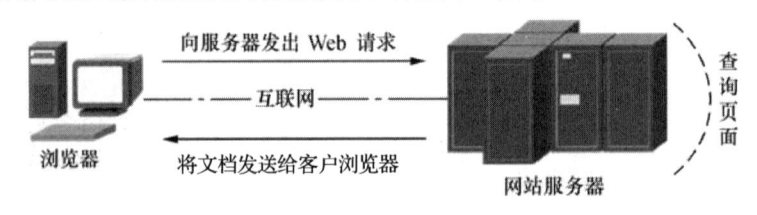

图 8-1 主机与 Web 服务器之间的通信

（1）Web 服务器是一种被动程序，只有当 Internet 上的 Web 客户端发出请求时，Web 服务器才会响应。

（2）最常用的 Web 服务器是 Apache、Nginx 和 IIS（Internet Information Services）。

（3）Internet 上的服务器也称为 Web 服务器，是一台在 Internet 上具有独立的 IP 地址的计算机，可以为 Internet 上的客户端提供 WWW、E-mail 和 FTP 等各种 Internet 服务。

（4）Web 服务器是指驻留于 Internet 上某种类型的计算机程序。当 Web 浏览器（客户端）连接到服务器上并请求文件时，服务器将处理该请求并将文件反馈到该浏览器上，附带的信息会告知浏览器如何查看该文件（即文件类型）。服务器使用 HTTP 协议与客户端浏览器进行信息交流，这就是人们常把它们称为 HTTP 服务器的原因。

Web 服务器不仅能够存储信息，还能在用户通过 Web 浏览器提供信息的基础上运行脚本和程序。

3. Web 服务器的特点

Windows、Linux 与 UNIX 是架设 Web 服务器比较常见的系统。Linux 的安全性能在这 3 个系统中是最高的，可以支持多个硬件平台，并且网络功能比较强大。总的来说，以下两个优点是其他系统不可替代的：第一，Linux 系统可以依据用户不同的需求随意修改、调整与复制各种程序的源码并发布在互联网上；第二，Linux 系统的市场价格比较低，并且能够在互联网上免费下载源码。可以说，Linux 是架设既高效又安全的 Web 服务器比较理想的系统。此外，要让 Web 服务器更具有优越的性能，可以根据服务器的特点与用途进行进一步的优化和处理，尽量减少 Web 服务器的数据传输量，以及降低传输数据的频率，进而提高网络宽带的利用率与使用率，提高网络客户端网页的加载速度，同时减少 Web 服务器各种资源的消耗。

4. Web 服务器的工作原理

Web 服务器的工作原理并不复杂，一般可分为如下 4 个步骤：连接过程、请求过程、应答过程及关闭连接。

- 连接过程：就是在 Web 服务器和浏览器之间建立一种连接。为了查看连接过程是否已实现，用户可以找到和打开 Socket 虚拟文件，这个文件的建立意味着连接过程已经创建成功。

- 请求过程：就是 Web 浏览器运用 Socket 虚拟文件向其服务器提出各种请求。
- 应答过程：就是运用 HTTP 协议把在请求过程中所提出来的请求传输到 Web 服务器上，进而实施任务处理，并运用 HTTP 协议把任务处理的结果传输到 Web 浏览器上，同时在 Web 浏览器上展示请求的界面。
- 关闭连接：就是当应答过程完成以后，Web 服务器和浏览器之间断开连接。

这 4 个步骤环环相扣、紧密相连，逻辑性比较强，可以支持多个进程、多个线程及多个进程与多个线程混合的技术。

5. 常见的 Web 服务器

UNIX 和 Linux 平台广泛使用的服务器是 Apache 和 Nginx，而 Windows 平台使用的是 IIS 服务器。选择使用 Web 服务器时应考虑的本身的因素包括性能、安全性、日志和统计、虚拟主机、代理服务器、缓冲服务和集成应用程序等。下面介绍几种常用的 Web 服务器。

1）Apache

Apache 仍然是世界上用得最多的 Web 服务器，市场占有率高达 60%左右，源于 NCSAhttpd 服务器。当 NCSAWWW 服务器项目停止后，那些使用 NCSAWWW 服务器的人们开始交换用于此服务器的补丁，这也是 Apache 名称的由来（pache 补丁）。很多网站都是 Apache 的产物，它的成功之处主要在于源码开放、有一支开放的开发队伍、支持跨平台的应用（可以运行在几乎所有的 UNIX、Windows、Linux 系统平台上）、具有可移植性等。

2）Nginx

Nginx（engine x）是高性能的 HTTP 和反向代理 Web 服务器，同时提供了 IMAP/POP3/SMTP 服务。Nginx 是由伊戈尔·赛索耶夫为 Rambler.ru 站点开发的，并将源码以类 BSD 许可证的形式发布。Nginx 因其稳定性、丰富的功能集、简单的配置文件和低系统资源的消耗而闻名。

Nginx 可以在大多数 UNIX 和 Linux 系统上编译运行，并且有 Windows 移植版。在连接高并发的情况下，Nginx 是 Apache 服务不错的替代品。

3）IIS

Microsoft 公司的 Web 服务器产品为 IIS，这是允许在公共 Intranet 或 Internet 上发布信息的 Web 服务器。IIS 是目前最流行的 Web 服务器之一，很多著名的网站都建立在 IIS 平台上。IIS 提供了一个图形界面的管理工具，称为 Internet 服务管理器，可以用于监视配置和控制 Internet 服务。

IIS 是一种 Web 服务组件，其中包括 Web 服务器、FTP 服务器、NNTP 服务器和 SMTP 服务器，分别用于网页浏览、文件传输、新闻服务和邮件发送等方面，使得在网络（包括互联网和局域网）上发布信息成了一件很容易的事。它不仅提供 ISAPI（Intranet Server API）作为扩展 Web 服务器功能的编程接口，还提供了一个 Internet 数据库连接器，可以实现对数据库的查询和更新。

4）Tomcat

Tomcat 是开放源码、运行 Servlet 和 JSP Web 应用软件的基于 Java 的 Web 应用软件容器。Tomcat Server 是根据 Servlet 和 JSP 规范来执行的，因此可以认为 Tomcat Server 也遵循 Apache-Jakarta 规范且比绝大多数商业应用软件服务器更好。

Tomcat 是 Java Servlet 2.2 和 Java Server Pages 1.1 技术的标准实现，是基于 Apache 许可证开发的自由软件。Tomcat 是完全重写的 Servlet API 2.2 和 JSP 1.1 兼容的 Servlet/JSP 容

器。Tomcat 使用了 JServ 的一些代码，特别是 Apache 服务适配器。随着 Catalina Servlet 引擎的出现，Tomcat 4 的性能得到了提升，成为一个值得考虑的 Servlet/JSP 容器，因此，许多 Web 服务器都采用 Tomcat。

5）WebSphere

WebSphere Application Server 是一种功能完善的、开放的 Web 应用程序服务器，是 IBM 电子商务计划的核心部分，是基于 Java 的应用环境，用于建立、部署和管理 Internet 与 Intranet Web 应用程序。这一整套产品进行了扩展，以适应 Web 应用程序服务器的需要，范围从简单到高级直到企业级。

以 Web 为中心的开发人员会使用 WebSphere，因为他们都是在基本 HTTP 服务器和 CGI 编程技术上成长起来的。IBM 提供了 WebSphere 系列产品，并且通过综合资源、可重复使用的组件、功能强大且易于使用的工具，以及支持 HTTP 和 IIOP 通信的可伸缩运行时环境，来帮助用户从简单的 Web 应用程序转移到电子商务中。

子任务 2 Web 服务协议

早期的 Web 服务使用 HTTP/0.9 协议，仅支持纯文本（包括超链接）HTML。
- HTML：超文本标记语言，是专门用来开发超文本的语言。
- URI：统一资源标识符，是用于定义全局范围内某独立资源的命名方式；URI 就像 Internet 上的邮寄地址一样，在世界范围内唯一标识并定位信息资源。
- URL：统一资源定位符，是 URI 的子对象，用于描述 Internet 资源的统一表示格式。
- 格式：协议://主机:(端口)/路径/文件。

通过统一资源定位符进行唯一标记，能够让客户端访问的文件等多种资源被整合为一个 HTML 文档。

Web 服务器是 Web 资源的宿主。Web 资源是 Web 内容的源头。最简单的 Web 资源就是 Web 服务器文件系统中的静态文件。这些文件可以包含任意内容，如文本文件、HTML 文件、Word 文件、Acrobat 文件、JPEG 图片文件、AVI 电影文件，或者其他格式的文件。

但是资源不一定非得是静态文件，还可以是根据需要生成内容的软件程序。动态的内容资源可以根据用户的身份、所请求的信息或每天的不同时段来产生内容。

1. HTML

HTML 是一种标记语言。它包括一系列标签，使用这些标签可以将网络上的文档格式进行统一，使分散的 Internet 资源链接为一个逻辑整体。HTML 文档是由 HTML 命令组成的描述性文本。使用 HTML 命令可以说明文字、图形、动画、声音、表格和链接等。

超文本是一种组织信息的方式，是通过超链接将文本中的文字、图表与其他信息媒介进行关联的。这些相互关联的信息媒介可能在同一文本中，也可能在不同文本中，或者在地理位置相距较远的某台计算机上的文本中。这种组织方式将分布在不同位置的信息资源用随机方式进行连接，为人们查找、检索信息提供方便。

网页的本质就是 HTML，通过结合使用其他的 Web 技术（如脚本语言、公共网关接口、组件等），可以创造出功能强大的网页。因此，HTML 是 Web 编程的基础，也就是说，Web 是建立在超文本基础之上的。之所以称为 HTML，是因为文本中包含所谓的"超级链接点"。

HTML 文档的制作虽然不是很复杂，但功能强大，支持不同数据格式的文件嵌入，这也是 Web 盛行的原因之一。HTML 的主要特点如下。

- 简易性：HTML 版本升级采用超集方式，这样更加灵活、方便。
- 可扩展性：HTML 的广泛应用带来了加强功能，增加了标识符等要求。HTML 采取子类元素的方式，为系统扩展提供保证。
- 平台无关性：HTML 可以应用在广泛的平台上。
- 通用性：HTML 是网络通用语言，也是一种简单、通用的全置标记语言。它允许网页制作者建立文本与图片相结合的复杂页面，这些页面可以被网络上的任何人浏览，无论他们使用的是什么类型的计算机或浏览器。

2. HTTP

HTTP 是一个简单的请求—响应协议，通常运行在 TCP 协议之上。它指定了客户端可能发送给服务器什么样的消息，以及得到什么样的响应。请求和响应消息的头以 ASCII 形式给出，但消息内容具有类似于 MIME 的格式。这个简单模型是早期 Web 成功的有功之臣，因为它使开发和部署直截了当。

HTTP 是应用层协议，同其他应用层协议一样，是为了实现某一类具体应用的协议，并由某个运行在用户空间的应用程序来实现其功能。

HTTP 是基于 B/S 架构进行通信的，而 HTTP 的服务器端的实现程序有 httpd、Nginx 等，客户端的实现程序主要是 Web 浏览器，如 Firefox、Internet Explorer、Google Chrome、Safari 和 Opera 等，此外，客户端的命令行工具还有 elink、curl 等。这类 Web 服务是基于 TCP 协议的，因此，为了能够随时响应客户端的请求，Web 服务器需要监听 TCP 80 端口。这样客户端浏览器和 Web 服务器之间就可以通过 HTTP 进行通信。

1）应用场景

HTTP 诞生之初主要应用于 Web 端内容获取，那时候内容还不像现在这样丰富，排版也没有这么精美，用户交互的场景也几乎没有。对于这种简单地获取网页内容的场景，HTTP 表现得还不错。但随着互联网的发展和 Web 2.0 的诞生，可以展示更多内容（更多的图片文件），排版变得十分精美（大多使用了 CSS），引入的交互更复杂（更多的 JS）。用户打开一个网站首页所加载的数据总量和请求数量也在不断增加。

目前，绝大部分的门户网站的首页的大小都会超过 2MB，请求数量可以多达 100 个。HTTP 另一个广泛的应用是移动互联网的客户端 App。不同性质的 App 对 HTTP 的使用差异很大。对于电商类 App，加载首页的请求可能有 10 多个。对于微信这类 IM，HTTP 请求可能仅限于语音和图片文件的下载，请求出现的频率并不算高。

2）工作原理

HTTP 基于客户机/服务器模式，并且是面向连接的。典型的 HTTP 事务处理的过程如下。

- 客户机与服务器建立连接。
- 客户机向服务器提出请求。
- 服务器接收请求，并根据请求返回相应的文件作为应答。
- 客户机与服务器关闭连接。

客户机与服务器之间的 HTTP 连接是一次性的，限制每次连接只处理一个请求。当服务器返回本次请求的应答后便立即关闭连接,在下次请求时再重新建立连接。这种一次性连接主要考虑了 Web 服务器面向的是 Internet 中成千上万个用户,并且只能提供有限个连接,故服务器不会让一个连接处于等待状态,及时释放连接可以大大提高服务器的执行效率。

HTTP 是一种无状态协议,即服务器不保留与客户交易时的任何状态。这就大大减轻了服务器的记忆负担,从而保持较快的响应速度。HTTP 也是一种面向对象的协议,允许传送任意类型的数据对象。它通过数据类型和长度来标识所传送的数据内容与大小,并允许对数据进行压缩传送。当用户在 HTML 文档中定义了一个超文本链接后,浏览器将通过 TCP/IP 协议与指定的服务器建立连接。

从技术上讲,客户在一个特定的 TCP 端口(端口号一般为 80)上打开一个套接字。如果服务器一直在这个端口上倾听连接,那么该连接便会建立起来,同时客户通过该连接发送一个包含请求方法的请求块。

3)运行方式

在 WWW 中,"客户机"与"服务器"是相对的概念,只存在于一个特定的连接期间,即在某个连接中的客户在另一个连接中可能作为服务器。基于 HTTP 的客户机/服务器模式的信息交换过程包括建立连接、发送请求信息、发送响应信息和关闭连接。

HTTP 是基于请求/响应范式的。当客户机与服务器建立连接后,发送一个请求给服务器,请求方式的格式为"统一资源标识符 协议版本号 MIME 信息(包括请求修饰符、客户机信息和可能的内容)"。服务器接收到请求后,给予相应的响应信息,其格式为一个状态行,包括信息的协议版本号、成功或错误的代码,后面是 MIME 信息(包括服务器信息、实体信息和可能的内容)。简单来说就是任何服务器除了包括 HTML 文档,还包括一个 HTTP 驻留程序,用于响应用户请求。如果用户的浏览器是 HTTP 客户,那么向服务器发送请求,当在浏览器中输入一个开始文件或单击一个超链接时,浏览器就向服务器发送 HTTP 请求,此请求被发送给由 IP 地址指定的 URL。驻留程序接收到请求,在进行必要的操作后回送请求的文件。在这个过程中,在网络上发送和接收的数据已经被分成一个或多个数据包(Packet),每个数据包包括要传送的数据、控制信息,即告知网络如何处理数据包。TCP/IP 协议决定了每个数据包的格式。如果事先不告诉用户,那么用户可能不知道信息被分成用于传输和重新组合起来的许多小块。

4)状态码

状态码由 3 位数字组成,第一个数字定义了响应的类别。常见的状态码如下。

- 1xx:指示信息,表示已接收请求,继续处理。
  - 100 Continue:服务器仅接收到部分请求,但是一旦服务器没有拒绝该请求,那么客户端应该继续发送其他的请求。
  - 101 Switching Protocols:服务器转换协议,服务器将遵从客户的请求转换为另一种协议。
- 2xx:成功,表示请求已被成功接收,继续处理。
  - 200 OK:客户端请求成功。
  - 204 No Content:无内容;服务器成功处理,但未返回内容;一般用在只是客户端向服务器发送信息,而服务器不用向客户端返回信息的情况;不会刷新页面。
  - 206 Partial Content:服务器已经完成了部分 GET 请求(客户端进行了范围请求)。

响应报文中包含 Content-Range 指定范围的实体内容。
- 3xx：重定向。
  - 301 Moved Permanently：永久重定向，表示请求的资源已经永久搬到其他位置。
  - 302 Found：临时重定向，表示请求的资源临时搬到其他位置。
  - 303 See Other：临时重定向，应使用 GET 定向获取请求资源。303 功能与 302 功能一样，只是 303 明确客户端应该使用 GET 访问。
  - 307 Temporary Redirect：临时重定向，和 302 具有相同的含义。
  - 304 Not Modified：表示当客户端发送附带条件的请求（GET 用于请求报文中的 IF…）时，条件不满足。若返回 304，则不包含任何响应主体。
- 4xx：客户端错误。
  - 400 Bad Request：客户端请求有语法错误，服务器无法理解。
  - 401 Unauthorized：请求未经授权，这个状态码必须和 WWW-Authenticate 报头域一起使用。
  - 403 Forbidden：服务器收到请求，但是拒绝提供服务。
  - 404 Not Found：请求资源不存在，如输入了错误的 URL。
  - 415 Unsupported media type：不支持的媒体类型。
- 5xx：服务器端错误，服务器未能实现合法的请求。
  - 500 Internal Server Error：服务器发生不可预期的错误。
  - 501 Not Implemented：请求未完成，服务器不支持所请求的功能。
  - 502 Bad Gateway：请求未完成，服务器从上游服务器收到一个无效的响应。
  - 503 Server Unavailable：服务器当前无法处理客户端的请求，过一段时间以后可能会恢复正常。
  - 504 Gateway Timeout：网关超时。
  - 505 HTTP Version Not Supported：服务器不支持请求中指明的 HTTP 版本。

任务 8.2　Apache 服务器的配置与管理

子任务 1　Apache 服务器的配置

1. Apache 简介

Apache 是 Web 服务器软件，可以运行在几乎所有广泛使用的计算机平台上。由于其跨平台和安全性，被广泛使用，是最流行的 Web 服务器软件之一。Apache 不仅快速、可靠，并且可以通过简单的 API 进行扩充，还可以将 Perl/Python/PHP 等解释器编译到服务器中。

Apache 有多种产品，不仅可以支持 SSL 技术，还可以支持多台虚拟主机。Apache 是以进程为基础的结构（进程要比线程消耗更多的系统开支，不太适合用于多处理器环境），因此，在一个 Apache Web 站点扩容时，通常是增加服务器或扩充集群节点而不是增加处理器。

Apache 一共有 3 种稳定的 MPM（多进程处理模块）模式，分别是 prefork、worker 和 event。

1）prefork 模式

Apache 默认采用 prefork 模式。Apache 在启动之初，会预先生成一些子进程，然后等待请求进来。之所以这样做，是为了减少频繁创建和销毁进程的开销。每个子进程只有一个线程，在一个时间点只能处理一个请求。prefork 模式如图 8-2 所示。

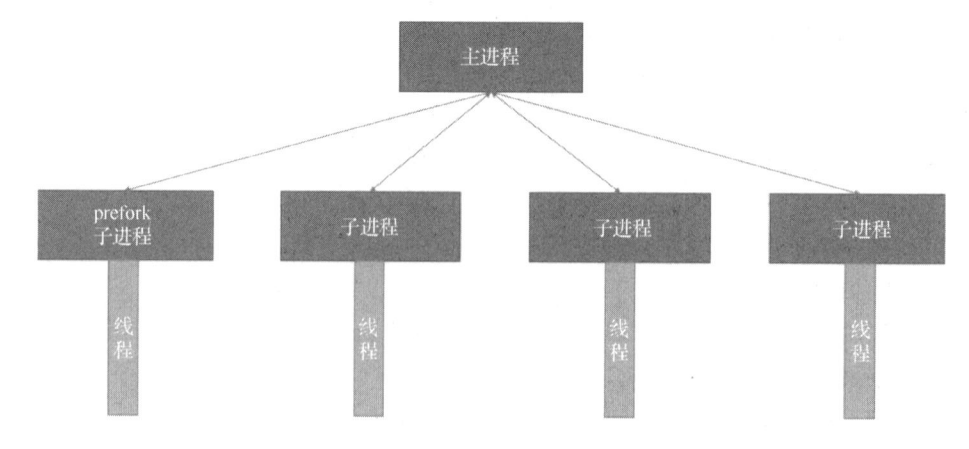

图 8-2　prefork 模式

- 一个主进程：不仅负责生成子进程及回收子进程，还负责创建套接字、接收请求，并将其派发给某子进程进行处理。
- n 个子进程：每个子进程处理一个请求。

注意：预先生成几个空闲进程，随时等待用于响应用户请求。

prefork 模式的优点是成熟、稳定，可以兼容所有新、老模块，并且不需要担心线程安全的问题。

prefork 模式的缺点是一个进程相对占用更多的系统资源、消耗更多的内存。另外，它并不擅长处理高并发请求。

2）worker 模式

worker 模式使用多进程和多线程的混合模式。这种模式会预先生成几个子进程（数量比较少），之后每个子进程创建一些线程，并且包括一个监听线程。每个请求会被分配一个线程来提供服务。线程比进程更轻量，因为线程通常会共享父进程的内存空间，所以占用的内存较少。在高并发场景下，worker 模式比 prefork 模式有更多的可用线程，因此表现会更优秀一些。

- 一个主进程：负责生成子进程、创建套接字、接收请求，并将其派发给某子进程进行处理。
- 多个子进程：每个子进程负责生成多个线程。
- 每个线程：负责响应用户请求。

注意：并发响应数量=子进程数×每个子进程能创建的最大线程数。

worker 模式的优点是占用更少的内存，在高并发场景下表现更优秀。

worker 模式的缺点是必须考虑线程安全的问题。

3）event 模式

event 模式和 worker 模式很像，二者最大的区别在于，如果使用 event 模式，那么在

keep-alive 场景下可以解决长期被占用的线程的资源浪费问题。在 event MPM 中,有一个专门的线程来管理这些 keep-alive 类型的线程,当有真实请求过来的时候,将请求传递给服务线程,执行完毕后,又允许释放它。这样可以增强在高并发场景下的请求处理能力。

HTTP 采用 keep-alive 方式减少 TCP 连接数,但是由于需要与服务器线程或进程进行绑定,因此一个繁忙的服务器会消耗完所有的线程。event MPM 是解决这个问题的一种新方式,把服务进程从连接中分离出来。当服务器处理速度很快,并且具有非常高的点击率时,可用的线程数量就是关键的资源限制,此时 event MPM 是最有效的方式,但不能在 HTTPS 访问下工作。worker&event 模式如图 8-3 所示。

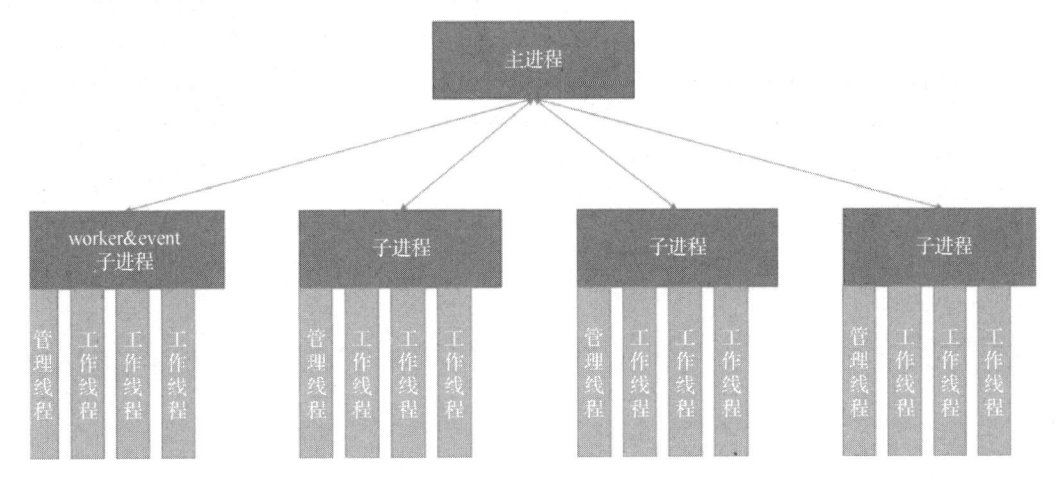

图 8-3 worker&event 模式

- 一个主进程:负责生成子进程、创建套接字、接收请求,并将其派发给某子进程进行处理。
- 子进程:基于事件驱动机制直接响应多个请求。

当 Apache 安装完成后,可以通过如下命令查看工作模式:

```
[root@#localhost ~]# httpd -V | grep -i "Server MPM"
Server MPM:         prefork
```

在编译时,可以在选项中指定"--with-mpm=工作模式",也可以在配置时通过指定参数将工作模式修改为 worker 或 prefork,还可以直接通过配置文件/etc/httpd/conf.modules.d/00-mpm.conf 对工作模式进行修改。

2. Apache 的安装与启/停

1)守护进程

Linux 服务器在启动时需要启用很多系统服务,它们向本地或网络用户提供了 Linux 的系统功能接口,直接面向应用程序和用户,而提供这些服务的程序就是由运行在后台的守护进程来执行的。守护进程或硬盘和执行监视器是一种作为后台进程而不是交互式进程运行的程序。

守护进程是生存期很长的一种进程,独立于控制终端,并且周期性地执行某种任务或等待处理某些发生的事件,大多数守护进程会随着 Linux 系统的启动而启动,或者随着 Linux 系统的关闭而关闭。Linux 系统中有很多守护进程,大多数服务器也都是用守护进程来实现的。

有人把守护进程称为"服务",从严格意义上来说,它们是不同的。服务是静态的概念,而守护进程是动态的概念,服务由守护进程提供。守护进程是一个从任意外壳分离并继续以非交互方式运行的进程。一个真正的守护进程应该将自己指定为具有特殊进程 ID 的特殊 init 进程的子进程。

httpd 是 Apache 的主程序,被设计成一个独立运行的守护进程。httpd 会建立一个线程池来处理 HTTP 请求。

2)安装 httpd

在 RHEL/CentOS 中,软件包的安装主要是通过 yum 命令来实现的。下面使用本地光盘安装 httpd,具体的安装过程如下:

```
[root@#localhost ~]#mkdir /opt/centos/
[root@#localhost ~]# mount -o loop /dev/sr0 /opt/centos/
[root@#localhost ~]# cat > /etc/yum.repos.d/local.repo << EOF
> [centos]
> name=centos
> baseurl=file:///opt/centos
> gpgcheck=0
> enabled=1
> EOF
[root@#localhost ~]# yum clean all              #清除缓存
[root@#localhost ~]# yum repolist all
[root@#localhost ~]# yum -y install httpd
[root@#localhost ~]# yum -y install net-tools   #安装网络工具包
[root@#localhost ~]# rpm -qa | grep httpd
httpd-2.4.6-88.el7.centos.x86_64
httpd-tools-2.4.6-88.el7.centos.x86_64
```

使用 rpm 命令可以查询到,在安装 httpd 的过程中也安装了 httpd-tools 工具包,类似这样的具有多个依赖关系的软件包建议使用 yum 命令进行安装。

3)httpd 的启/停

服务单元的控制可以使用 systemd 命令,而使用 systemctl 命令可以实现服务的启动、停止、查看、重启、开机自动启动/停止等操作。例如:

```
[root@#localhost ~]# systemctl start httpd
[root@#localhost ~]# systemctl status httpd | grep active
    Active: active (running) since Tue 2022-05-31 12:22:01 CST; 9s ago
[root@#localhost ~]# systemctl stop httpd
[root@#localhost ~]# systemctl restart httpd
[root@#localhost ~]# systemctl enable httpd
Created symlink from /etc/systemd/system/multi-user.target.wants/httpd.service to /usr/lib/systemd/system/httpd.service.
[root@#localhost ~]# systemctl disable httpd
Removed symlink /etc/systemd/system/multi-user.target.wants/httpd.service.
```

在默认情况下,HTTP 协议监听了一个特定的 TCP 端口(端口号一般为 80)。可以使用 netstat 命令查看 httpd 服务的监听端口,具体如下:

```
[root@#localhost ~]# netstat -ntpl | grep 80
tcp6       0      0 :::80              :::*         LISTEN       13407/httpd
```

可以看到，httpd 服务监听的是 80 端口，进程号为 13407。使用 ps 命令可以看到 httpd 服务的所有进程，具体如下：

```
[root@#localhost ~]# ps -ef  | grep httpd
root      13407      1  0 12:21 ?       00:00:00 /usr/sbin/httpd -DFOREGROUND
apache    13416  13407  0 12:22 ?       00:00:00 /usr/sbin/httpd -DFOREGROUND
apache    13417  13407  0 12:22 ?       00:00:00 /usr/sbin/httpd -DFOREGROUND
apache    13418  13407  0 12:22 ?       00:00:00 /usr/sbin/httpd -DFOREGROUND
apache    13419  13407  0 12:22 ?       00:00:00 /usr/sbin/httpd -DFOREGROUND
apache    13420  13407  0 12:22 ?       00:00:00 /usr/sbin/httpd -DFOREGROUND
```

3. 访问 Apache

使用 ip address 命令可以查看系统的 IP 地址，通过浏览器可以访问 httpd 服务，具体如下：

```
[root@#localhost ~]# ip address | grep 192
    inet 192.168.200.131/24 brd 192.168.200.255 scope global noprefixroute dynamic ens33
```

打开 Windows 平台上的浏览器，在地址栏中输入 "http://192.168.200.131"，会发现访问失败，这是因为系统防火墙没有放行 HTTP 协议，可以通过关闭防火墙来解决。例如：

```
[root@#localhost ~]# systemctl status firewalld | grep Active
   Active: active (running) since Tue 2022-05-31 10:47:51 CST; 6h ago
[root@#localhost ~]# systemctl stop firewalld
```

再次通过浏览器访问 Apache 测试页，如图 8-4 所示。

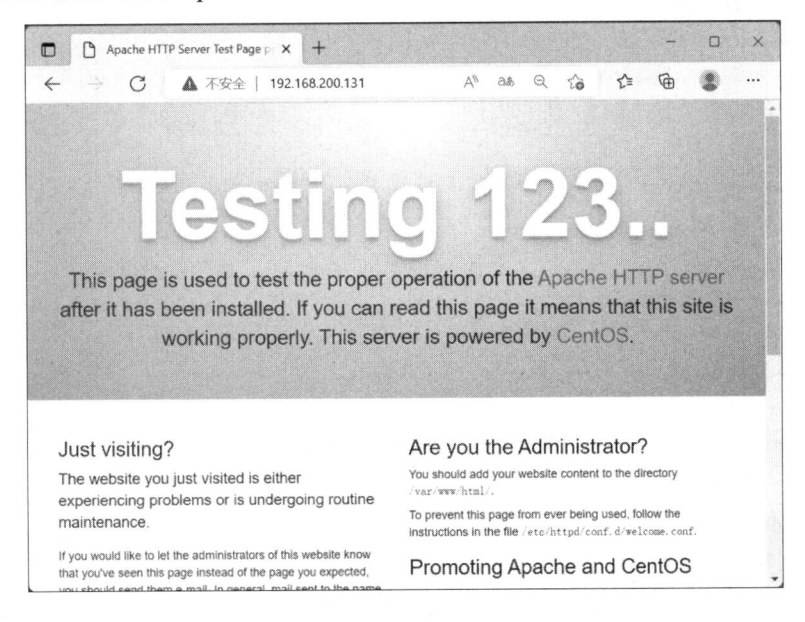

图 8-4 访问 Apache 测试页

需要注意的是，关闭防火墙的方法仅限于在实验环境下，这里是为了方便操作。在生产环境下，需要通过防火墙放行 HTTP 协议的方式来解决。

子任务 2　Apache 的配置文件

在 Linux 系统中配置服务，其实就是修改服务的配置文件，因此，还需要知道这些配置文件的位置及用途。httpd 服务主要的配置文件如表 8-1 所示。

表 8-1　httpd 服务主要的配置文件

配置文件	存储位置
服务目录	/etc/httpd
主配置文件	/etc/httpd/conf/httpd.conf
网站数据目录	/var/www/html
访问日志	/var/log/httpd/access_log
错误日志	/var/log/httpd/error_log
模块文件目录	/usr/lib64/httpd/modules

Apache 服务器的主配置文件是/etc/httpd/conf/httpd.conf。通过 vim 编辑器打开/etc/httpd/conf/httpd.conf 文件，发现该文件有 353 行，其中很多都是以"#"开头的注释行。

在 httpd 服务的主配置文件中，除了注释行，还存在两种类型的信息，即全局配置和区域配置，分别类似于 Shell 命令和伪 HTML 标记。去掉注释行和空行之后，/etc/httpd/conf/httpd.conf 文件的具体内容如下：

```
[root@#localhost ~]# cat /etc/httpd/conf/httpd.conf | grep -vE '^#|^$|#'
ServerRoot "/etc/httpd"                    #服务目录
Listen 80                                  #监听 80 端口
Include conf.modules.d/*.conf
User apache                                #用户
Group apache                               #组
ServerAdmin root@localhost
<Directory />
    AllowOverride none
    Require all denied
</Directory>
DocumentRoot "/var/www/html"               #站点主目录
<Directory "/var/www">
    AllowOverride None
    Require all granted
</Directory>
<Directory "/var/www/html">
    Options Indexes FollowSymLinks
    AllowOverride None
    Require all granted
</Directory>
<IfModule dir_module>
```

```
        DirectoryIndex index.html
</IfModule>
<Files ".ht*">
        Require all denied
</Files>
ErrorLog "logs/error_log"
LogLevel warn
<IfModule log_config_module>
        LogFormat "%h %l %u %t \"%r\" %>s %b \"%{Referer}i\" \"%{User-Agent}i\"" combined
        LogFormat "%h %l %u %t \"%r\" %>s %b" common
        <IfModule logio_module>
          LogFormat "%h %l %u %t \"%r\" %>s %b \"%{Referer}i\" \"%{User-Agent}i\" %I %O" combinedio
        </IfModule>
        CustomLog "logs/access_log" combined
</IfModule>
<IfModule alias_module>
        ScriptAlias /cgi-bin/ "/var/www/cgi-bin/"
</IfModule>
<Directory "/var/www/cgi-bin">
        AllowOverride None
        Options None
        Require all granted
</Directory>
<IfModule mime_module>
        TypesConfig /etc/mime.types
        AddType APPlication/x-compress .Z
        AddType APPlication/x-gzip .gz .tgz
        AddType text/html .shtml
        AddOutputFilter INCLUDES .shtml
</IfModule>
AddDefaultCharset UTF-8
<IfModule mime_magic_module>
        MIMEMagicFile conf/magic
</IfModule>
EnableSendfile on
IncludeOptional conf.d/*.conf          #配置文件扩展路径
```

通过上述内容可以看到,除了类似于如下伪 HTML 标记的段落为区域配置,其他的均为全局配置:

```
<Directory />
        AllowOverride none
        Require all denied
</Directory>
```

顾名思义,全局配置参数就是一种全局性的配置参数,可作用于所有的子站点,既可以保证子站点的正常访问，又可以有效减少频繁写入重复参数的工作量。区域配置参数则是单独针对每个独立的子站点进行设置的。

httpd 服务的主配置文件中常用的参数如表 8-2 所示。

表 8-2　httpd 服务的主配置文件中常用的参数

参数	用途
ServerRoot	服务目录
ServerAdmin	管理员邮箱
User	运行服务的用户
Group	运行服务的用户组
ServerName	网站服务器的域名
DocumentRoot	网站数据目录
Directory	网站数据目录的权限
Listen	监听的 IP 地址与端口号
DirectoryIndex	默认的索引页页面
ErrorLog	错误的日志文件
CustomLog	访问日志文件
Timeout	网页超时时间，默认为 300 秒

由上述配置文件的内容及表 8-2 可以看出，DocumentRoot 参数用于定义网站数据的保存路径，网站数据存储在/var/www/html 目录下，而网站首页的名称是 index.html。因此，可以在/var/www/html 目录下写入一个 index.html 文件，以替换 httpd 服务的默认首页，该操作会立即生效。例如：

```
[root@#localhost ~]# echo 'Welcome to cloudcomputer world!' > /var/www/html/index.html
[root@#localhost ~]# curl 127.0.0.1
Welcome to cloudcomputer world!
```

可以看出，网站首页的内容发生变化，如图 8-5 所示。

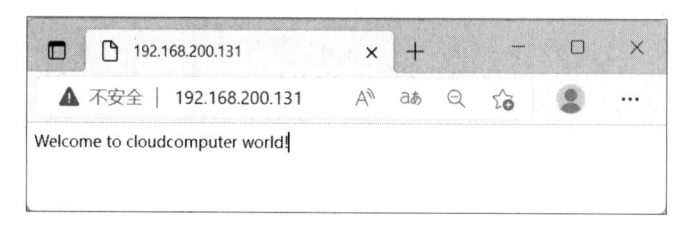

图 8-5　网站首页的内容

在默认情况下，网站数据保存在/var/www/html 目录下，如果想把保存网站数据的目录修改为/webdata，首页文件改为 web.html，就需要修改主配置文件中的特定参数。

创建新的站点目录及首页文件：

```
[root@#localhost ~]# mkdir /webdata
[root@#localhost ~]# echo 'Welcome to a new webpage!' > /webdata/web.html
```

根据重新定义的站点目录和首页文件，对主配置文件/etc/httpd/conf/httpd.conf 中的第

119 行、第 124 行和第 164 行进行修改：

```
[root@#localhost ~]# vim /etc/httpd/conf/httpd.conf
……
119 DocumentRoot "/webdata"
120
121 #
122 # Relax access to content within /var/www.
123 #
124 <Directory "/webdata">
125     AllowOverride None
126     # Allow open access:
127     Require all granted
128 </Directory>
……
163 <IfModule dir_module>
164     DirectoryIndex index.html    web.html
165 </IfModule>
……
```

重新启动 httpd 服务并验证效果，发现刷新浏览器页面后的内容依然是 Apache 测试页。在尝试访问 http://192.168.200.131/web.html 页面时，发现页面中显示的是"Forbidden, You don't have permission to access /web.html on this server."。

当尝试关闭 SELinux 或临时设置为 Permissive 时，再刷新浏览器页面，发现问题解决了，如图 8-6 所示。

```
[root@#localhost ~]# setenforce 0
[root@#localhost ~]# getenforce
Permissive
```

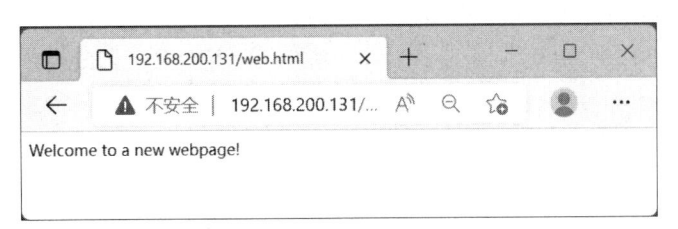

图 8-6　网站首页测试成功

需要注意的是，目前关闭或临时设置 Permissive 仅局限在实验环境下，在生产环境下还需要通过具体的 SELinux 策略详细配置。

子任务 3　Apache 虚拟主机

虚拟主机（Virtual Hosting）也可称为共享主机（Shared Web Hosting）或虚拟服务器，是一种在单一主机或主机群上实现多网域服务的方法，可以运行多个网站或服务。虚拟主机之间完全独立，并且可以由用户自行管理，虚拟并非指不存在，而是指空间是由实体的服务器延伸而来的，其硬件系统可以基于服务器群或单台服务器。

虚拟主机互联网服务器采用节省服务器硬件成本的技术，主要应用于 HTTP、FTP 和 E-mail 等多项服务中。将一台服务器的某项或全部服务内容逻辑划分为多个服务单位，对外表现为多台服务器，从而充分利用服务器硬件资源。若划分是系统级别的，则称为虚拟服务器。

Apache 虚拟主机是把一台物理服务器分割为多台虚拟的服务器，但这项技术无法实现目前云主机技术的硬件资源隔离，而是让这些站点共同使用服务器的硬件资源，一般只会限制硬盘的使用空间的大小。Apache 虚拟主机的功能是服务器基于用户请求的不同 IP 地址、主机域名或端口号，实现提供多个站点同时为外部提供访问服务的技术。用户通过 URL 请求的资源不同，最终获取到的站点内容也各不相同。

1. 基于 IP 地址

在一台服务器上配置多个 IP 地址，每个 IP 地址与服务器上部署的每个网站一一对应，这样当用户请求访问不同的 IP 地址时，会访问到不同网站的页面资源。

为服务器配置 3 个新的不同的 IP 地址，可以通过在虚拟主机上添加新的网卡或直接在同一块网卡上绑定 3 个 IP 地址来实现。通过修改 ens33 网卡的网络连接，新增 3 个 IP 地址，具体如下：

```
[root@#localhost ~]# vim    /etc/sysconfig/network-scripts/ifcfg-ens33
TYPE="Ethernet"
BOOTPROTO="static"
NAME="ens33"
UUID="53a6e345-584a-4036-bc94-903fd50029f3"
DEVICE="ens33"
ONBOOT="yes"
IPADDR0=192.168.200.131
PREFIX0=24
GATEWAY0=192.168.200.2
DNS1=8.8.8.8
IPADDR2=192.168.200.201
PREFIX2=24
IPADDR3=192.168.200.202
PREFIX3=24
IPADDR4=192.168.200.203
PREFIX4=24
[root@#localhost ~]# systemctl restart network
[root@#localhost ~]# ip address | grep 192
    inet 192.168.200.131/24 brd 192.168.200.255 scope global noprefixroute ens33
    inet 192.168.200.201/24 brd 192.168.200.255 scope global secondary noprefixroute ens33
    inet 192.168.200.202/24 brd 192.168.200.255 scope global secondary noprefixroute ens33
    inet 192.168.200.203/24 brd 192.168.200.255 scope global secondary noprefixroute ens33
```

可以看出，该服务器的 ens33 网卡绑定了 4 个 IP 地址，除了之前的 IP 地址，还新增了 192.168.200.201/24、192.168.200.202/24 和 192.168.200.203/24。通过 ping 命令检查新增的

3 个 IP 地址的连通性，具体如下：

```
[root@#localhost ~]# ping -c 1 192.168.200.201
PING 192.168.200.201 (192.168.200.201) 56(84) bytes of data.
64 bytes from 192.168.200.201: icmp_seq=1 ttl=64 time=0.011 ms

--- 192.168.200.201 ping statistics ---
1 packets transmitted, 1 received, 0% packet loss, time 0ms
rtt min/avg/max/mdev = 0.011/0.011/0.011/0.000 ms
[root@#localhost ~]# ping -c 1 192.168.200.202
PING 192.168.200.202 (192.168.200.202) 56(84) bytes of data.
64 bytes from 192.168.200.202: icmp_seq=1 ttl=64 time=0.011 ms

--- 192.168.200.202 ping statistics ---
1 packets transmitted, 1 received, 0% packet loss, time 0ms
rtt min/avg/max/mdev = 0.011/0.011/0.011/0.000 ms
[root@#localhost ~]# ping -c 1 192.168.200.203
PING 192.168.200.203 (192.168.200.203) 56(84) bytes of data.
64 bytes from 192.168.200.203: icmp_seq=1 ttl=64 time=0.012 ms

--- 192.168.200.203 ping statistics ---
1 packets transmitted, 1 received, 0% packet loss, time 0ms
rtt min/avg/max/mdev = 0.012/0.012/0.012/0.000 ms
```

下面基于这 3 个不同的 IP 地址创建 3 台虚拟主机（需要提前创建虚拟主机的站点目录和站点文件）。在 /webdata 目录下创建用于保存不同站点数据的 3 个目录，并向其中分别写入网站的首页文件，每个首页文件中需要明确区分不同网站的信息，具体如下：

```
[root@#localhost ~]# mkdir -p /webdata/201
[root@#localhost ~]# mkdir -p /webdata/202
[root@#localhost ~]# mkdir -p /webdata/203
[root@#localhost~]# echo 'Welcome to 192.168.200.201 website!' > /webdata/201/index.html
[root@#localhost~]# echo 'Welcome to 192.168.200.202 website!' > /webdata/202/index.html
[root@#localhost~]# echo 'Welcome to 192.168.200.203 website!' > /webdata/203/index.html
```

当创建好虚拟主机的站点目录和站点文件之后，就可以针对 httpd 服务的配置文件进行修改。可以在主配置文件中直接新增虚拟主机的配置区域，也可以单独为这 3 台虚拟主机创建配置文件，这里选择单独创建，具体如下：

```
[root@#localhost ~]# cd /etc/httpd/conf.d/
[root@#localhost conf.d]# vim 201.conf
<VirtualHost 192.168.200.201>
DocumentRoot /webdata/201
<Directory /webdata/201 >
AllowOverride None
Require all granted
</Directory>
```

```
</VirtualHost>
[root@#localhost conf.d]#vim 202.conf
<VirtualHost 192.168.200.202>
DocumentRoot /webdata/202
<Directory /webdata/202 >
AllowOverride None
Require all granted
</Directory>
</VirtualHost>
[root@#localhost conf.d]# vim 203.conf
<VirtualHost 192.168.200.203>
DocumentRoot /webdata/203
<Directory /webdata/203 >
AllowOverride None
Require all granted
</Directory>
</VirtualHost>
```

前面在介绍主配置文件时，最后一行为"IncludeOptional conf.d/*.conf"，表示可以按照指定路径单独定义配置文件。当创建好虚拟主机的配置文件之后，需要重启 httpd 服务，使修改的配置文件生效。此处不再使用客户端进行访问测试，而是直接通过命令行 curl 进行内部测试，具体如下：

```
[root@#localhost conf.d]# systemctl restart httpd
[root@#localhost conf.d]# curl 192.168.200.201
Welcome to 192.168.200.201 website!
[root@#localhost conf.d]# curl 192.168.200.202
Welcome to 192.168.200.202 website!
[root@#localhost conf.d]# curl 192.168.200.203
Welcome to 192.168.200.203 website!
```

通过访问测试可知，用户访问不同的 IP 地址获取到的站点内容是不一样的。之所以能够正常访问，是因为之前的操作已经把 SELinux 临时设置为 Permissive 状态，如果启用 SELinux，那么虚拟主机部署的站点将无法访问。

此时访问站点就会看到 httpd 服务的默认首页。当使用 curl 命令访问测试时，为了方便，可以加上 index.html，此时访问则会报 403 错误，具体如下：

```
[root@#localhost conf.d]# curl 192.168.200.201/index.html
<!DOCTYPE HTML PUBLIC "-//IETF//DTD HTML 2.0//EN">
<html><head>
<title>403 Forbidden</title>
</head><body>
<h1>Forbidden</h1>
<p>You don't have permission to access /index.html
on this server.</p>
</body></html>
```

通过查看虚拟主机站点目录的安全上下文，可以发现问题。由于当前的/webdata 目录及站点数据目录的 SELinux 安全上下文与 httpd 服务不吻合，因此 httpd 服务无法获取到这些网站数据目录。例如：

```
[root@#localhost ~]# ps auxZ | grep httpd
system_u:system_r:httpd_t:s0    root    10191  0.1  0.1 230544  5316 ?        Ss   18:16
0:00 /usr/sbin/httpd -DFOREGROUND
[root@#localhost ~]# ls -Zd /var/www/html/
drwxr-xr-x. root root system_u:object_r:httpd_sys_content_t:s0 /var/www/html/
[root@#localhost ~]# ls -Zd /webdata/
drwxr-xr-x. root root unconfined_u:object_r:default_t:s0 /webdata/
[root@#localhost ~]# ls -Zd /webdata/201
drwxr-xr-x. root root unconfined_u:object_r:default_t:s0 /webdata/201
```

需要正确地手动设置新的站点数据目录的 SELinux 安全上下文，并使用 restorecon 命令使新设置的 SELinux 安全上下文立即生效，这样就可以立即看到站点的访问效果。例如：

```
[root@#localhost ~]# semanage fcontext -a -t httpd_sys_content_t /webdata
[root@#localhost ~]# semanage fcontext -a -t httpd_sys_content_t /webdata/201
[root@#localhost ~]# semanage fcontext -a -t httpd_sys_content_t /webdata/202
[root@#localhost ~]# semanage fcontext -a -t httpd_sys_content_t /webdata/203
[root@#localhost ~]# semanage fcontext -a -t httpd_sys_content_t /webdata/201/*
[root@#localhost ~]# semanage fcontext -a -t httpd_sys_content_t /webdata/202/*
[root@#localhost ~]# semanage fcontext -a -t httpd_sys_content_t /webdata/203/*
[root@#localhost ~]# restorecon -Rv /webdata/
restorecon reset /webdata context unconfined_u:object_r:default_t:s0->unconfined_u:object_r:httpd_sys_content_t:s0
restorecon reset /webdata/201 context unconfined_u:object_r:default_t:s0->unconfined_u:object_r:httpd_sys_content_t:s0
restorecon reset /webdata/201/index.html context unconfined_u:object_r:default_t:s0->unconfined_u:object_r:httpd_sys_content_t:s0
restorecon reset /webdata/202 context unconfined_u:object_r:default_t:s0->unconfined_u:object_r:httpd_sys_content_t:s0
restorecon reset /webdata/202/index.html context unconfined_u:object_r:default_t:s0->unconfined_u:object_r:httpd_sys_content_t:s0
restorecon reset /webdata/203 context unconfined_u:object_r:default_t:s0->unconfined_u:object_r:httpd_sys_content_t:s0
restorecon reset /webdata/203/index.html context unconfined_u:object_r:default_t:s0->unconfined_u:object_r:httpd_sys_content_t:s0
```

再次查看站点目录的 SELinux 安全上下文，之后进行访问测试。例如：

```
[root@#localhost ~]# ls -Zd /webdata/
drwxr-xr-x. root root unconfined_u:object_r:httpd_sys_content_t:s0 /webdata/
[root@#localhost ~]# ls -Zd /webdata/201
drwxr-xr-x. root root unconfined_u:object_r:httpd_sys_content_t:s0 /webdata/201
```

```
[root@#localhost ~]# curl 192.168.200.201
Welcome to 192.168.200.201 website!
```

通过对客户端浏览器进行访问测试可以看到一样的效果，只不过需要注意此时的防火墙状态是否已经关闭或是否已经放行了 HTTP 协议。

2．基于域名

在生产环境下，如果用来部署站点所需要的公网 IP 地址足够多，就可以创建基于 IP 地址的虚拟主机。但是在通常情况下，公网 IP 地址的数量不会太多，因此需要寻求另外一种方式。例如，站点服务器只有一个公网 IP 地址，可以尝试让 Apache 自动识别用户请求的域名，根据不同的域名请求来传输不同的内容。

这种情况下的配置更加简单，只需要保证位于生产环境下的服务器上有一个可用的 IP 地址就可以。解析域名需要 DNS 服务器（此处不过多介绍 DNS 服务器的配置），也可以通过手动定义/etc/hosts 文件来解析 IP 地址与域名的对应关系。

手动定义 IP 地址与域名之间对应关系的配置文件/etc/hosts，保存并退出后会立即生效。可以分别 ping 这些域名，以验证域名是否已经成功解析为 IP 地址：

```
[root@#localhost ~]# echo "192.168.200.131    www.website201.com"  >> /etc/hosts
[root@#localhost ~]# echo "192.168.200.131    www.website202.com"  >> /etc/hosts
[root@#localhost ~]# echo "192.168.200.131    www.website203.com"  >> /etc/hosts
[root@#localhost ~]# ping -c 1 www.website201.com
PING www.website201.com (192.168.200.131) 56(84) bytes of data.
64 bytes from www.website201.com (192.168.200.131): icmp_seq=1 ttl=64 time=0.010 ms

--- www.website201.com ping statistics ---
1 packets transmitted, 1 received, 0% packet loss, time 0ms
rtt min/avg/max/mdev = 0.010/0.010/0.010/0.000 ms
[root@#localhost ~]# ping -c 1 www.website202.com
PING www.website202.com (192.168.200.131) 56(84) bytes of data.
64 bytes from www.website201.com (192.168.200.131): icmp_seq=1 ttl=64 time=0.010 ms

--- www.website202.com ping statistics ---
1 packets transmitted, 1 received, 0% packet loss, time 0ms
rtt min/avg/max/mdev = 0.010/0.010/0.010/0.000 ms
[root@#localhost ~]# ping -c 1 www.website203.com
PING www.website203.com (192.168.200.131) 56(84) bytes of data.
64 bytes from www.website201.com (192.168.200.131): icmp_seq=1 ttl=64 time=0.009 ms

--- www.website203.com ping statistics ---
1 packets transmitted, 1 received, 0% packet loss, time 0ms
rtt min/avg/max/mdev = 0.009/0.009/0.009/0.000 ms
```

可以看到，3 个不同的域名被解析到同一 IP 地址。下面继续使用上述站点目录和站点文件，直接通过修改虚拟主机的配置文件将虚拟主机对应的 IP 地址修改为 192.168.200.131，并且新增基于域名的配置参数 ServerName：

```
[root@#localhost ~]# cd /etc/httpd/conf.d
[root@#localhost conf.d]# vim 201.conf
<VirtualHost 192.168.200.131>
DocumentRoot /webdata/201
ServerName "www.website201.com"
<Directory /webdata/201 >
AllowOverride None
Require all granted
</Directory>
</VirtualHost>
[root@#localhost conf.d]# vim 202.conf
<VirtualHost 192.168.200.131>
DocumentRoot /webdata/202
ServerName "www.website202.com"
<Directory /webdata/202 >
AllowOverride None
Require all granted
</Directory>
</VirtualHost>
[root@#localhost conf.d]# vim 203.conf
<VirtualHost 192.168.200.131>
DocumentRoot /webdata/203
ServerName "www.website203.com"
<Directory /webdata/203 >
AllowOverride None
Require all granted
</Directory>
</VirtualHost>
```

重启 httpd 服务，通过 curl 命令进行访问测试，具体如下：

```
[root@#localhost ~]# systemctl restart httpd
[root@#localhost ~]# curl www.website201.com
Welcome to 192.168.200.201 website!
[root@#localhost ~]# curl www.website202.com
Welcome to 192.168.200.202 website!
[root@#localhost ~]# curl www.website203.com
Welcome to 192.168.200.203 website!
```

此处通过/etc/hosts 文件解析域名只适合服务器本地测试，如果需要通过客户端浏览器访问，那么还需要为客户端指定 3 个域名的解析。

3. 基于端口号

无论是基于 IP 地址还是基于域名的虚拟主机，都有一定的限制，而在生产环境下，使用最多的方式是基于端口号的虚拟主机配置。

基于端口号的虚拟主机是让用户通过指定的端口号来访问服务器上的站点，这是最复杂的一种配置方式。因为采用这种方式不仅需要考虑 httpd 服务的配置因素，还需要考虑 SELinux 服务对新开设端口的监控。一般来说，使用 80 端口、443 端口、8080 端口等来提供网站访问服务是比较合理的，如果使用其他端口号，就会受到 SELinux 服务的限制。

下面依然使用上述站点目录和站点数据，直接修改 3 台虚拟主机的配置文件，新增端口配置，并且在主配置文件中增加对新端口的监听：

```
[root@#localhost ~]# cd /etc/httpd/conf.d
[root@#localhost conf.d]# vim 201.conf
<VirtualHost 192.168.200.131:8201>
DocumentRoot /webdata/201
ServerName "www.website201.com"
<Directory /webdata/201 >
AllowOverride None
Require all granted
</Directory>
</VirtualHost>
[root@#localhost conf.d]# vim 202.conf
<VirtualHost 192.168.200.131:8202>
DocumentRoot /webdata/202
ServerName "www.website202.com"
<Directory /webdata/202 >
AllowOverride None
Require all granted
</Directory>
</VirtualHost>
[root@#localhost conf.d]# vim 203.conf
<VirtualHost 192.168.200.131:8203>
DocumentRoot /webdata/203
ServerName "www.website203.com"
<Directory /webdata/203 >
AllowOverride None
Require all granted
</Directory>
```

在 httpd 服务配置文件的第 43 行、第 44 行和第 45 行分别添加用于监听 8201 端口、8202 端口和 8203 端口的参数，并重启 httpd 服务：

```
[root@#localhost ~]# vim /etc/httpd/conf/httpd.conf
……
41 #Listen 12.34.56.78:80
 42 Listen 80
 43 Listen 8201
 44 Listen 8202
 45 Listen 8203
……
```

```
[root@#localhost ~]# systemctl restart httpd
Job for httpd.service failed because the control process exited with error code. See "systemctl status httpd.service" and "journalctl -xe" for details.
```

结果发现，重启 httpd 服务失败，重新检查发现配置文件无误。接下来通过查看日志可以看到如下内容：

```
[root@#localhost ~]# tail -1 /var/log/messages
Jun  6 19:47:38 #localhost python: SELinux is preventing /usr/sbin/httpd from name_bind access on the tcp_socket port 8201.#012#012*****  Plugin bind_ports (92.2 confidence) suggests  *********************#012#012If you want to allow /usr/sbin/httpd to bind to network port 8201#012Then you need to modify the port type.#012Do#012# semanage port -a -t PORT_TYPE -p tcp 8201#012     where PORT_TYPE is one of the following: http_cache_port_t, http_port_t, jboss_management_port_t, jboss_messaging_port_t, ntop_port_t, puppet_port_t.#012#012*****  Plugin catchall_boolean (7.83 confidence) suggests   ******************#012#012If you want to allow nis to enabled#012Then you must tell SELinux about this by enabling the 'nis_enabled' boolean.#012#012Do#012setsebool -P nis_enabled 1#012#012*****  Plugin catchall (1.41 confidence) suggests   **************************#012#012If you believe that httpd should be allowed name_bind access on the port 8201 tcp_socket by default.#012Then you should report this as a bug.#012You can generate a local policy module to allow this access.#012Do#012allow this access for now by executing:#012# ausearch -c 'httpd' --raw | audit2allow -M my-httpd#012# semodule -i my-httpd.pp#012
```

由于 8201 端口、8202 端口和 8203 端口原本不属于 Apache 服务所需的资源，而 SELinux 服务检测到现在以 httpd 服务的名义监听使用了这些端口，所以 SELinux 拒绝使用 Apache 服务使用这 3 个端口。可以使用 semanage 命令查询并过滤出所有与 HTTP 协议相关且 SELinux 服务允许的端口列表：

[root@#localhost ~]# semanage port -l	grep http		
http_cache_port_t	tcp	8080, 8118, 8123, 10001-10010
http_cache_port_t	udp	3130
http_port_t	tcp	80, 81, 443, 488, 8008, 8009, 8443, 9000
pegasus_http_port_t	tcp	5988
pegasus_https_port_t	tcp	5989

SELinux 服务允许的与 HTTP 协议相关的端口中默认没有包含 8201 端口、8202 端口和 8203 端口，因此需要将这 3 个端口手动添加进去。该操作会立即生效，并且在系统重启后依然有效。设置好之后再重启 httpd 服务就可以看到站点内容。

[root@#localhost ~]# semanage port -a -t http_port_t -p tcp 8201				
[root@#localhost ~]# semanage port -a -t http_port_t -p tcp 8202				
[root@#localhost ~]# semanage port -a -t http_port_t -p tcp 8203				
[root@#localhost ~]# systemctl restart httpd				
[root@#localhost ~]# netstat -ntpl	grep http				
tcp6	0	0 :::8201	:::*	LISTEN	12593/httpd
tcp6	0	0 :::8202	:::*	LISTEN	12593/httpd
tcp6	0	0 :::8203	:::*	LISTEN	12593/httpd
tcp6	0	0 :::80	:::*	LISTEN	12593/httpd

```
[root@#localhost ~]# curl 192.168.200.131:8201
Welcome to 192.168.200.201 website!
[root@#localhost ~]# curl 192.168.200.131:8202
Welcome to 192.168.200.202 website!
[root@#localhost ~]# curl 192.168.200.131:8203
Welcome to 192.168.200.203 website!
```

当然，如果不希望总是受到 SELinux 服务的影响，那么可以像开始时一样，直接将 SELinux 服务关闭或临时设置成 Permissive 状态，这样操作起来会更容易一些。建议初学者可以先关闭 SELinux 服务，再完成上述操作。

任务 8.3 Nginx 服务器的配置与管理

子任务 1 Nginx 服务器的配置

1. Nginx 简介

Nginx 是开源、高性能、高可靠的 Web 和反向代理服务器，并且支持热部署，几乎可以做到 7×24 小时不间断运行，即使运行几个月也不需要重新启动，还能在不间断服务的情况下对软件版本进行热更新。最重要的是，Nginx 是免费的，并且可以商业化，其配置使用也比较简单。

1）Nginx 作为 Web 服务器

Nginx 可以作为静态页面的 Web 服务器，同时支持 CGI 协议的动态语言，如 Perl、PHP 等，但不支持 Java，Java 程序只能通过与 tomcat 配合完成。Nginx 是专为性能优化开发的，因此性能是 Nginx 最重要的考量。Nginx 占用的内存少，并发能力强，实现上非常注重效率，不仅能经受高负载的考验，还能支持高达 5 万个并发连接。

2）代理服务器

代理是在服务器和客户端之间架设的一层服务器。代理先将接收的客户端的请求转发给服务器，再将服务器的响应转发给客户端。

正向代理是指位于客户端和原始服务器（Origin Server）之间的服务器，为了从原始服务器取得内容，客户端先向代理服务器（Proxy）发送一个请求并指定目标（原始服务器），再由代理服务器向原始服务器转交请求并将获得的内容返回给客户端，如图 8-7 所示。

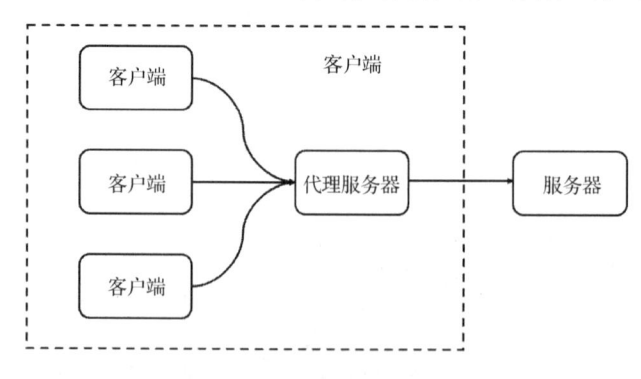

图 8-7 正向代理

- 正向代理是为客户端服务的，客户端可以根据正向代理访问到它本身无法访问到的服务器资源。
- 正向代理对客户端是透明的，对服务器是非透明的，即服务器并不知道自己收到的是来自代理的访问还是来自真实客户端的访问。

反向代理是指先以代理服务器来接收 Internet 上的连接请求，再将请求转发给内部网络上的服务器，并将从服务器上得到的结果返回给 Internet 上请求连接的客户端，此时代理服务器对外就表现为一台反向代理服务器，如图 8-8 所示。

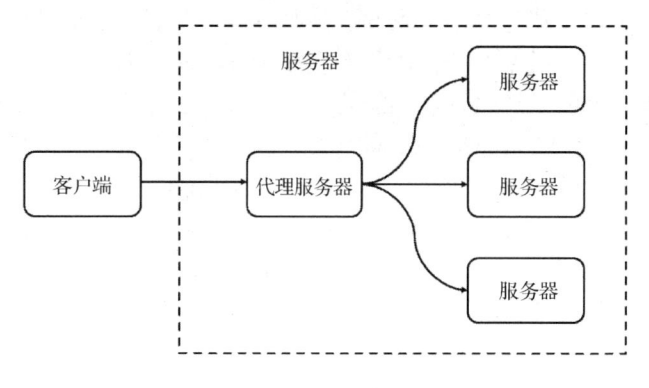

图 8-8　反向代理

反向代理的优势包括以下几点：隐藏真实服务器；负载均衡便于横向扩充后端动态服务；动静分离，可以提升系统的健壮性。

- 反向代理是为服务器服务的，可以帮助服务器接收来自客户端的请求，帮助服务器做请求转发、负载均衡等。
- 反向代理对服务器是透明的，对客户端是非透明的，即客户端并不知道自己访问的是代理服务器，而服务器知道反向代理在为其提供服务。

3）动静分离

动静分离是指在 Web 服务器架构中，将静态页面与动态页面分到不同系统中访问的架构设计方法，进而提升整个服务的访问性和可维护性，如图 8-9 所示。

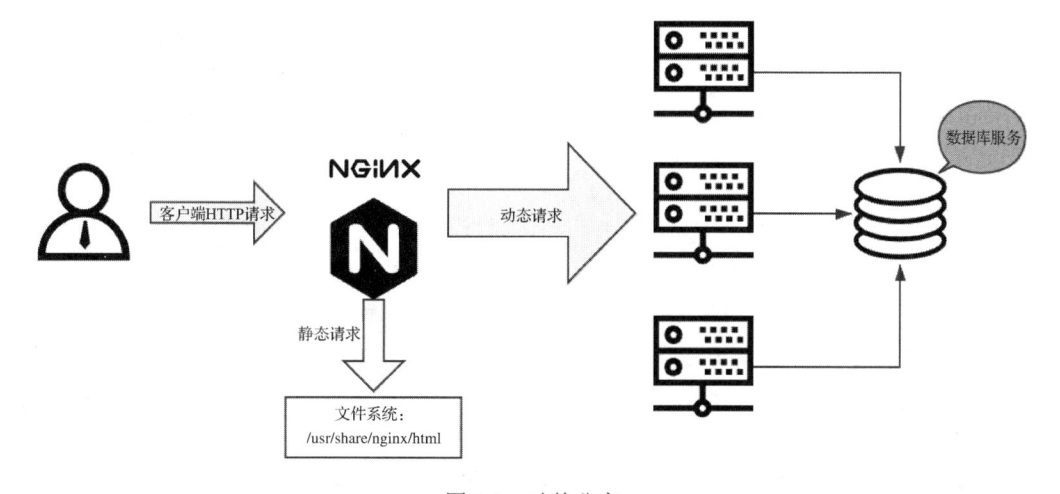

图 8-9　动静分离

一般来说，需要将动态资源和静态资源分开。由于 Nginx 具有高并发和静态资源缓存等特性，因此经常将静态资源部署在 Nginx 上。如果请求的是静态资源，那么直接到静态资源目录获取资源；如果请求的是动态资源，那么利用反向代理的原理，把请求转发给对应的后台应用处理，从而实现动静分离。

当使用前后端分离后，可以从很大程度上提升静态资源的访问速度，即使动态服务不可用，静态资源的访问也不会受到影响。

4）负载均衡

在一般情况下，客户端将多个请求发送到服务器上，服务器处理请求，其中一部分可能要操作一些资源，如数据库、静态资源等，服务器处理完毕，将结果返回给客户端。

这种模式对于早期的系统来说，功能要求不复杂，在并发请求相对较少的情况下还能胜任，成本也比较低。随着信息数量不断增长，访问量和数据量飞速增长，以及系统业务复杂度持续增加，这种做法已无法满足要求，当并发请求特别多时，服务器会宕机。

显然，这是由于服务器性能存在瓶颈，因此首先想到的可能是升级服务器的配置，如提高 CPU 执行频率，以及加大内存等，以提高机器的物理性能，从而解决此问题，但是由于摩尔定律日益失效，硬件的性能提升已经无法满足日益复杂的需求。

在请求爆发式增长的情况下，一台机器的性能再强大也无法满足需求，此时产生了集群的概念，使用一台服务器解决不了的问题，可以使用多台服务器，将请求分发到各台服务器上，并且将负载分发到不同的服务器上，这就是负载均衡。负载均衡的核心是分摊压力。Nginx 实现负载均衡，一般来说指的是将请求转发给服务器集群，如图 8-10 所示。

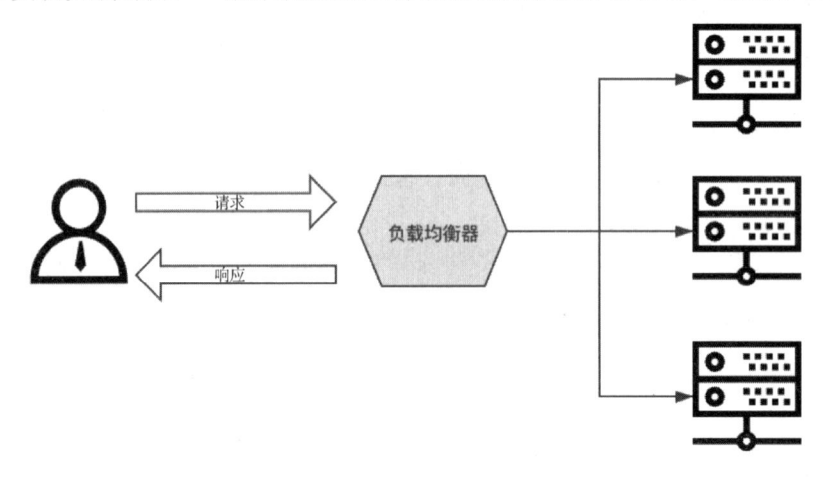

图 8-10　Nginx 实现负载均衡

Nginx 实现负载均衡的策略如下。

- 轮询策略：在默认情况下采用的策略，将所有客户端请求轮询分配给服务器。这种策略是可以正常工作的，但是如果其中的某台服务器压力太大，就会出现延迟，这会影响所有分配在这台服务器上的用户。
- 最小连接数策略：将请求优先分配给压力较小的服务器，这样可以平衡每个队列的长度，避免向压力大的服务器添加更多的请求。
- 最快响应时间策略：优先分配给响应时间最短的服务器。
- 客户端 IP 地址绑定策略：来自同一个 IP 地址的请求永远只分配给一台服务器，有效地解决了动态网页存在的会话共享问题。

2. Nginx 的安装与启/停

由于安装 Nginx 所依赖的软件包不是 RHEL 7/CentOS 7 镜像默认提供的,因此安装 Nginx 的方式有两种:一种是在 Nginx 官网下载稳定版本的 Nginx 源码包进行编译后安装,另一种是通过官方的 epel 源直接使用 yum 命令进行安装。

在生产环境下,通常采用源码包编译安装的方式。Nginx 官网提供了 3 个不同类型的版本。

- Mainline:是 Nginx 目前主力在做的版本,可以说是开发版。
- Stable:最新稳定版,生产环境下建议使用的版本。
- Legacy:遗留的老版本的稳定版。

下载 Nginx 源码包,具体如下:

```
[root@#localhost ~]# wget http://nginx.org/download/nginx-1.22.0.tar.gz
--2022-06-08 15:42:19--  http://nginx.org/download/nginx-1.22.0.tar.gz
Resolving nginx.org (nginx.org)... 52.58.199.22, 3.125.197.172, 2a05:d014:edb:5702::6, ...
Connecting to nginx.org (nginx.org)|52.58.199.22|:80... connected.
HTTP request sent, awaiting response... 200 OK
Length: 1073322 (1.0M) [APPlication/octet-stream]
Saving to: 'nginx-1.22.0.tar.gz'

100%[===================================>] 1,073,322    199KB/s   in 5.3s
2022-06-08 15:42:25 (199 KB/s) - 'nginx-1.22.0.tar.gz' saved [1073322/1073322]
```

在下载完成后,将 Nginx 源码包进行解压缩,在编译安装前,需要安装编译所依赖的环境。安装 gcc 环境、PCRE 库、zlib 压缩和解压缩依赖,以及 SSL 安全的加密的套接字协议层,用于 HTTP 协议安全传输,如果暂时不配置 https,那么也可以先不安装。例如:

```
[root@#localhost ~]# yum install -y gcc-c++  pcre pcre-devel zlib zlib-devel openssl openssl-devel
[root@#localhost ~]# tar xf nginx-1.22.0.tar.gz -C /usr/local/
[root@#localhost ~]# cd /usr/local/nginx-1.22.0/
[root@#localhost nginx-1.22.0]# ls
auto  CHANGES  CHANGES.ru  conf  configure  contrib  html  LICENSE  man  README  src
[root@#localhost nginx-1.22.0]# useradd -s /sbin/nologin nginx
[root@#localhost nginx-1.22.0]# ./configure --prefix=/usr/local/nginx   --user=nginx   --group=nginx
[root@#localhost nginx-1.22.0]# ll Makefile
-rw-r--r--. 1 root root 438 Jun   8 15:56 Makefile                #生成 Makefile 文件
[root@#localhost nginx-1.22.0]# make & make install
```

可以看到,编译过程中指定的安装目录为/usr/local/nginx,因此,Nginx 的所有配置文件、站点目录、日志文件等都保存到该目录下,此时可以通过 Nginx 命令对服务进行启/停管理。例如:

```
[root@client nginx-1.22.0]# cd /usr/local/nginx/
[root@localhost nginx]# ls
conf  html  logs  sbin
```

```
[root@localhost nginx]# cd sbin/
[root@localhost sbin]# ./nginx
[root@localhost sbin]# ps -ef | grep nginx
root       14041       1  0 11:35 ?        00:00:00 nginx: master process nginx
nginx      14042   14041  0 11:35 ?        00:00:00 nginx: worker process
[root@localhost sbin]# ./nginx -s reload
[root@localhost sbin]# ./nginx -s quit
```

也可以通过编辑 systemd 进程管理配置文件 nginx.service，以完成 systemd 进程对 Nginx 的托管。采用源码包安装的 Nginx 在/etc/systemd/system/multi-user.target.wants/目录下是没有 nginx.service 文件的，所以需要新建该文件。例如：

```
[root@localhost ~]# ln -s /usr/local/nginx/sbin/nginx   /usr/sbin/nginx
[root@localhost ~]#cat  >  /usr/lib/systemd/system/nginx.service  <<  EOF
[Unit]
Description=nginx
After=syslog.target network.target
[Service]
Type=forking
PIDFile=/usr/local/nginx/logs/nginx.pid
ExecStartPre=/usr/sbin/nginx -t
ExecStart=/usr/local/nginx/sbin/nginx
ExecReload=/usr/sbin/nginx -s reload
ExecStop=/usr/sbin/nginx -s quit
[Install]
WantedBy=multi-user.target
EOF
[root@localhost ~]# systemctl start nginx
[root@localhost ~]# systemctl enable nginx
Created symlink from /etc/systemd/system/multi-user.target.wants/nginx.service to /usr/lib/systemd/system/nginx.service.
[root@localhost ~]# systemctl reload-or-restart nginx
```

可以看到，Nginx 服务可以由 systemd 进程进行管理。通过浏览器可以查看 Nginx 服务器的测试页，如图 8-11 所示。

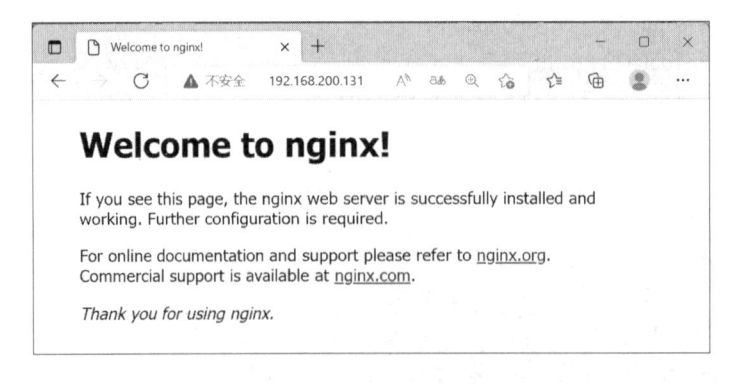

图 8-11　Nginx 服务器的测试页

子任务 2　Nginx 反向代理和负载均衡

1. Nginx 的配置文件

通常，采用二进制形式安装的应用程序的配置文件都保存在 /etc 目录的同名目录下，而采用源码包编译安装的应用程序的配置文件的位置是自行指定的。由上述案例可知，Nginx 的配置文件保存在 /usr/local/nginx/conf/ 目录下，主配置文件为 nginx.conf。Nginx 的配置文件中有很多以 "#" 开头的注释内容，删除所有注释段落，精简之后的内容如下：

```
#main 段的配置信息
worker_processes  1;        #启动进程，通常设置成和 CPU 的数量相等
#events 段的配置信息
events {                    #工作模式及连接数上限
    worker_connections  1024;
}
#http 段的配置信息
#配置使用最频繁的部分，代理、缓存、日志定义等绝大多数功能和第三方模块都是在这里配置的
http {
    include       mime.types;
    default_type  APPlication/octet-stream;
    sendfile        on;              #开启高效传输模式
    keepalive_timeout  65;           #连接超时时间
#server 段的配置信息
server {#
        listen       80;             #监听 80 端口
        server_name  localhost;      #定义使用域名访问
        #location 段的配置信息
        location / {
            root   html;             #网站根目录
            index  index.html index.htm;  #默认首页文件
        }
        error_page   500 502 503 504  /50x.html;  #默认 50x 对应的访问页面
        location = /50x.html {
            root   html;
        }
    }
}
```

由此可以看出，Nginx 的配置文件由以下几部分组成。

（1）main 段的配置信息：对全局生效；主要设置一些影响 Nginx 服务器整体运行的配置指令，包括配置运行 Nginx 服务器的用户（组）、允许生成的 worker process 数，以及进程 PID 存放路径、日志存放路径和类型、配置文件的引入等。

（2）events 段的配置信息：影响 Nginx 服务器与用户的网络连接。

（3）http 段的配置信息：代理、缓存、日志定义等绝大多数功能和第三方模块的配置；需要注意的是，http 块也可以包括 http 全局块、server 块。http 全局块配置的指令包括文件引入、MIME-TYPE 定义、日志自定义、连接超时时间、单链接请求数上限等。

（4）server 段的配置信息：虚拟主机的相关参数，一个 http 块中可以有多个 server 块。

（5）location 段的配置信息：匹配的 URI；一个 server 块可以配置多个 location 块。location 块的主要作用是基于 Nginx 服务器接收到的请求字符串，对虚拟主机名称（也可以是 IP 别名）之外的字符串（如前面的/uri-string）进行匹配，对特定的请求进行处理。地址定向、数据缓存和应答控制等功能，以及许多第三方模块的配置也在这里进行。

2．配置反向代理

反向代理服务器对客户端是无感知的，因为客户端不需要任何配置就可以访问，只需要将请求发送到反向代理服务器上，由反向代理服务器选择目标服务器获取数据后，再返回给客户端，此时反向代理服务器和目标服务器对外就是一台服务器，暴露的是代理服务器的 IP 地址，隐藏了真实服务器的 IP 地址。

用于配置代理服务器的语法格式如下：

```
proxy_pass URL
```

URL 必须以"http"或"https"开头。另外，URL 中也可以携带变量。两种常见的 URL 的用法如下：

```
proxy_pass http://192.168.100.33:8081
proxy_pass http://192.168.100.33:8081/
```

这两种用法的区别就是带"/"和不带"/"，在配置代理时它们的区别很大。
- 带"/"意味着 Nginx 会修改用户的 URL，修改方法是将 location 后面的 URL 从用户 URL 中删除。
- 不带"/"意味着 Nginx 不会修改用户的 URL，而是直接透传给上游的应用服务器。

将 httpd 服务作为上游服务器，由于 httpd 服务和 Nginx 服务默认监听的都是 80 端口，因此先修改 httpd 服务监听的端口，如 8201 端口，再启动 httpd 服务，同时启动 Nginx 服务，创建 Nginx 默认页面"This is nginx website!"：

```
[root@localhost ~]# systemctl restart httpd
[root@localhost ~]# systemctl restart nginx
[root@localhost ~]# netstat -tnpl | grep -E 'httpd|nginx'
tcp        0      0 0.0.0.0:80       0.0.0.0:*     LISTEN    15540/nginx: master
tcp6       0      0 :::8201          :::*          LISTEN    15519/httpd
tcp6       0      0 :::8202          :::*          LISTEN    15519/httpd
tcp6       0      0 :::8203          :::*          LISTEN    15519/httpd
[root@localhost ~]# echo 'This is nginx website!' > /usr/local/nginx/html/index.html
[root@localhost ~]# curl 192.168.200.131
This is nginx website!
[root@localhost ~]# curl 192.168.200.131:8201
Welcome to 192.168.200.201 website!
```

作为反向代理服务器，需要在 Nginx 的配置文件的 server 段增加 location 配置，具体如下：

```
    server {
        listen          80;
        server_name     localhost;
```

```
            location / {
                root    html;
                index   index.html index.htm;
            }
            location   /proxy {            #该段为增加的 location 配置
                proxy_pass http://192.168.200.131:8201/;
            }
            ……
        }
```

保存配置文件并退出，重启 Nginx 服务，再次通过 curl 命令访问 Nginx 服务器，结果发现，客户端的请求已经通过代理服务器发送给上游服务器：

```
[root@localhost ~]# systemctl restart nginx
[root@localhost ~]# curl 192.168.200.131
This is nginx website!                    #代理服务器本身
[root@localhost ~]# curl 192.168.200.131/proxy
Welcome to 192.168.200.201 website!       #上游服务器
```

上述案例仅完成了一对一的反向代理服务器的配置。在生产环境下，通常将多台上游服务器构建成分布式集群来共同支撑某个业务的运行和响应，这就需要在代理服务器上继续配置负载均衡来实现。

3. 配置负载均衡

用于配置负载均衡的语法格式如下：

```
upstream name {
  ...
}
```

upstream 模块用于定义上游服务器（指的是后台提供的应用服务器）的相关信息，如图 8-12 所示。

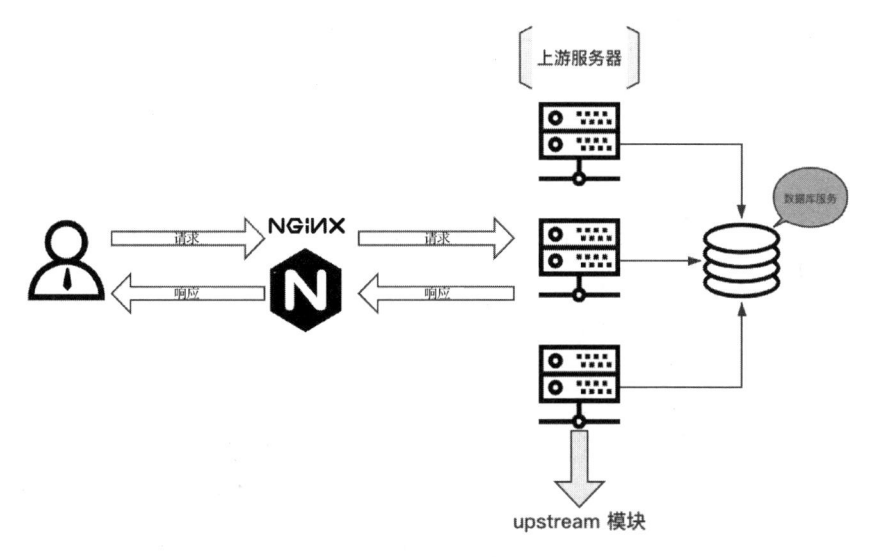

图 8-12　upstream 模块

在 upstream 模块中可以使用如下命令。
- server：定义上游服务器地址。
- zone：定义共享内存，用于跨 worker 子进程。
- keepalive：对上游服务启用长链接。
- keepalive_requests：一个长链接最多请求 HTTP 协议的个数。
- keepalive_timeout：在空闲情形下，一个长链接的超时时长。
- hash：哈希负载均衡算法。
- ip_hash：依据 IP 地址进行哈希计算的负载均衡算法。
- least_conn：最少连接数负载均衡算法。
- least_time：最短响应时间负载均衡算法。
- random：随机负载均衡算法。

其中，server 命令用于定义上游服务器地址。该命令的语法格式如下：

server address [parameters]

parameters 的可选值有以下几个。
- weight=number：权重值，默认为 1。
- max_conns=number：上游服务器的最大并发连接数。
- fail_timeout=time：服务器不可用的判定时间。
- max_fails=number：服务器不可用的检查次数。
- backup：备份服务器，仅当其他服务器都不可用时才会启用。
- down：标记服务器长期不可用，离线维护。

如果利用上述 httpd 服务基于 3 个不同端口的虚拟主机作为上游服务器，那么 Nginx 服务的负载均衡配置如下所示：

```
upstream back_end {
    server 192.168.200.131:8201    weight=1;
    server 192.168.200.131:8202    weight=1;
    server 192.168.200.131:8203    weight=1;
}
server {
    listen       80;
    server_name  localhost;
    location / {
        root    html;
        index   index.html index.htm;
        proxy_pass http://back_end;
    }
    ……
}
```

重启 Nginx 服务器，使用 curl 命令或浏览器测试负载均衡的结果，发现客户端的请求按照顺序被分发到 3 台上游服务器上：

```
[root@localhost ~]# systemctl restart nginx
[root@localhost ~]# curl 192.168.200.131
Welcome to 192.168.200.201 website!
[root@localhost ~]# curl 192.168.200.131
Welcome to 192.168.200.202 website!
[root@localhost ~]# curl 192.168.200.131
Welcome to 192.168.200.203 website!
```

引入本案例是为了让读者直观地看到负载均衡分发后的效果。实际上，在生产环境下，3 台上游服务器运行完全相同的业务，这是为了构建分布式集群共同支撑业务的运行和响应。

项目实训

1. 配置 Apache 服务

（1）安装 Apache 应用程序，启动 httpd 服务并加入开机启动。

（2）编辑一个网页文件 index.html，内容为 "欢迎来到 Linux 系统管理之家！"。可以通过命令行的方式访问该站点，也可以通过 elinks 访问该站点。

（3）通过系统外部主机访问该 Web 站点。

（4）将站点目录修改为/wwwroot，再次发布上述站点。

2. 配置虚拟主机

（1）在一台服务器上创建基于 3 个不同 IP 地址虚拟主机的站点。

（2）在一台服务器上创建基于 3 个不同主机域名虚拟主机的站点。

（3）在一台服务器上创建基于 3 个不同端口虚拟主机的站点。

（4）启动防火墙 firewalld 服务。

（5）分别测试 3 个站点的访问结果。

3. 配置反向代理和负载均衡

（1）为 3 台服务器 node1、node2 和 node3 部署 Nginx 服务，启动该服务并加入开机启动。

（2）node1 和 node2 分别作为后端用于发布站点。

（3）node3 作为前端配置反向代理。

（4）node3 配置负载均衡，将访问请求分别指派到后端 node1 和 node2 上。

习题

一、选择题

1. 属于 Apache 服务器的主配置文件的是（　　）。

　　A．/etc/httpd/conf/httpd.conf　　　　B．/etc/Apache2/Apache2.conf

　　C．/etc/Apache2/ports.conf　　　　　D．/etc/Apache2/httpd.conf

2. 设置 Apache 服务器站点主目录的路径是（　　）。
   A. DocentROt　　B. Serroot　　C. DocumentRoot　　D. serverAdmin
3. Apache 服务器默认的监听连接的是（　　）端口。
   A. 1024　　B. 8080　　C. 80　　D. 8000
4. Apache 服务器默认的 Web 站点目录为（　　）。
   A. letc/httpd　　B. /varlwww/html　　C. letc/home　　D. /home/httpd
5. 对于 Apache 服务器，提供的子进程的默认的用户是（　　）。
   A. root　　B. apache　　C. httpd　　D. nobody
6. 基于 Nginx 反向代理实现的是（　　）。
   A. 负载均衡　　B. Java　　C. Python　　D. 虚拟主机
7. Nginx 是 HTTP 服务器，可以将服务器上的静态文件（　　）通过 HTTP 协议展现给客户端。
   A. C++
   B. HTML 和图片等
   C. Java
   D. Python

二、判断题

1. Nginx (engine x) 是高性能的 HTTP 和反向代理 Web 服务器，同时提供了 IMAP/POP3 SMTP 服务。（　　）
2. 在连接高并发的情况下，Nginx 是 Apache 服务很好的替代品。（　　）
3. Nginx 能够支持高达 50 000 个并发连接数的响应。（　　）

三、简答题

1. 简述 Apache 的配置文件的结构。
2. Apache 服务器可以架设哪几种类型的虚拟主机？
3. 什么是正向代理和反向代理？
4. 简述负载均衡的概念和优点。

项目 9

文件服务器的配置与管理

项目引入

文件服务器（File Server），又称为档案伺服器，是指在计算机网络环境下，所有用户都可以访问的文件存储设备，是一种专供其他计算机检索文件和存储的特殊计算机。文件服务器拥有的存储容量通常比一般的个人计算机更大，并且具有一些其他的功能。文件服务器已进化成带有 RAID 存储子系统和其他高可用特性的高性能系统。文件服务器强化了存储器的功能，简化了网络数据的管理。使用文件服务器不仅可以改善系统的性能、提高数据的可用性，还可以降低管理的复杂度和运营费用。

能力目标

- 了解 FTP 协议的概念。
- 掌握 FTP 协议的工作原理。
- 掌握 vsftpd 服务程序的 3 种认证模式。
- 熟练掌握 vsftpd 服务的匿名用户和本地用户的配置与管理。
- 掌握 NFS 的工作流程。
- 熟练掌握 NFS 的配置。

任务 9.1 FTP 服务器的管理

子任务 1 文件传输协议

1. FTP 协议

文件传输协议（File Transfer Protocol，FTP）用于在网络中进行文件传输。基于该协议，

FTP 客户端与服务器可以实现共享文件、上传文件和下载文件。FTP 协议工作在 OSI 模型的第七层，TCP 模型的第四层，即应用层，使用 TCP 协议传输而不是 UDP 协议。客户端在和服务器建立连接前要经过一个"三次握手"的过程，以保证客户端与服务器之间的连接是可靠的，并且是面向连接的，从而为数据传输提供可靠性保证。

FTP 协议基于 TCP 协议生成一个虚拟的连接，主要用于控制 FTP 连接信息，同时生成一个单独的 TCP 连接用于 FTP 数据传输。用户可以通过客户端向 FTP 服务器上传、下载和删除文件，FTP 服务器可以同时供多人共享使用。

FTP 服务采用 Client/Server（简称 C/S）模式。基于 FTP 协议实现 FTP 文件对外共享及传输的软件称为 FTP 服务器，客户端程序基于 FTP 协议的则称为 FTP 客户端（FTP 客户端可以向 FTP 服务器上传、下载文件）。FTP 服务默认使用 20 端口和 21 端口，其中，20 端口（数据端口）用于传输数据，21 端口（命令端口）用于接收客户端发出的相关 FTP 命令与参数。这种将命令和数据分开传输的方式大大提高了 FTP 的效率，而其他客户服务器应用程序一般只有一条 TCP 连接。

FTP 协议的工作原理如图 9-1 所示。

图 9-1 FTP 协议的工作原理

客户端有 3 个组件，分别为用户接口、客户控制进程和客户数据传输进程。服务器有 2 个组件，分别为服务器控制进程和服务器数据传输进程。在整个交互的 FTP 会话中，控制连接始终处于连接状态，数据连接则在每次文件传输时先打开后关闭。

FTP 协议有下面两种工作模式。

- 主动模式：客户端通过任意一个端口 N（N>1024）连接服务器的 21 端口，客户端开始监听 N+1 端口，并发送 FTP 命令 port N+1 到服务器，服务器以数据端口（20）连接客户端指定的数据端口（N+1）。
- 被动模式：客户端通过任意一个端口 N（N>1024）连接服务器的 21 端口，客户端开始监听 N+1 端口，并提交 PASV 命令，服务器会开启一个任意的端口（P>1024），并发送 PORT P 命令给客户端。客户端发起从本地端口 N+1 到服务器的端口 P 的连接用来传输数据。

2. vsftpd 服务程序

vsftpd 服务程序最大的特点是安全。vsftpd 是一个在类 UNIX 系统上运行的服务器的名字，可以运行在诸如 Linux、BSD、Solaris、HP-UNIX 等系统上，是一个完全免费的、开源的 FTP 服务器软件，具备很多其他的 FTP 服务器所不具备的特征，如非常高的安全性需求、带宽限制、良好的可伸缩性、可创建虚拟用户、支持 IPv6、速率高等。

vsftpd 作为更加安全的文件传输的服务程序，允许用户以 3 种认证模式登录 FTP 服务器。

- 匿名开放模式：最不安全的认证模式，任何人都可以无须密码验证就直接登录 FTP 服务器。

- 本地用户模式：通过 Linux 系统本地的账户和信息进行认证，相较于匿名开放模式更安全，并且配置起来也很简单。
- 虚拟用户模式：是 3 种模式中最安全的一种认证模式，需要为 FTP 服务单独建立用户数据库文件，虚拟出用来进行密码验证的账户信息，而这些账户信息在服务器系统中实际上是不存在的，仅供 FTP 服务程序进行认证使用。

子任务 2　vsftpd 服务程序的安装与部署

1. vsftpd 服务程序的安装

前面介绍了 iptables、firewalld、SELinux 的关闭操作，这是为了在后续的实验过程中不会受到系统安全设置的干扰，默认后续所有关于服务器配置管理的实验环境全部关闭上述安全配置。

利用配置好的 yum 仓库，通过命令行安装 vsftpd 服务程序。在安装 vsftpd 服务程序的同时，会在系统中一并创建使用该进程的用户 ftp：

```
[root@localhost ~]# yum clean all
[root@localhost ~]# yum repolist all
[root@localhost ~]# yum -y install vsftpd
[root@localhost ~]# rpm -qa | grep vsftpd
vsftpd-3.0.2-25.el7.x86_64
[root@localhost ~]# grep -w ftp /etc/passwd         #查询是否创建了用户 ftp
ftp:x:14:50:FTP User:/var/ftp:/sbin/nologin
[root@localhost ~]# id ftp
uid=14(ftp) gid=50(ftp) groups=50(ftp)
```

通过 id 命令可以查询到，在安装 vsftpd 服务程序的过程中，同时创建了 uid=14 和 gid=50 的 ftp 用户。启动 vsftpd 服务程序，查看服务进程及端口：

```
[root@localhost ~]# systemctl start vsftpd
[root@localhost ~]# systemctl enable vsftpd
Created symlink from /etc/systemd/system/multi-user.target.wants/vsftpd.service to /usr/lib/systemd/system/vsftpd.service.
[root@localhost ~]# ps -ef | grep vsftpd
root        20562      1  0 11:20 ?        00:00:00 /usr/sbin/vsftpd /etc/vsftpd/vsftpd.conf
root        20594  20349  0 11:21 pts/1    00:00:00 grep --color=auto vsftpd
[root@localhost ~]# netstat -ntpl | grep vsftpd
tcp6       0      0 :::21                   :::*                    LISTEN      20562/vsftpd
```

2. vsftpd 服务程序的主配置文件

vsftpd 服务程序的主配置文件为/etc/vsftpd/vsftpd.conf，其中大多数参数在开头添加了"#"，从而成为注释信息。vsftpd 服务程序的主配置文件中常用的参数如表 9-1 所示。

表 9-1　vsftpd 服务程序的主配置文件中常用的参数

参数	作用
listen=[YES|NO]	是否以独立运行的方式监听服务
listen_address=IP 地址	设置要监听的 IP 地址

续表

参数	作用
listen_port=21	设置 FTP 服务的监听端口
download_enable=[YES|NO]	是否允许下载文件
userlist_enable=[YES|NO] userlist_deny=[YES|NO]	设置用户列表为"允许"还是"禁止"
max_clients=0	最大客户端连接数，若为 0，则表示不限制
max_per_ip=0	同一 IP 地址的最大连接数，若为 0，则表示不限制
anonymous_enable=[YES|NO]	是否允许匿名用户访问
anon_upload_enable=[YES|NO]	是否允许匿名用户上传文件
anon_umask=022	匿名用户上传文件的 umask 值
anon_root=/var/ftp	匿名用户的 FTP 根目录
anon_mkdir_write_enable=[YES|NO]	是否允许匿名用户创建目录
anon_other_write_enable=[YES|NO]	是否开放匿名用户的其他写入权限（包括重命名和删除等操作权限）
anon_max_rate=0	匿名用户的最大传输速率（字节/秒），若为 0，则表示不限制
local_enable=[YES|NO]	是否允许本地用户登录 FTP 服务器
local_umask=022	本地用户上传文件的 umask 值
local_root=/home/user	本地用户的 FTP 根目录
chroot_local_user=[YES|NO]	是否将用户权限禁锢在 FTP 目录下，以确保安全
local_max_rate=0	本地用户的最大传输速率（字节/秒），若为 0，则表示不限制

子任务 3　vsftpd 服务程序匿名访问

1. 匿名用户配置模式

由于匿名开放模式允许任何人无须密码验证就可以直接登录 FTP 服务器，因此这种模式一般用来访问不重要的公开文件。vsftpd 服务程序默认开启了匿名开放模式，我们需要做的就是开放匿名用户上传文件和下载文件的权限，以及让匿名用户创建文件、删除文件和更改文件名称的权限。匿名用户开放的权限参数如表 9-2 所示。

表 9-2　匿名用户开放的权限参数

权限参数	作用
anonymous_enable=YES	允许匿名访问模式
anon_umask=022	匿名用户上传文件的 umask 值
anon_upload_enable=YES	允许匿名用户上传文件
anon_mkdir_write_enable=YES	允许匿名用户创建目录
anon_other_write_enable=YES	允许匿名用户修改目录名称或删除目录

在 vsftpd 服务程序的主配置文件中正确配置以下 4 行参数，保存后退出，重启 vsftpd 服务程序使新的配置参数生效：

```
[root@localhost ~]# grep -n -v '^#' /etc/vsftpd/vsftpd.conf | grep anon
12:anonymous_enable=YES
29:anon_upload_enable=YES
33:anon_mkdir_write_enable=YES
```

34:anon_other_write_enable=YES
[root@localhost ~]# systemctl restart vsftpd

Linux 系统中以命令行界面的方式来管理 FTP 传输服务的客户端工具是 ftp（需要手动安装）。在客户端执行 ftp 命令连接远程的 FTP 服务器。在 vsftpd 服务程序的匿名开放认证模式下，其账户统一为 anonymous，也可以为 ftp，密码为空。在连接 FTP 服务器后，默认访问的是/var/ftp 目录。可以先切换到该目录下的 pub 目录中，再尝试创建一个新的目录文件，以检验是否拥有写入权限。例如：

```
[root@localhost ~]# yum -y install ftp
[root@localhost ~]# ftp 192.168.200.131
Connected to 192.168.200.131 (192.168.200.131).
220 (vsFTPd 3.0.2)
Name (192.168.200.131:root): ftp
331 Please specify the password.
Password:
230 Login successful.
Remote system type is UNIX.
Using binary mode to transfer files.
ftp> ls
227 Entering Passive Mode (192,168,200,131,104,146).
150 Here comes the directory listing.
drwxr-xr-x    2 0        0               6 Oct 30   2018 pub
226 Directory send OK.
ftp> cd pub
250 Directory successfully changed.
ftp> pwd
257 "/pub"
ftp> mkdir ftp_test_dir
550 Create directory operation failed.        #创建目录 ftp_test_dir 失败
ftp> exit
```

为什么会失败呢？在 vsftpd 服务程序的匿名开放认证模式下，默认访问的是/var/ftp 目录。通过查看该目录的权限可知，只有 root 用户才有写入权限。因此，需要将目录的所有者身份改成系统账户 ftp。例如：

```
[root@localhost ~]# ls -ld /var/ftp/pub/
drwxr-xr-x 2 root root 26 Oct 14 12:07 /var/ftp/pub/
[root@localhost ~]# chown -R ftp. /var/ftp/pub/
[root@localhost ~]# ls -ld /var/ftp/pub/
drwxr-xr-x. 3 ftp ftp 26 Oct 14 12:08 /var/ftp/pub/
[root@localhost ~]# ftp 192.168.200.131
Connected to 192.168.200.131 (192.168.200.131).
220 (vsFTPd 3.0.2)
Name (192.168.200.131:root): ftp
```

```
331 Please specify the password.
Password:
230 Login successful.
Remote system type is UNIX.
Using binary mode to transfer files.
ftp> cd pub
250 Directory successfully changed.
ftp> mkdir ftp_test_dir
257 "/pub/ftp_test_dir" created
ftp> ls
227 Entering Passive Mode (192,168,200,131,157,251).
150 Here comes the directory listing.
drwx------    2 14        50              6 Oct 14 04:08 ftp_test_dir
226 Directory send OK.
ftp> exit
```

此时可以顺利执行文件创建、修改及删除等操作。通过 Windows 客户端的浏览器和资源管理器进行访问，并新建 windows_test_dir 目录，可以看到同样的效果，如图 9-2 所示。

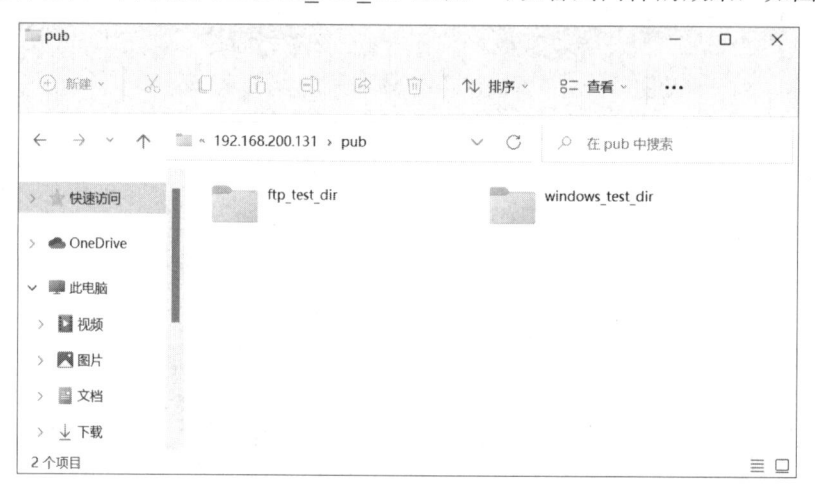

图 9-2 访问 ftp

2. 配置网络 yum 仓库

前面已经介绍了通过 yum 仓库对软件包进行管理和安装的内容，除了本地仓库，还可以通过匿名方式的 FTP 服务器实现网络 yum 仓库的配置。

首先，创建系统镜像的光盘挂载目录，并挂载光盘镜像文件：

```
[root@localhost ~]# mkdir -p /opt/centos
[root@localhost ~]# mount -o loop /dev/sr0    /opt/centos
[root@localhost ~]# echo '/dev/sr0   /opt/centos   iso9660   default   0 0' >> /etc/fstab
[root@localhost ~]# df -h /opt/centos/
Filesystem        Size   Used Avail Use% Mounted on
/dev/loop0        4.3G   4.3G     0 100% /opt/centos
```

其次，修改 vsftpd 服务程序的主配置文件，将/opt 作为 ftp 匿名用户的根目录：

[root@localhost ~]# echo 'anon_root=/opt' >> /etc/vsftpd/vsftpd.conf
[root@localhost ~]# systemctl restart vsftpd

最后，配置 yum 网络仓库文件并查询：

[root@localhost ~]# cat > /etc/yum.repos.d/ftp.repo << EOF
> [centos-ftp]
> name=centos-ftp
> baseurl=ftp://192.168.200.131/centos
> gpgcheck=0
> enabled=1
> EOF
[root@localhost ~]# yum clean all
[root@localhost ~]# yum repolist all
Loaded plugins: fastestmirror, langpacks
Determining fastest mirrors
centos-ftp | 3.6 kB   00:00:00
(1/4): centos/group_gz | 166 kB   00:00:00
(2/4): centos-ftp/group_gz | 166 kB   00:00:00
(3/4): centos/primary_db | 3.1 MB   00:00:00
(4/4): centos-ftp/primary_db | 3.1 MB   00:00:00
repo id   repo name   status
centos-ftp   centos-ftp   enabled: 4,021

在生产环境下，通过 vsftpd 服务程序配置 yum 仓库的方式很常见，建议读者熟练掌握上述配置方法。

子任务 4 配置本地用户模式

相比匿名开放模式，本地用户模式更安全，并且配置也很简单。在开启本地用户模式的同时，建议关闭匿名开放模式。本地用户模式的权限参数如表 9-3 所示。

表 9-3 本地用户模式的权限参数

权限参数	作用
anonymous_enable=NO	禁止匿名开放模式
local_enable=YES	允许本地用户模式
write_enable=YES	设置可写权限
local_umask=022	使用本地用户模式创建文件的 umask 值
userlist_enable=YES	启用禁止用户名单，名单文件为 ftpusers 和 user_list
userlist_deny=YES	开启用户作用名单文件功能

在 vsftpd 服务程序的主配置文件中正确配置参数，关闭匿名开放模式，保存后退出。重启 vsftpd 服务程序，使新的配置参数生效：

```
[root@localhost ~]# grep -n -v '^#' /etc/vsftpd/vsftpd.conf
12:anonymous_enable=NO
16:local_enable=YES
19:write_enable=YES
23:local_umask=022
[root@localhost ~]# systemctl restart vsftpd
```

lftp 是一个功能强大的下载工具，支持访问文件的 FTP 协议、FTPS 协议、HTTP 协议、HTTPS 协议、HFTP 协议和 FISH 协议（其中，FTPS 协议和 HTTPS 协议需要在编译时包含 openssl 库）。lftp 的界面非常像一个 Shell，包含命令补全、历史记录，以及允许多个后台任务执行等功能，使用起来非常方便。它还有书签、排队、镜像、断点续传和多进程下载等功能。

使用 lftp 命令登录 FTP 服务器的格式为"lftp 用户名:密码@ftp 地址:传送端口（默认 21）"，也可以先不带用户名登录，再在接口界面中用 login 命令来使用指定的账号登录，不显示密码。

先安装 lftp 工具，再使用本地用户的身份登录 FTP 服务器。

```
[root@localhost ~]# yum -y install lftp
[root@localhost ~]# lftp 192.168.200.131 -u root,000000
lftp root@192.168.200.131:~> dir
ls: Login failed: 530 Permission denied.
lftp root@192.168.200.131:~> exit
```

在使用 root 用户登录后，系统报出错误信息。可以看出，被系统拒绝访问，这是因为 vsftpd 服务程序所在的目录中默认保存了两个名为"用户名单"的文件（ftpusers 和 user_list）。vsftpd 服务程序所在的目录中的"用户名单"文件包含某个用户的名字，就不再允许这个用户登录 FTP 服务器。例如：

```
[root@localhost ~]# cat /etc/vsftpd/user_list
# vsftpd userlist
# If userlist_deny=NO, only allow users in this file
# If userlist_deny=YES (default), never allow users in this file, and
# do not even prompt for a password.
# Note that the default vsftpd pam config also checks /etc/vsftpd/ftpusers
# for users that are denied.
root
bin
daemon
adm
lp
sync
shutdown
halt
mail
news
```

```
uucp
operator
games
nobody
[root@localhost ~]# cat /etc/vsftpd/ftpusers
# Users that are not allowed to login via ftp
root
bin
daemon
adm
lp
sync
shutdown
halt
mail
news
uucp
operator
games
nobody
```

查看两个"用户名单"文件中的用户列表，为了保证服务器的安全，vsftpd 服务程序默认禁止 root 用户和大多数系统用户的登录行为，这样可以有效地避免黑客通过 FTP 服务对 root 用户的密码进行暴力破解。因此，可以创建一个用户（没有被添加到 ftpusers 文件和 user_list 文件中），尝试登录 FTP 服务器。例如：

```
[root@localhost ~]# useradd ftpuser
[root@localhost ~]# echo 000000 | passwd ftpuser --stdin
Changing password for user ftpuser.
passwd: all authentication tokens updated successfully.
[root@localhost ~]# lftp 192.168.200.131 -u ftpuser,000000
lftp ftpuser@192.168.200.131:~> mkdir ftpuser_dir
mkdir ok, `ftpuser_dir' created
lftp ftpuser@192.168.200.131:~> pwd
ftp://ftpuser:000000@192.168.200.131/%2Fhome/ftpuser
lftp ftpuser@192.168.200.131:~> ls
drwxr-xr-x    2 1003     1003            6 Oct 14 04:58 ftpuser_dir
[root@localhost ~]# ls /home/ftpuser/
ftpuser_dir
```

在采用本地用户模式登录 FTP 服务器后，默认访问的是该用户的家目录，也就是说，访问的是/home/ftpuser 目录。该目录的默认所有者、所属组都是该用户自己，因此不存在写入权限不足的情况。

任务 9.2 NFS 服务器的管理

子任务 1 NFS 概述

1. NFS 的基本概念

NFS（Network File System，网络文件系统）的主要功能是通过网络让不同的主机系统之间可以共享文件或目录，由此应用程序可以通过网络访问位于服务器磁盘中的数据。NFS 和 Windows 网络共享、网络驱动器类似，只不过 Windows 用于局域网，NFS 用于企业集群架构中。如果是大型网站，就会使用更复杂的分布式文件系统，如 FastDFS、glusterfs 和 HDFS。将 NFS 主机分享的目录挂载到本地客户端中，本地 NFS 的客户端应用可以透明地读/写位于远端 NFS 服务器上的文件，在客户端看来就像访问本地文件一样。

NFS 在文件传送或信息传送的过程中需要依赖 RPC（Remote Procedure Call，远程过程调用）。RPC 是使客户端能够执行其他系统中程序的一种机制。NFS 本身没有提供信息传输的协议和功能，但使用 NFS 能通过网络进行资料的分享，这是因为 NFS 可以使用 RPC 提供的传输协议，可以说，NFS 就是使用 PRC 的一个程序。RPC 基于 C/S 模型。程序可以使用 RPC 请求网络中另一台计算机上某程序的服务而无须知道网络细节，甚至可以请求对方的系统调用。

2. NFS 的工作流程

NFS 服务器可以让客户端将网络上的 NFS 服务器共享的目录挂载到本地端的文件系统中，而在本地端的文件系统中，远程主机的目录就好像是自己的一个磁盘分区，使用起来相当便利。

NFS 本身的服务并没有提供数据传输协议，而是通过使用 RPC 来实现。当 NFS 启动后，会随机使用一些端口，NFS 就会向 RPC 注册这些端口。RPC 会记录下这些端口并开启 111 端口。NFS 的工作流程如图 9-3 所示。

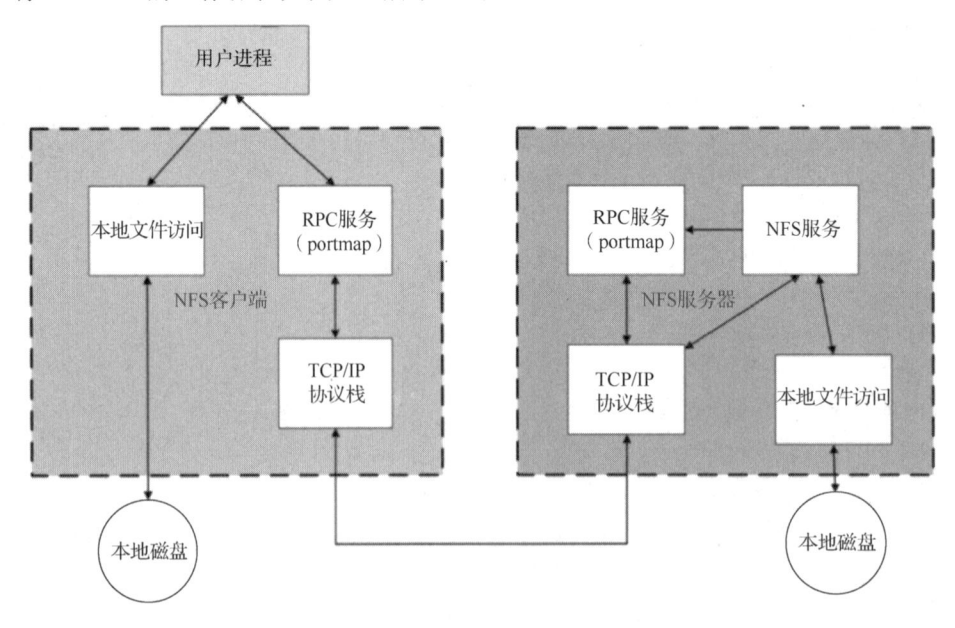

图 9-3 NFS 的工作流程

项目 9
文件服务器的配置与管理

RPC 是通过网络从远程计算机程序上请求服务，不需要了解底层网络技术的协议。在启动 NFS 服务之前，需要先确保启动了 RPC 服务。

- 本地用户要访问 NFS 服务器中的文件，需要先向内核发起请求，由内核处理并调用 NFS 模块及 RPC 客户端。
- RPC 客户端向 RPC 服务器端发起连接请求。
- 在连接之前，NFS 服务除了启动 nfsd 本身监听的 TCP 2049 端口和 UDP 2049 端口，还会启动其他进程（如 mountd、statd 和 rquotad 等），以完成文件共享。这些进程的端口不是固定的，而是每次 NFS 服务启动时向 RPC 服务注册的（RPC 服务会随机分配未使用的端口）。
- 完成连接，接收访问请求。
- NFS 应用程序向内核发起请求。
- 内核调用文件系统。
- 客户端通过获取的 NFS 端口建立和服务器的 NFS 连接，并进行数据传输。

3. NFS 的挂载原理

当在 NFS 服务器中设置好一个共享目录/opt 之后，其他有权访问 NFS 服务器的 NFS 客户端就可以将这个目录挂载到自己文件系统的某个挂载点上（这个挂载点可以自己定义），如图 9-4 所示，NFS 客户端 A 和 NFS 客户端 B 挂载的目录分别为/mnt 和/opt，挂载好之后在本地均能看到 NFS 服务器/opt 目录下的所有数据。

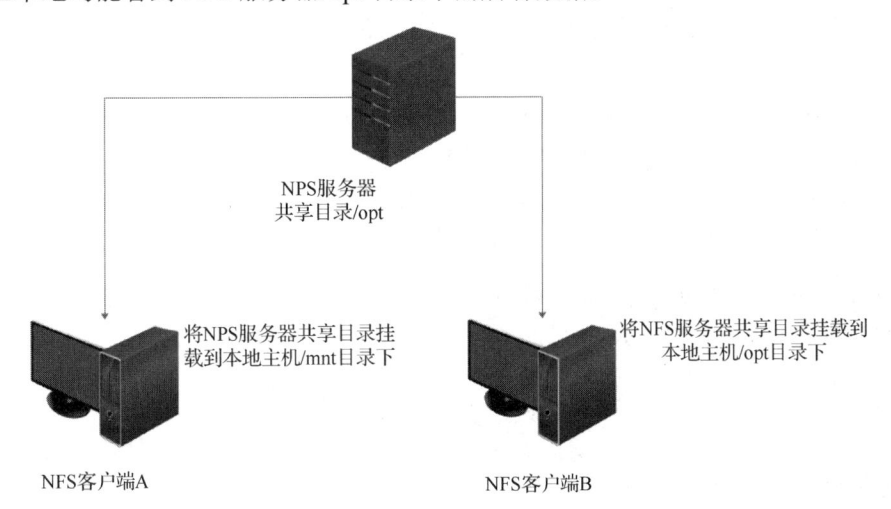

图 9-4 NFS 的挂载原理

NFS 最常见的一个业务场景是作为应用系统或集群的后端存储，这样可以更好地保障存储数据的一致性。

子任务 2 NFS 的配置

为了检验 NFS 服务的配置效果，需要使用两台 Linux 主机，一台充当 NFS 服务器，另一台充当 NFS 客户端。在使用 NFS 服务进行文件共享之前，需要使用 RPC 服务将 NFS 服务器的 IP 地址和端口号等信息发送给客户端。

1. NFS 服务器的配置

在启动 NFS 服务之前，需要先启用 rpcbind 服务程序，并将这两个服务一并加入开机启动项中：

[root@localhost ~]# yum -y install nfs-utils rpcbind
[root@localhost ~]# systemctl start nfs rpcbind
[root@localhost ~]# systemctl enable nfs rpcbind
Created symlink from /etc/systemd/system/multi-user.target.wants/nfs-server.service to /usr/lib/systemd/system/nfs-server.service.

NFS 服务程序的配置文件为/etc/exports，默认是空的，可以按照固定格式写入参数，并定义要共享的目录与相应的权限。/etc/exports 配置文件的参数如表 9-4 所示。

表 9-4 /etc/exports 配置文件的参数

参数	作用
rw	允许读/写
ro	只读
sync	同步写入
async	先写入缓冲区中，必要时才写入硬盘中，速度快，但会丢失数据
subtree_check	若输出一个子目录，则 NFS 服务将检查其父目录权限
no_subtree_check	若输出一个子目录，则不检查父目录，以提高效率
no_root_squash	当客户端以 root 用户的身份登录时，赋予其本地 root 用户的权限
root_squash	当客户端以 root 用户的身份登录时，将其映射为匿名用户
all_squash	将所有用户映射为匿名用户

例如，在 NFS 服务器上建立两个用于 NFS 文件共享的目录/data_share01 和/data_share02，共享给所有 192.168.200.0/24 这个网段的主机，并且拥有读/写权限，自动同步内存数据到本地硬盘中，以及把 root 用户映射为本地匿名用户等权限。例如：

[root@localhost ~]# mkdir /data_share01 /data_share02
[root@localhost ~]# vim /etc/exports
/data_share01   192.168.200.0/24(rw,sync,no_root_squash)
/data_share02   192.168.200.0/24(rw,sync,no_root_squash)
[root@localhost ~]# exportfs -r
[root@localhost ~]# exportfs -v
/data_share01   192.168.200.0/24(sync,wdelay,hide,no_subtree_check,sec=sys,rw,secure,no_root_squash,no_all_squash)
/data_share02   192.168.200.0/24(sync,wdelay,hide,no_subtree_check,sec=sys,rw,secure,no_root_squash,no_all_squash)
[root@localhost ~]# showmount -e
Export list for localhost.localdomain:
/data_share02 192.168.200.0/24
/data_share01 192.168.200.0/24

2. NFS 客户端的配置

首先安装 nfs-utils，然后使用 showmount 命令查询 NFS 服务器的远程共享信息。

showmount 命令的选项 e 用来显示共享列表，a 用来显示本机挂载资源情况。例如：

```
[root@localhost ~]# yum -y install nfs-utils
[root@localhost ~]# showmount -e 192.168.200.131
Export list for 192.168.200.131:
/data_share02 192.168.200.0/24
/data_share01 192.168.200.0/24
```

创建目录/data1 和/data2，并结合使用 mount 命令及其选项-t，指定要挂载的文件系统的类型，同时在 mount 命令的后面注明服务器的 IP 地址、服务器上的共享目录，以及要挂载到本地系统（即客户端）的目录。例如：

```
[root@localhost ~]# mkdir   -p   /data1 /data2
[root@localhost ~]# mount -t nfs 192.168.200.131:/data_share01 /data1
[root@localhost ~]# mount -t nfs 192.168.200.131:/data_share02 /data2
[root@localhost ~]# df -h   /data1   /data2
Filesystem                    Size  Used Avail Use% Mounted on
192.168.200.131:/data_share01  46G  6.7G   39G  15% /data1
192.168.200.131:/data_share02  46G  6.7G   39G  15% /data2
```

挂载成功后可以进行增、删、改、查等操作，在挂载目录/data1 下创建文件及目录：

```
[root@localhost ~]# cd /data1
[root@localhost data1]# mkdir test01
[root@localhost data1]# touch file1
```

返回服务器，查看原始目录。可以看出，客户端在共享目录下拥有读/写权限，并且文件的属主和属组均为 root：

```
[root@localhost data1]# cd /data_share01
[root@localhost data_share01]# ll
total 0
-rw-r--r--. 1 root root 0 Oct 14 14:48 file1
drwxr-xr-x. 2 root root 6 Oct 14 14:42 test01
```

项目实训

1. 配置 vsftpd 服务
（1）安装和部署 vsftpd 服务，先设置为开机启动，再启动。
（2）启动防火墙 firewalld 服务。
（3）配置 FTP 服务器的主目录为/opt。
（4）实现匿名用户在 FTP 服务器上的下载、上传、修改和删除等功能。
2. 配置 NFS 服务
（1）安装和部署 NFS 服务器及客户端，启动 NFS 服务器并设置为开机启动。
（2）在服务器上创建目录 pv1、pv2 和 pv3，配置共享目录的权限为读/写，并同步写入硬盘中。当客户端以 root 用户的身份登录时，将其映射为匿名用户，并配置共享区域为服务器节点所在的子网。

（3）客户端挂载 nfs 共享目录，并配置为自动挂载。

习题

一、选择题

1. FTP 服务器监听的端口是（　　）。
   A．20 和 21　　　B．80 和 443　　　C．22 和 53　　　D．8021 和 8021
2. 不属于 FTP 客户端命令的是（　　）。
   A．ftp　　　　　B．lftp　　　　　C．sftp　　　　　D．tftp
3. 文件传输协议不包括（　　）。
   A．FTP　　　　　B．NFS　　　　　C．HTTP　　　　　D．DNS
4. 在生产环境下，文件服务器 FTP 通常使用的用户配置模式是（　　）。
   A．本地用户　　　B．匿名用户　　　C．虚拟用户　　　D．终端用户
5. NFS 服务的配置文件中可以配置的选项不包括（　　）。
   A．rw　　　　　B．no_root_squash　C．sync　　　　　D．umask
6. 关于 FTP，下列叙述不正确的是（　　）。
   A．FTP 使用多个端口　　　　　　　B．FTP 可以上传文件，也可以下载文件
   C．FTP 报文通过 UDP 报文传送　　　D．FTP 是应用层协议
7. vsftpd 服务程序的主配置文件是（　　）。
   A．/etc/vsftpd/vsftpd.conf　　　　B．/etc/pam.d/vsftpd
   C．/etc/vsftpd.ftpusers　　　　　D．以上选项都不正确
8. 下列关于 vsftpd 服务程序的特点的叙述，不正确的是（　　）。
   A．是一个安全、高速且稳定的 FTP 服务器
   B．不仅支持虚拟用户，还支持每个虚拟用户具有独立的配置
   C．可以设置为从 inetd 启动
   D．可以执行任何外部程序，从而减少安全隐患

二、简答题

1. FTP 站点主要应用在哪些方面？
2. 什么是 FTP 服务？在企业应用中，如果要随时检查目前连接的用户，那么应该如何解决？
3. 简述启动 NFS 服务器的流程。

项目 10

LAMP 架构部署动态网站

项目引入

动态网站是指网站内容可以根据不同情况进行动态变更的网站。在一般情况下,动态网站通过数据库进行架构。动态网站除了要设计网页,还要通过数据库和编写的程序使网站具有更多自动的及高级的功能。动态网站一般使用 ASP、JSP、PHP、ASPX 等技术。相对于静态网页,动态网页更有利于网站内容的更新,所以适合用于企业建站。一旦熟练掌握成熟的动态网站架构,Linux 运维工程师就可以在工作中起到事半功倍的作用。

能力目标

- 了解 LAMP 架构。
- 掌握数据库的创建与备份。
- 掌握 PHP 服务器的部署。
- 掌握部署 LAMP 架构的流程。

任务 10.1 LAMP 架构

子任务 1 LAMP 架构概述

1. LAMP 架构的组成

LAMP 架构是目前比较成熟的企业网站应用模式之一,指的是协同工作的一整套系统和相关软件,能够提供动态 Web 站点服务及其应用开发环境。LAMP 是一个缩写词,具体包括 Linux 系统、Apache 服务、MySQL 数据库、PHP(或 Perl、Python)网页编程语言,如图 10-1 所示。

图 10-1　LAMP 架构的组成

1）Linux 平台

Linux 平台提供用于支撑 Web 站点服务的系统，能够与其他 3 个组件组合提供更好的稳定性和兼容性（AMP 组件也支持 Windows、UNIX 等平台）。

2）Apache 前台

作为 LAMP 架构的前端，Apache 是功能非常强大且稳定性良好的 Web 服务器程序。该服务器直接面向用户提供网站访问，发送网页、图片等文件内容，如图 10-2 所示。

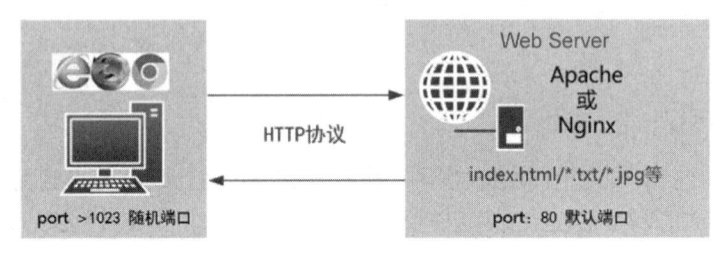

图 10-2　LAMP 前台 Web 服务

Apache 主要实现如下功能。
- 处理 HTTP 请求，构建响应报文等自身服务。
- 配置让 Apache 支持 PHP 程序的响应（通过 PHP 模块或 FPM）。
- 配置 Apache 具体处理 PHP 程序的方法，如通过反向代理将 PHP 程序交给 fcgi 处理。

3）MariaDB/MySQL 后台

MariaDB/MySQL 是非常流行的开源关系数据库。在企业网站、业务系统等应用中，各种账户信息、产品信息，以及客户资料、业务数据等都可以存储到 MySQL 数据库中，其他程序可以通过 SQL 语句来查询，或者更改这些信息，如图 10-3 所示。

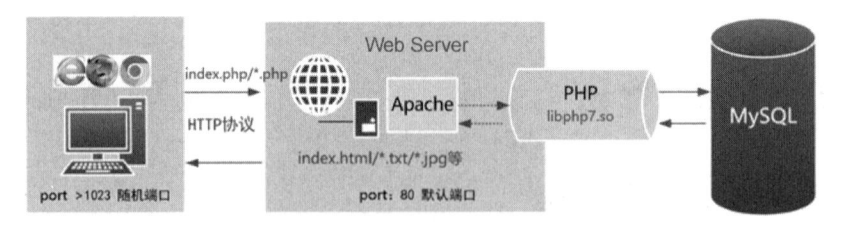

图 10-3　LAMP 后台数据库服务

MariaDB/MySQL 主要实现如下功能。
- 提供 PHP 程序对数据的存储。
- 提供 PHP 程序对数据的读取。在通常情况下，从性能的角度考虑，应尽量实现数据库的读/写分离。

项目 10
LAMP 架构部署动态网站

4）PHP/Perl/Python 中间连接

PHP/Perl/Python 不仅负责解释动态网页文件，还负责沟通 Web 服务器和数据库系统以协同工作，并提供 Web 应用程序的开发和运行环境。其中，PHP 是一种被广泛应用且开源的多用途脚本语言，可以嵌入 HTML 中，尤其适用于 Web 应用开发，如图 10-4 所示。

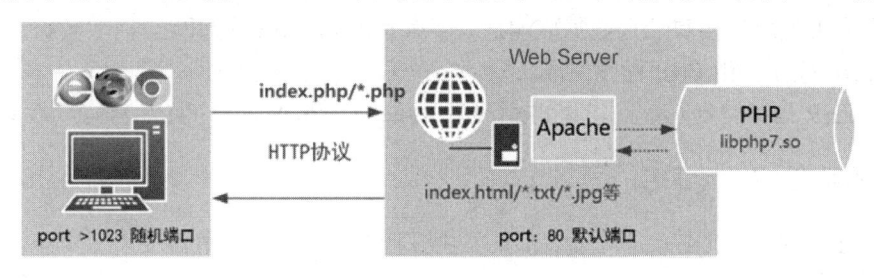

图 10-4 LAMP 中间连接

PHP/Perl/Python 主要实现如下功能。
- 提供 Apache 的访问接口，即 CGI 或 Fast CGI（FPM）。
- 提供 PHP 程序的解释器。
- 提供 MairaDB 数据库的连接函数的基本环境。

2. LAMP 架构的通信过程

LAMP 是一个多 C/S 架构的平台，最初为 Web 客户端基于 TCP/IP 协议通过 HTTP 协议发起传输，这个请求可能是动态的，也可能是静态的。Web 服务器通过发起请求的后缀来判断：如果是静态资源，那么先由 Web 服务器自行处理，再将资源发送给客户端；如果是动态资源，那么 Web 服务器会通过 CGI（Common Gateway Interface）协议发送给 PHP。如果 PHP 以模块形式与 Web 服务器联系，那么它们采用的是内部共享内存的方式。如果 PHP 单独放置一台服务器，那么它们通过 Sockets 套接字监听的方式通信（这又是一个 C/S 架构）。这时 PHP 会相应地执行一段程序，如果在执行程序时需要用到数据，那么 PHP 会通过 MySQL 协议发送给 MySQL 服务器（也可以将其看作一个 C/S 架构），由 MySQL 服务器处理，并将数据提供给 PHP 程序，如图 10-5 所示。

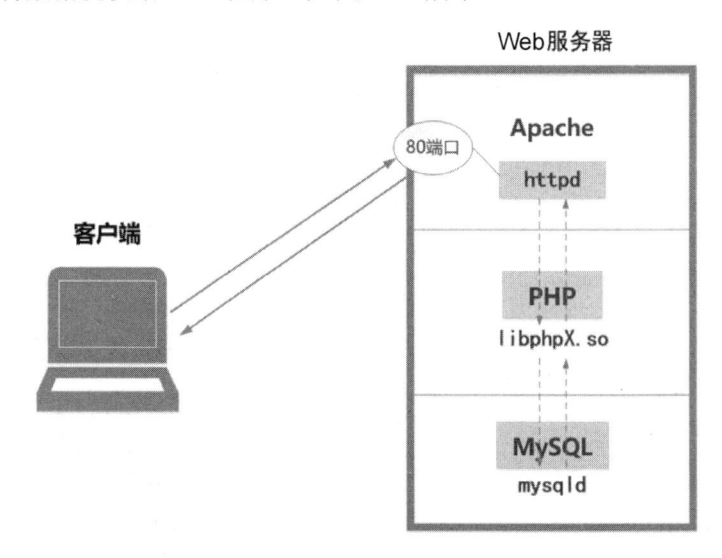

图 10-5 LAMP 的工作流程

LAMP 的工作流程如下。

（1）客户端发送请求连接 Web 服务器的 80 端口，由 Apache 处理用户的静态请求。

（2）如果客户端请求的是动态资源，那么由 Apache 加载调用 libphpX.so 模块（是通过安装 PHP 程序带来的）进行解析处理。

（3）如果处理需要和后台数据库沟通，那么利用 php-mysql 驱动，获取数据库数据，并返回给 PHP 程序，由 PHP 程序完成。

（4）PHP 程序将处理完的结果再返回给 Apache，由 Apache 返回给客户端。

子任务 2 MariaDB

MariaDB 是 MySQL 的一个分支，主要由开源社区维护，采用 GPL 授权许可。MariaDB 的目的是完全兼容 MySQL，包括 API 和命令行，使其能轻松成为 MySQL 的替代品。在存储引擎方面，使用 XtraDB 来代替 MySQL 的 InnoDB。与 MySQL 相比，MariaDB 提供了很多新的扩展特性，如对微秒级别的支持、线程池、子查询优化和进程报告等。

1. 安装 MariaDB

通过事先配置好的 yum 仓库安装 MariaDB，启动 MariaDB 并加入开机启动中：

```
[root@localhost ~]# yum -y install mariadb-server mariadb
[root@localhost ~]# systemctl start mariadb
[root@localhost ~]# systemctl enable mariadb
Created symlink from /etc/systemd/system/multi-user.target.wants/mariadb.service to /usr/lib/systemd/system/mariadb.service.
[root@localhost ~]# netstat -ntpl |grep mysqld
tcp        0      0 0.0.0.0:3306            0.0.0.0:*               LISTEN      24443/mysqld
```

在启动 MariaDB 之后，通过 netstat 命令进行查询，发现数据库监听的是 3306 端口，进程名为 mysqld。

2. 初始化 MariaDB

确认 MariaDB 安装完毕并启动成功后不要立即使用，因为此时数据库密码为空。例如：

```
[root@localhost ~]# mysql
Welcome to the MariaDB monitor.  Commands end with ; or \g.
Your MariaDB connection id is 2
Server version: 5.5.60-MariaDB MariaDB Server

Copyright (c) 2000, 2018, Oracle, MariaDB Corporation Ab and others.

Type 'help;' or '\h' for help. Type '\c' to clear the current input statement.
MariaDB [(none)]> show databases;
+--------------------+
| Database           |
+--------------------+
| information_schema |
| mysql              |
| performance_schema |
| test               |
+--------------------+
```

4 rows in set (0.00 sec)
MariaDB [(none)]> exit

为了确保数据库的安全性和正常运转，需要先对数据库程序进行初始化。这个过程包括 5 个步骤：一是需要设置 root 用户在数据库中的密码，但需要注意该密码并非 root 用户在系统中的密码，因此默认密码应该为空，直接按 Enter 键即可；二是设置 root 用户在数据库中的专有密码；三是删除匿名账户，以及使用 root 用户远程登录数据库，这样做能够有效保证在数据库中运行业务的安全性；四是删除默认的测试数据库，并取消对其测试数据库的一系列访问权限；五是刷新授权表，使初始化的设定立即生效。例如：

```
[root@localhost ~]# mysql_secure_installation
NOTE: RUNNING ALL PARTS OF THIS SCRIPT IS RECOMMENDED FOR ALL MariaDB
      SERVERS IN PRODUCTION USE!   PLEASE READ EACH STEP CAREFULLY!
In order to log into MariaDB to secure it, we'll need the current
password for the root user.  If you've just installed MariaDB, and
you haven't set the root password yet, the password will be blank,
so you should just press enter here.
Enter current password for root (enter for none):      #密码为空
OK, successfully used password, moving on...
Setting the root password ensures that nobody can log into the MariaDB
root user without the proper authorisation.
Set root password? [Y/n] y
New password:                      #输入数据库 root 用户的密码"000000"
Re-enter new password:             #确认密码
Password updated successfully!
Reloading privilege tables..
 ... Success!
By default, a MariaDB installation has an anonymous user, allowing anyone
to log into MariaDB without having to have a user account created for
them.  This is intended only for testing, and to make the installation
go a bit smoother.  You should remove them before moving into a
production environment.
Remove anonymous users? [Y/n] y           #删除匿名用户
 ... Success!
Normally, root should only be allowed to connect from 'localhost'.  This
ensures that someone cannot guess at the root password from the network.
Disallow root login remotely? [Y/n] n     #禁止 root 用户远程登录，否
 ... skipping.
By default, MariaDB comes with a database named 'test' that anyone can
access.  This is also intended only for testing, and should be removed
before moving into a production environment.
Remove test database and access to it? [Y/n] y    #删除 test 数据库
 - Dropping test database...
 ... Success!
 - Removing privileges on test database...
```

```
... Success!
Reloading the privilege tables will ensure that all changes made so far
will take effect immediately.
Reload privilege tables now? [Y/n] y                    #刷新权限
 ... Success!
Cleaning up...
All done!  If you've completed all of the above steps, your MariaDB
installation should now be secure.
Thanks for using MariaDB!
```

3. 创建数据库

登录数据库，创建一个名称为 test_db 的数据库，并在该数据库中创建一个名为 tables 的数据表：

```
[root@localhost ~]# mysql -uroot -p000000
Welcome to the MariaDB monitor.  Commands end with ; or \g.
Your MariaDB connection id is 11
Server version: 5.5.60-MariaDB MariaDB Server
Copyright (c) 2000, 2018, Oracle, MariaDB Corporation Ab and others.
Type 'help;' or '\h' for help. Type '\c' to clear the current input statement.
MariaDB [(none)]> create database test_db;
Query OK, 1 row affected (0.00 sec)
MariaDB [(none)]> use test_db;
Database changed
MariaDB [test_db]> CREATE TABLE IF NOT EXISTS `tables`(
    -> `tables_id` INT UNSIGNED AUTO_INCREMENT,
    ->           `tables_title` VARCHAR(100) NOT NULL,
    ->           `tables_author` VARCHAR(40) NOT NULL,
    ->           `tables_date` DATE,
    ->           PRIMARY KEY ( `tables_id` )
    -> )ENGINE=InnoDB DEFAULT CHARSET=utf8;
Query OK, 0 rows affected (0.00 sec)
MariaDB [test_db]> show tables;
+-------------------+
| Tables_in_test_db |
+-------------------+
| tables            |
+-------------------+
1 row in set (0.00 sec)
MariaDB [test_db]>
```

4. 备份数据库

为了保证数据的安全性和可靠性，经常对数据库中的数据进行备份及恢复。下面尝试导出整个的 test_db 数据库和 tables 数据表：

```
[root@localhost ~]# mysqldump -uroot -p000000 test_db > test_db.sql
[root@localhost ~]# mysqldump -uroot -p000000 test_db tables > test_db_tables.sql
[root@localhost ~]# ls test*
test_db.sql  test_db_tables.sql
```

删除 test_db 数据库进行导入测试，用 mysqldump 命令备份的文件是一个可以直接导入的 SQL 脚本：

```
[root@localhost ~]# mysqladmin -uroot -p000000 drop test_db
Dropping the database is potentially a very bad thing to do.
Any data stored in the database will be destroyed.

Do you really want to drop the 'test_db' database [y/N] y
Database "test_db" dropped
[root@localhost ~]# mysql -uroot -p000000 -e "create database test_db"
[root@localhost ~]# mysql -uroot -p000000 -e "show databases"
+--------------------+
| Database           |
+--------------------+
| information_schema |
| mysql              |
| performance_schema |
| test_db            |
+--------------------+
[root@localhost ~]# mysql -uroot -p000000 test_db < test_db.sql
```

此时数据库已经恢复，再次登录 MariaDB 就会发现又能看到数据库及数据表：

```
[root@localhost ~]# mysql -uroot -p000000
MariaDB [(none)]> use test_db;
Reading table information for completion of table and column names
You can turn off this feature to get a quicker startup with -A

Database changed
MariaDB [test_db]> show tables;
+-------------------+
| Tables_in_test_db |
+-------------------+
| tables            |
+-------------------+
1 row in set (0.00 sec)
```

5. 管理用户及授权

在生产环境下，通常不建议使用数据库的 root 用户，为了保证数据库系统的安全性，以及让其他工程师能协同管理数据库内容，可以先在 MariaDB 中创建出多个数据库专用的账户，再进行合理的权限分配，这样就能大大提高工作效率。例如：

```
MariaDB [(none)]> create user db_user01@localhost identified by '000000';
Query OK, 0 rows affected (0.00 sec)
MariaDB [(none)]> select host,user,password from mysql.user where user='db_user01';
+-----------+-----------+-------------------------------------------+
| host      | user      | password                                  |
+-----------+-----------+-------------------------------------------+
| localhost | db_user01 | *032197AE5731D4664921A6CCAC7CFCE6A0698693 |
+-----------+-----------+-------------------------------------------+
1 row in set (0.00 sec)
```

为数据库系统创建 db_user01 用户，可以使用 select 命令来查询账户信息，账户信息存储在 MySQL 的 user 表中。上述代码查询的是该用户的主机名称、账户名称，以及经过加密的密码信息，再次对创建的用户进行权限测试：

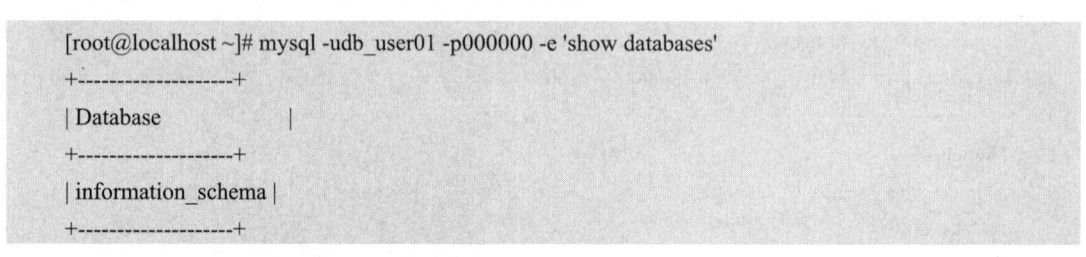

```
[root@localhost ~]# mysql -udb_user01 -p000000 -e 'show databases'
+--------------------+
| Database           |
+--------------------+
| information_schema |
+--------------------+
```

可以看到，db_user01 用户只能查询到 information_schema 数据库，并没有针对其他数据库的权限，需要先以 root 用户的账户登录，再进行授权操作。

数据库管理系统中的命令一般是比较复杂的，如为用户授权使用的 GRANT 命令，它要求在使用时需要带上要赋予的权限、数据库和表单名称，以及对应的用户及主机信息。GRANT 命令的常见格式如表 10-1 所示。

表 10-1 GRANT 命令的常见格式

命令	作用
GRANT 权限 ON 数据库.表单名称 TO 用户名@主机名	对某个特定数据库中的特定表单给予授权
GRANT 权限 ON 数据库.* TO 用户名@主机名	对某个特定数据库中的所有表单给予授权
GRANT 权限 ON *.* TO 用户名@主机名	对所有数据库及所有表单给予授权
GRANT 权限1,权限2 ON 数据库.* TO 用户名@主机名	对某个数据库中的所有表单给予多个授权
GRANT ALL PRIVILEGES ON *.* TO 用户名@主机名	对所有数据库及所有表单给予全部授权

例如，给予 db_user01 用户对 MySQL 中 user 表单的查询、更新、删除及插入的权限：

```
[root@localhost ~]# mysql -uroot -p000000
MariaDB [(none)]> show grants for db_user01@localhost;
+----------------------------------------------------------------------------------------------------+
| Grants for db_user01@localhost                                                                     |
+----------------------------------------------------------------------------------------------------+
| GRANT USAGE ON *.* TO 'db_user01'@'localhost' IDENTIFIED BY PASSWORD '*032197AE5731D4664921A6CCAC7CFCE6A0698693' |
+----------------------------------------------------------------------------------------------------+
1 row in set (0.00 sec)
```

```
MariaDB [(none)]> grant select,update,delete,insert on mysql.user to db_user01@localhost;
Query OK, 0 rows affected (0.00 sec)
MariaDB [(none)]> show grants for db_user01@localhost;
+-----------------------------------------------------------------------------------------+
| Grants for db_user01@localhost                                                          |
+-----------------------------------------------------------------------------------------+
| GRANT USAGE ON *.* TO 'db_user01'@'localhost' IDENTIFIED BY PASSWORD
'*032197AE5731D4664921A6CCAC7CFCE6A0698693' |
| GRANT SELECT, INSERT, UPDATE, DELETE ON `mysql`.`user` TO 'db_user01'@'localhost'       |
+-----------------------------------------------------------------------------------------+
2 rows in set (0.00 sec)
```

通过授权之后，可以查询到 db_user01 用户对 mysql.user 的权限为"SELECT, INSERT, UPDATE, DELETE"。使用 db_user01 用户再次验证，已经拥有了针对 MySQL 的权限：

```
[root@localhost ~]# mysql -udb_user01 -p000000 -e 'show databases;'
+--------------------+
| Database           |
+--------------------+
| information_schema |
| mysql              |
+--------------------+
```

如果希望移除之前的管理权限，那么可以通过 revoke 命令完成：

```
MariaDB [(none)]> revoke select,update,delete,insert on mysql.user from db_user01@localhost;
Query OK, 0 rows affected (0.00 sec)

MariaDB [(none)]> show grants for db_user01@localhost;
+-----------------------------------------------------------------------------------------+
| Grants for db_user01@localhost                                                          |
+-----------------------------------------------------------------------------------------+
| GRANT USAGE ON *.* TO 'db_user01'@'localhost' IDENTIFIED BY PASSWORD
'*032197AE5731D4664921A6CCAC7CFCE6A0698693' |
+-----------------------------------------------------------------------------------------+
1 row in set (0.00 sec)
```

子任务 3　PHP 服务器

1. PHP 概述

PHP 是一种服务器端脚本语言，由 Rasmus Lerdorf 于 1995 年创建。它是一种使用非常广泛的开源通用脚本语言，特别适合用于 Web 开发，可以嵌入 HTML 中。PHP 吸收了 C 语言、Java 和 Perl 的特点。PHP 主要适用于 Web 开发领域。PHP 独特的语法混合了 C 语言、Java、Perl 及 PHP 自创的语法。

截至 2021 年 3 月，已知的 85%的服务器端网站使用的是 PHP。PHP 通常用于在网站上动态生成网页内容，具体用例如下。

- 网站和 Web 应用程序（服务器端脚本）。
- 命令行脚本。
- 桌面（GUI）应用程序。

通常，在第一种形式中 PHP 用于动态生成网页内容。PHP 脚本的其他用途如下。

- 处理和保存表单数据中的用户输入。
- 设置和使用网站 Cookies。
- 限制访问网站的某些页面。

最大的社交网络平台 Facebook 就是用 PHP 编写的。

2．PHP 的工作流程

所有 PHP 代码只在 Web 服务器上执行，不在本地计算机上执行。例如，如果用户在网站上填写并提交了表单，或者单击指向用 PHP 编写的网页中的链接，那么计算机上不会运行实际的 PHP 代码。相反，表单数据或 Web 页面请求会被发送到 Web 服务器上，先由 PHP 脚本处理，再由 Web 服务器将处理过的 HTML 发送给用户，最后由 Web 浏览器显示结果。因此，用户无法看到网站的 PHP 代码，只有 PHP 脚本生成的 HTML。

PHP 是一种解释语言。这意味着，当对源码进行更改时，可以立即测试这些更改，无须将源码编译为二进制形式，跳过编译步骤可以加快开发过程。PHP 代码先被封装在<?php 和？>标签中，再嵌入 HTML 中。

3．PHP 的优点

（1）源码是开放的，可以得到所有的 PHP 源码。

（2）PHP 是免费的，和其他技术相比，PHP 本身免费且是开源的。

（3）跨平台性强，因为 PHP 是运行在服务器上的脚本，所以可以在 UNIX、Linux、Windows 和 macOS 平台上运行。

（4）效率高，PHP 消耗的资源相当少。

（5）运行快，程序开发快，易于学习。

（6）嵌入 HTML 中（因为 PHP 可以被嵌入 HTML 中，所以相对于其他语言，PHP 编辑简单，实用性强，更适合初学者使用）。

（7）使用 PHP 可以动态创建图像。

（8）在 PHP 4、PHP 5 中，面向对象都有了很大的改进，目前的 PHP 完全可以用来开发大型商业程序。

4．PHP 服务器的部署

所谓的 PHP 服务器就是用来运行 PHP 源程序的服务器。搭建 PHP 服务器环境的常见方式有以下两种。

- Linux+Apache+MySQL+PHP。
- Linux + Nginx + MySQL+PHP。

PHP 环境的搭建非常简单，网络上有多种 PHP 环境一键安装包和 PHP 环境集成软件，如 phpStudy、UPUPW、XAMPP、PHPNow、EasyPHP 和 AppServ 等。

在 Linux 环境下安装 PHP 通常采用源码编译的方式。由于 Linux 基础镜像中不包含 PHP 软件包，因此需要自行下载 PHP 的源码包并安装。当然，也可以使用已经封装好的二进制包通过 yum 仓库进行安装，安装之前需要将二进制包上传到 Linux 服务器上，先配置相应的 yum 仓库再安装。为了方便读者学习，本书采用封装好的二进制包 php.tar.gz 来安装。

请自行通过远程连接工具上传二进制包 php.tar.gz，解压缩到/opt 目录下，并配置 yum 仓库 php.repo 文件：

```
[root@localhost ~]# ll php.tar.gz
-rw-r--r--. 1 root root 281261537 Dec 22  2019 php.tar.gz
[root@localhost ~]# tar -xzvf php.tar.gz -C /opt
[root@localhost ~]# vim /etc/yum.repos.d/php.repo
[php]
name=php
baseurl=file:///opt/php
gpgcheck=0
enabled=1
[root@localhost ~]# yum clean all
[root@localhost ~]# yum repolist all
[root@localhost ~]# yum -y install php-fpm
```

当完成安装后，启动 php-fpm 服务，并加入开机启动中。如果通过 netstat 命令查询到 php-fpm 服务监听 9000 端口，就说明 PHP 环境已安装完毕。例如：

```
[root@localhost ~]# systemctl start php-fpm
[root@localhost ~]# systemctl enable php-fpm
Created symlink from /etc/systemd/system/multi-user.target.wants/php-fpm.service to /usr/lib/systemd/system/php-fpm.service.
[root@localhost ~]# netstat -ntpl |grep php
tcp        0      0 127.0.0.1:9000          0.0.0.0:*               LISTEN      27575/php-fpm: mast
```

任务 10.2　部署 LAMP+WordPress

子任务 1　部署 LAMP 架构

1. 节点规划

Linux 系统的单节点规划如表 10-2 所示。下面规划单个节点部署 LAMP 架构，Linux+Apache+MariaDB+PHP 节点均在一个节点上实现。

表 10-2　Linux 系统的单节点规划

IP 地址	主机名	节点
192.168.200.140	lamp	数据库节点、Apache 服务节点、PHP 环境节点

2. 安装基础环境

使用已封装的二进制包 lnmp.tar.gz 安装数据库、Apache 服务和 PHP 环境，完成 LAMP 架构的调试与部署。

（1）修改主机名。

使用远程连接工具 CRT 连接 192.168.200.140 主机，上传二进制包 lnmp.tar.gz，并将该虚拟机的主机名修改为 lamp。例如：

```
[root@localhost ~]# hostnamectl set-hostname lamp
[root@localhost ~]# bash
[root@lamp ~]# hostnamectl
   Static hostname: lamp
         Icon name: computer-vm
           Chassis: vm
        Machine ID: 55960e3dc9984f75951e3ff6f2613823
           Boot ID: d602c7542a934fd48c2157bc55781328
    Virtualization: vmware
  Operating System: CentOS Linux 7 (Core)
       CPE OS Name: cpe:/o:centos:centos:7
            Kernel: Linux 3.10.0-957.el7.x86_64
      Architecture: x86-64
```

（2）关闭防火墙及 SELinux 服务。

之前已经完成此项操作，此处主要是检查 firewalld 服务及 SELinux 服务的状态，确定服务已经关闭。例如：

```
[root@lamp ~]# getenforce
Disabled
[root@lamp ~]# systemctl status firewalld
● firewalld.service - firewalld - dynamic firewall daemon
   Loaded: loaded (/usr/lib/systemd/system/firewalld.service; disabled; vendor preset: enabled)
   Active: inactive (dead)
     Docs: man:firewalld(1)
```

（3）配置 yum 源并安装数据库。

使用项目 4 中介绍的方法自行配置 yum 源，配置完成后安装数据库。例如：

```
[root@lamp ~]# mount /dev/sr0 /opt/centos/
mount: /dev/sr0 is write-protected, mounting read-only
[root@lamp ~]# tar xzvf lamp.tar.gz -C /opt
[root@lamp ~]# vim /etc/yum.repos.d/lamp.repo
[centos]
name=centos
baseurl=file:///opt/centos
gpgcheck=0
enabled=1
[lamp]
name=lamp
baseurl=file:///opt/lamp
```

```
gpgcheck=0
enabled=1
[root@lamp ~]# yum clean all    && yum repolist all
[root@lamp ~]# yum -y install mariadb mariadb-server
[root@lamp ~]# systemctl start mariadb
[root@lamp ~]# systemctl enable mariadb
Created symlink from /etc/systemd/system/multi-user.target.wants/mariadb.service to /usr/lib/systemd/system/mariadb.service.
```

（4）安装和配置 Apache 服务：

```
[root@lamp ~]# yum -y install httpd
[root@lamp ~]# systemctl start httpd
[root@lamp ~]# systemctl enable httpd
Created symlink from /etc/systemd/system/multi-user.target.wants/httpd.service to /usr/lib/systemd/system/httpd.service.
```

（5）安装和配置 PHP 服务：

```
[root@lamp ~]# yum -y install php-fpm php-mysql
[root@lamp ~]# systemctl start php-fpm
[root@lamp ~]# systemctl enable php-fpm
Created symlink from /etc/systemd/system/multi-user.target.wants/php-fpm.service to /usr/lib/systemd/system/php-fpm.service.
[root@localhost ~]# php -v
PHP 5.4.16 (cli) (built: Apr    1 2020 04:07:17)
Copyright (c) 1997-2013 The PHP Group
Zend Engine v2.4.0, Copyright (c) 1998-2013 Zend Technologies
```

（6）测试 LAMP 架构的环境：

```
[root@lamp conf]# netstat -nptl | grep -E '(http|php|mysql)'
tcp       0    0 127.0.0.1:9000       0.0.0.0:*       LISTEN      27575/php-fpm: mast
tcp       0    0 0.0.0.0:3306         0.0.0.0:*       LISTEN      24443/mysqld
tcp6      0    0 :::80                :::*            LISTEN      28468/httpd
```

可以看到，系统监听了 9000 端口、3306 端口和 80 端口，这 3 个端口分别对应 php-fpm 服务、mysqld 服务和 httpd 服务。创建 index.php 文件来编辑和测试 PHP 服务的状态：

```
[root@localhost ~]# vim /var/www/html/index.php
<?php
phpinfo();
?>
```

通过 Windows 客户端浏览器访问 "http://192.168.200.140/index.php"，可以看到如图 10-6 所示的页面。

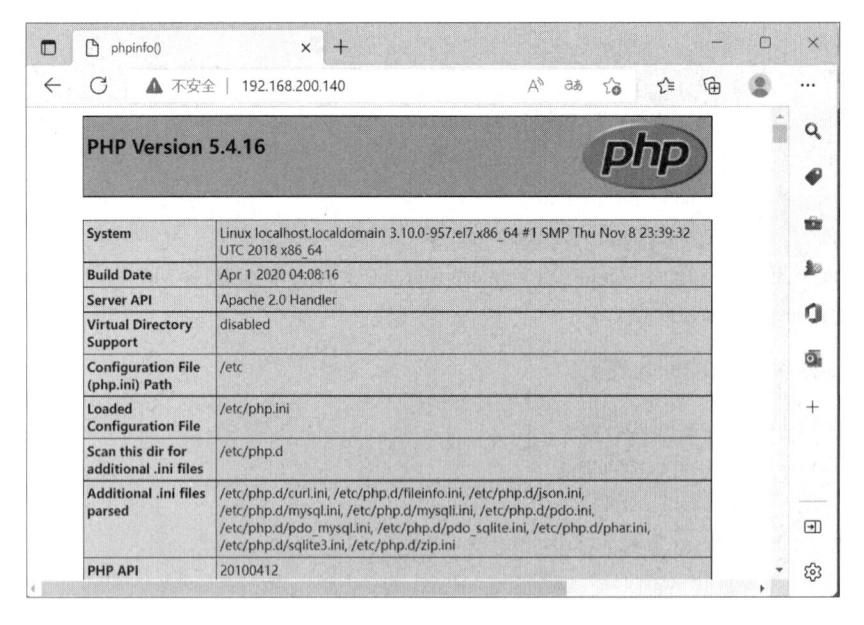

图 10-6　PHP 访问测试页面

子任务 2　部署 WordPress

1. 部署 WordPress 软件包

使用远程传输工具将 wordpress-4.7.3-zh_CN.zip 压缩包上传到 lamp 节点的/root 目录下并解压缩，将解压缩后的文件复制到/var/www/html 目录下（当 unzip 命令不能使用时，请自行使用 yum 源安装 unzip 工具）。例如：

```
[root@lamp ~]# unzip wordpress-4.7.3-zh_CN.zip
[root@lamp ~]# cp -fr wordpress/* /var/www/html/
[root@lamp ~]# ls /var/www/html/
index.php        wp-admin              wp-content            wp-load.php           wp-signup.php
license.txt      wp-blog-header.php    wp-cron.php           wp-login.php          wp-trackback.php
readme.html      wp-comments-post.php  wp-includes           wp-mail.php           xmlrpc.php
wp-activate.php  wp-config-sample.php  wp-links-opml.php     wp-settings.php
```

2. 创建 WordPress 数据库

在 lamp 节点初始化数据库并登录，将数据库的 root 用户的密码初始化为"000000"，使用命令创建 WordPress 数据库。例如：

```
[root@lamp ~]# mysql_secure_installation
[root@lamp ~]# mysql -uroot -p000000
MariaDB [(none)]> create database wordpress;
Query OK, 1 row affected (0.00 sec)
MariaDB [(none)]> exit
Bye
```

3. 安装 WordPress

在 Windows 客户端浏览器中访问"http://192.168.200.140/index.php"，进入 WordPress

的安装页面。如果提示"在开始前,需要准备数据库的信息",就表示安装完成,单击"现在就开始!"按钮进入下一步,如图 10-7 所示。

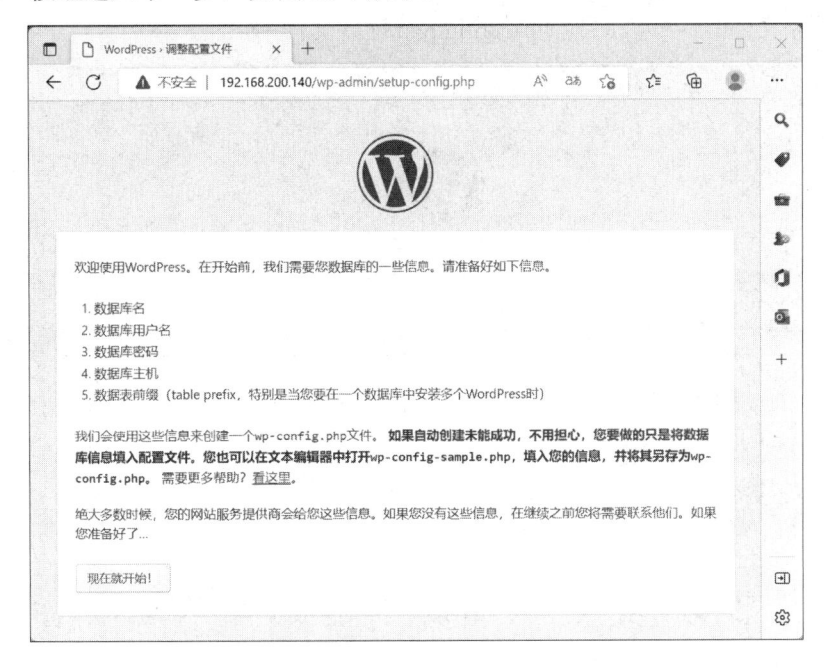

图 10-7 WordPress 开始页面

按照之前数据库的配置信息输入数据库内容,如图 10-8 所示。将"数据库名"设置为"wordpress","用户名"设置为"root","密码"设置为"000000","数据库主机"设置为"localhost"(也可以直接使用实际的主机 IP 地址"192.168.200.140"),"表前缀"默认为"wp_",单击"提交"按钮进入下一步。

图 10-8 输入数据库内容

在安装前，提示找不到 WordPress 应用的配置文件。虽然 WordPress 应用提供了 wp-config-sample.php 模板文件，但是没有直接提供配置文件 wp-config.php，如图 10-9 所示，将生成的配置文件的内容添加到 wp-config.php 配置文件中。

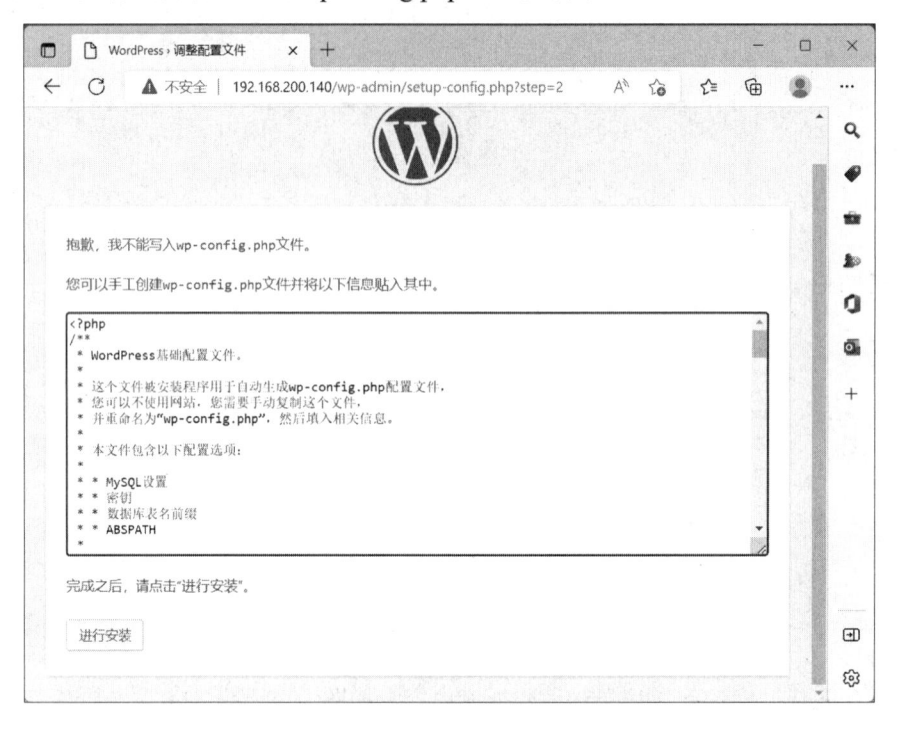

图 10-9　WordPress 配置文件

```
[root@lamp ~]# vim /var/www/html/wp-config.php
<?php
/**
 * WordPress 基础配置文件
 *
 * 这个文件被安装程序用于自动生成 wp-config.php 配置文件
 * 虽然可以不使用网站，但需要手动复制这个文件，
 * 并且重命名为"wp-config.php"，同时输入相关信息。
 *
 * 本文件包含以下配置选项
 *
 * * MySQL 设置
 * * 密钥
 * * 数据库表名前缀
 * * ABSPATH
 *
 * @link https://codex.wordpress.org/zh-cn:%E7%BC%96%E8%BE%91_wp-config.php
 *
 * @package WordPress
 */
```

```
// ** MySQL 设置：具体信息来自正在使用的主机 ** //
/** WordPress 数据库的名称*/
define('DB_NAME', 'wordpress');

/** MySQL 的用户名*/
define('DB_USER', 'root');

/** MySQL 的密码*/
define('DB_PASSWORD', '000000');

/** MySQL 主机*/
define('DB_HOST', 'localhost');

/**创建数据表时默认的文字编码*/
define('DB_CHARSET', 'utf8mb4');

/**数据库整理类型，若不确定请勿更改*/
define('DB_COLLATE', '');

/**#@+
 *身份认证密钥
 *
 *修改为任意独一无二的字符串
 *或者直接访问{@link https://api.wordpress.org/secret-key/1.1/salt/
 * WordPress.org 密钥生成服务}
 *任何修改都会导致所有的 cookies 失效，所有用户必须重新登录
 *
 * @since 2.6.0
 */
define('AUTH_KEY',         '(B7nL}AoYD ^,?~A+1;ny1{<<Oygs3K8I TAGruz__cEKi7]}ie5S]lat5ExnM|C');
define('SECURE_AUTH_KEY',  'kMX!k^!+~a|JDCF ?f@zQ9VXC( !)HWb:sQk4rdB1Z^hk0,_@HA,,s)tFQLv&X& ');
define('LOGGED_IN_KEY',    'w/*e^p&8;kZ|IM*6Lod>e2n$NL9YLORr9c{>~s 0&I;Snj=Z&V1S[u{+UMz#&ak');
define('NONCE_KEY',        '}.r5G]t-YyRPC?9e_5CUWf$(474W0uis)n0fznTWwDeAc.PlHXp^Lj$976p)XqhX');
define('AUTH_SALT',        '-fakh+I&dX*w;{MjjryV5|ECoh%a[q|+PK&}Gc1>Nutd]reR!cC~9S@;2LCcYv ');
define('SECURE_AUTH_SALT', 'LQwjR`Nww~zQP<,C.6P0O) r]-o>R~J,m7<wkpd*O><QC@zQ+ZxX?vdBeU 9nzf|');
define('LOGGED_IN_SALT',   '@wwFrr]J$b9tZ#XF8-a08Yk@?4dOwhD}0bX1n @ic2/Byghw%tf[&oNISvaz2U4l');
```

```
define('NONCE_SALT',        'M3%It=LH%%)*w#e[<[!y7byv_cDg:m&{=8EWz<y2Ls}b,cPJWWZG}*rx/xu)nP~}');

/**#@-*/

/**
 * WordPress 数据表前缀
 *
 * 如果在同一数据库中安装了多个 WordPress 的需求
 * 那么为每个 WordPress 设置不同的数据表前缀。前缀名只能为数字、字母加下画线
 */
$table_prefix  = 'wp_';

/**
 *开发人员专用：WordPress 调试模式
 *
 *将这个值改为 true，WordPress 将显示所有用于开发的提示
 *强烈建议插件开发人员在开发环境下启用 WP_DEBUG
 *
 *要获取其他能用于调试的信息，请访问 Codex
 *
 * @link https://codex.wordpress.org/Debugging_in_WordPress
 */
define('WP_DEBUG', false);

/**
 * zh_CN 本地化设置：启用 ICP 备案号显示
 *
 *可以通过选择"设置"→"常规"模块中的选项中修改
 *如果需要禁用，那么请移除或注释掉本行
 */
define('WP_ZH_CN_ICP_NUM', true);

/*请不要再继续编辑，保存本文件*/

/** WordPress 目录的绝对路径*/
if ( !defined('ABSPATH') )
        define('ABSPATH', dirname(__FILE__) . '/');

/**设置 WordPress 变量和包含的文件*/
require_once(ABSPATH . 'wp-settings.php');
```

上述操作也可以自行通过模板创建配置文件并编辑。

单击"进行安装"按钮，进入下一步，当数据库连接成功后，配置站点信息，如图 10-10 所示。

- 站点标题：WordPress 站点。
- 用户名：admin。
- 密码：000000，会提示弱密码，勾选"确认使用弱密码"复选框。
- 您的电子邮件：abc@qq.com，可以随意输入，只要符合邮箱格式即可。

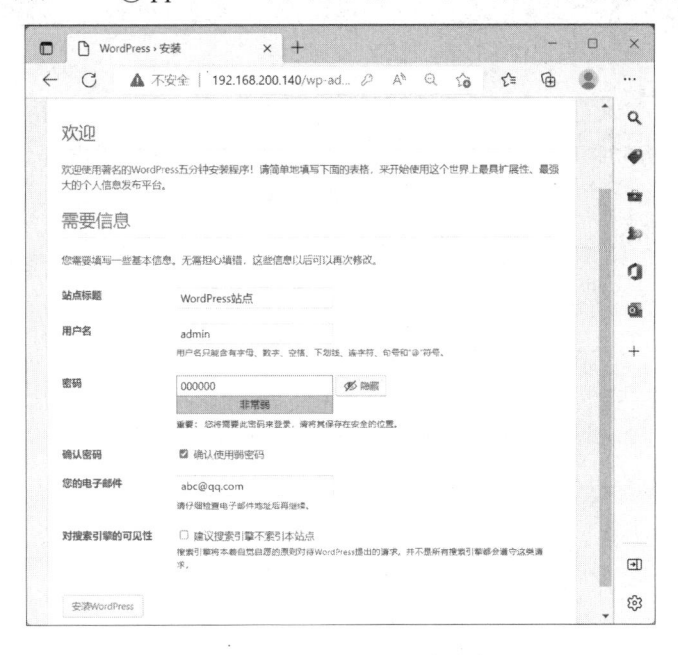

图 10-10 WordPress 站点信息

单击"安装 WordPress"按钮，进入下一步，如图 10-11 所示，WordPress 安装成功，进入"仪表盘"页面。

图 10-11 "仪表盘"页面

单击"WordPress 站点"标题按钮，进入 WordPress 主页面，如图 10-12 所示。

图 10-12 WordPress 主页面

至此，完成 LAMP+WordPress 应用部署。

项目实训

1．配置数据库服务器

（1）部署两台服务器，主机名分别为 master 和 slave，安装 MariaDB，启动并加入开机启动，并开启防火墙 firewalld 服务。

（2）对两个节点的 MariaDB 服务进行初始化。

（3）按照主从架构修改两个节点数据库服务的配置文件。

（4）配置数据库主服务器的用户权限。

（5）配置数据库从服务器的同步数据信息。

（6）在主服务器上创建数据库及数据表，在从服务器上测试同步数据的结果。

2．部署 LAMP 架构

（1）在 slave 节点上部署 Nginx 服务和 PHP 服务。

（2）修改 Nginx 服务的配置文件以支持 PHP 服务。

（3）部署 WordPress 动态站点。

（4）在主数据库服务器上创建 WordPress 数据库。

（5）安装 WordPress 并发布站点。

习题

一、选择题

1．LAMP 的组成架构不包括（　　）。

　　A．Linux　　　　B．Nginx　　　　C．MySQL　　　　D．PHP

2. 用于初始化 MariaDB 的命令是（　　）。
   A．mysql_secure_installation
   B．mysql　-uroot　-p　-e
   C．mysqladmin　-uroot　-p
   D．mysqldump　　-uroot　-p
3. MariaDB 创建用户及授权的方式是（　　）。
   A．create user user@localhost identified by '000000'
   B．create user user@'%'　identified by '000000'
   C．grant select,update,delete,insert on mysql.user to user@localhost
   D．grant all　privileges on *.*　to　user@'%'　identified by '000000'
4. PHP 服务器的主配置文件是（　　）。
   A．/etc/php/php.conf　　　　　　B．/etc/php-fpm/php.conf
   C．/etc/php-fpm.d/www.conf　　　D．/etc/php-fpm.d/php-fpm.conf
5. 在部署 LAMP 架构的过程中，（　　）不是必须安装的服务。
   A．httpd　　　　B．mairadb-server　　C．php-mysql　　　D．php-ssl

二、简答题

1. 简述 LAMP 架构的通信过程。
2. 简述 MySQL 和 MariaDB 的关系。
3. 简述 WordPress 的部署流程，并说明 PHP 在部署过程中的必要性。

参考文献

[1] 刘遄. Linux 就该这么学[M]. 北京：人民邮电出版社，2017.
[2] 鸟哥. 鸟哥的 Linux 私房菜·基础学习篇[M]. 4 版. 北京：人民邮电出版社，2018.
[3] 杨云，林哲. Linux 网络操作系统项目教程（RHEL 7.4/CentOS 7.4）[M]. 3 版. 北京：人民邮电出版社，2019.
[4] 老男孩. 跟老男孩学 Linux 运维·核心基础篇（上）[M]. 2 版. 北京：机械工业出版社，2019.
[5] 丁明一. Linux 运维之道[M]. 2 版. 北京：电子工业出版社，2016.
[6] 吴光科. 曝光 Linux 企业运维实战[M]. 北京：清华大学出版社，2018.
[7] 宁方明，李长忠，任清华. Linux 系统管理[M]. 3 版. 北京：人民邮电出版社，2022.

反侵权盗版声明

电子工业出版社依法对本作品享有专有出版权。任何未经权利人书面许可，复制、销售或通过信息网络传播本作品的行为；歪曲、篡改、剽窃本作品的行为，均违反《中华人民共和国著作权法》，其行为人应承担相应的民事责任和行政责任，构成犯罪的，将被依法追究刑事责任。

为了维护市场秩序，保护权利人的合法权益，我社将依法查处和打击侵权盗版的单位和个人。欢迎社会各界人士积极举报侵权盗版行为，本社将奖励举报有功人员，并保证举报人的信息不被泄露。

举报电话：（010）88254396；（010）88258888
传　　真：（010）88254397
E-mail：　dbqq@phei.com.cn
通信地址：北京市万寿路173信箱
　　　　　电子工业出版社总编办公室
邮　　编：100036